해커스 주택관리사

주택관리사 1위 해커스
한경비즈니스 선정 2020 한국품질... 교육(온·오프라인 주택관리사) 부문 1위 해커스

...문제집 공동주택시설개론

문제풀이 단과강... 할인쿠폰

2978E543CCE443B5

해커스 주택관리사 사이트(house.Hackers.com)에 접속 후 로그인
▶ [나의 강의실 - 결제관리 - 쿠폰 확인] ▶ 본 쿠폰에 기재된 쿠폰번호 입력

1. 본 쿠폰은 해커스 주택관리사 동영상강의 사이트 내 2024년도 문제풀이 단과강의 결제 시 사용 가능합니다.
2. 본 쿠폰은 1회에 한해 등록 가능하며, 다른 할인수단과 중복 사용 불가합니다.
3. 쿠폰사용기한 : **2024년 9월 30일** (등록 후 7일 동안 사용 가능)

무료 온라인 전국 실전모의고사 응시방법

해커스 주택관리사 사이트(house.Hackers.com)에 접속 후 로그인
▶ [수강신청 - 전국 실전모의고사] ▶ 무료 온라인 모의고사 신청

* 기타 쿠폰 사용과 관련된 문의는 해커스 주택관리사 동영상강의 고객센터(1588-2332)로 연락하여 주시기 바랍니다.

해커스 주택관리사

출제예상문제집

해커스 주택관리사

조현행 교수

약력

현 | 해커스 주택관리사학원 공동주택시설개론 대표강사
해커스 주택관리사 공동주택시설개론 동영상강의 대표강사

전 | 삼성전자 정보통신 연구실 근무
EBS/랜드스쿨/박문각/에듀나인/랜드프로 공동주택시설개론 강사 역임

저서

공동주택시설개론(기본서), 북파일
공동주택시설개론(기본서), 고시스쿨
공동주택시설개론(기본서), 랜드프로
공동주택시설개론(기본서), 에듀나인
공동주택시설개론(기본서), EBS
공동주택시설개론(기본서), 에듀라인
공동주택시설개론(기본서), 한국사이버 진흥원
공동주택시설개론(기본서), 한스넷
기초입문서(공동주택시설개론) 1차, 해커스패스, 2024
공동주택시설개론(기본서), 해커스패스, 2024
핵심요약집(공동주택시설개론) 1차, 해커스패스, 2024
기출문제집(공동주택시설개론) 1차, 해커스패스, 2024
공동주택시설개론(문제집), 해커스패스, 2024

2024 해커스 주택관리사 출제예상문제집 1차 공동주택시설개론

초판 1쇄 발행 2024년 3월 25일

지은이 조현행, 해커스 주택관리사시험 연구소
펴낸곳 해커스패스
펴낸이 해커스 주택관리사 출판팀

주소 서울시 강남구 강남대로 428 해커스 주택관리사
고객센터 1588-2332
교재 관련 문의 house@pass.com
해커스 주택관리사 사이트(house.Hackers.com) 1:1 수강생상담
학원강의 house.Hackers.com/gangnam
동영상강의 house.Hackers.com

ISBN 979-11-6999-925-0(13540)
Serial Number 01-01-01

합격을 좌우하는
최종 마무리,

핵심 문제 풀이를
한 번에!

공동주택시설개론은 주택관리사 업무를 하는 데 필요한 전문적 지식을 요구하는 과목입니다. 이 과목은 건축구조, 건축설비를 포함한 주택관리사(보) 2차 시험 과목인 공동주택관리실무와 주택관리관계법규와도 매우 밀접한 관계가 있으므로 많은 관심을 가지고 학습하여야 합니다.

최근 주택관리사(보) 공동주택시설개론의 출제경향을 살펴보면 문제의 난도가 점차 높아지고 있음을 알 수 있습니다. 따라서 다양한 유형의 문제풀이를 통해 이론의 전반적인 내용을 이해하는 것이 무엇보다 중요합니다. 본 교재는 시험에 앞서 문제풀이 실력을 배양하기 위하여 출간된 것으로서 수험생의 든든한 길잡이가 될 것입니다.

본 교재는 다음의 사항에 중점을 두어 집필하였습니다.

1 기출문제를 출제자의 입장에서 분석하여 출제 가능성이 높은 문제들을 선별하여 수록하였습니다.

2 대표적인 형식의 문제를 접할 수 있도록 '대표예제'를 선별하였으며, 최근 출제경향을 반영한 적중률 높은 문제를 실어 문제풀이 실력을 향상시킬 수 있도록 하였습니다.

3 누구나 쉽게 이해할 수 있도록 핵심적인 내용을 자세하게 설명하여 문제를 푸는 것만으로도 최종 정리를 할 수 있도록 해설을 수록하였습니다.

더불어 주택관리사(보) 시험 전문 **해커스 주택관리사**(house.Hackers.com)에서 학원강의나 인터넷 동영상강의를 함께 이용하여 꾸준히 수강한다면 학습효과를 극대화할 수 있을 것입니다.

본 교재로 학습하는 수험생 여러분의 합격을 진심으로 기원합니다.

2024년 2월
조현행, 해커스 주택관리사시험 연구소

이 책의 차례

제2편 | 건축설비

이 책의 특징

01 전략적인 문제풀이를 통하여 합격으로 가는 실전 문제집

2024년 주택관리사(보) 시험 합격을 위한 실전 문제집으로 꼭 필요한 문제만을 엄선하여 수록하였습니다. 매 단원마다 출제 가능성이 높은 예상문제를 풀어볼 수 있도록 구성함으로써 주요 문제를 전략적으로 학습하여 단기간에 합격에 이를 수 있도록 하였습니다.

02 실전 완벽 대비를 위한 다양한 문제와 상세한 해설 수록

최근 10개년 기출문제를 분석하여 출제포인트를 선정하고, 각 포인트별 자주 출제되는 핵심 유형을 대표예제로 엄선하였습니다. 그리고 출제가 예상되는 다양한 문제를 상세한 해설과 함께 수록하여 개념을 다시 한번 정리하고 실력을 향상시킬 수 있도록 하였습니다.

03 최신 개정법령 및 출제경향 반영

최신 개정법령 및 시험 출제경향을 철저하게 분석하여 문제에 모두 반영하였습니다. 또한 기출문제의 경향과 난이도가 충실히 반영된 고난도 · 종합 문제를 수록하여 다양한 문제 유형에 충분히 대비할 수 있도록 하였습니다. 추후 개정되는 내용들은 해커스 주택관리사(house.Hackers.com) '개정자료 게시판'에서 쉽고 빠르게 확인할 수 있습니다.

04 교재 강의 · 무료 학습자료 · 필수 합격정보 제공(house.Hackers.com)

해커스 주택관리사(house.Hackers.com)에서는 주택관리사 전문 교수진의 쉽고 명쾌한 온 · 오프라인 강의를 제공하고 있습니다. 또한 각종 무료 강의 및 무료 온라인 전국 실전모의고사 등 다양한 학습자료와 시험 안내자료, 합격가이드 등 필수 합격정보를 확인할 수 있도록 하였습니다.

이 책의 구성

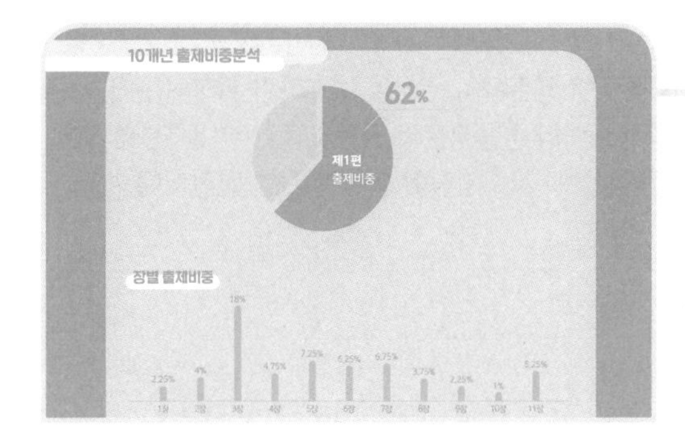

출제비중분석 그래프

최근 10개년 주택관리사(보) 시험을 심층적으로 분석한 편별·장별 출제비중을 각 편 시작 부분에 시각적으로 제시함으로써 단원별 출제경향을 한눈에 파악하고 학습전략을 수립할 수 있도록 하였습니다.

대표예제 04 **민법의 효력★**

민법의 효력에 관한 설명으로 옳지 않은 것은?

① 민법은 외국에 있는 대한민국 국민에게 그 효력이 미친다.
② 민법에서는 법률불소급의 원칙이 엄격하게 지켜지지 않는다.
③ 동일한 민사에 관하여 한국 민법과 외국의 법이 충돌하는 경우에 이를 규율하는 것이 섭외사법이다.
④ 우리 민법은 국내에 있는 국제법상의 치외법권자에게는 그 효력이 미치지 아니한다.
⑤ 민법은 한반도와 그 부속도서에는 예외 없이 효력이 미친다.

해설 | 속지주의의 원칙상 민법은 국내에 있는 국제법상의 치외법권자에게도 그 효력이 미친다. 속지주의란 국적에 관계없이 대한민국의 영토 내에 있는 모든 외국인에게도 적용된다는 원칙이다.

기본서 p.34~35 정답 ④

대표예제

주요 출제포인트에 해당하는 대표예제를 수록하여 출제유형을 파악할 수 있도록 하였습니다. 또한 정확하고 꼼꼼한 해설 및 기본서 페이지를 수록하여 부족한 부분에 대하여 충분한 이론 학습을 할 수 있도록 하였습니다.

종합

03 **민법상 무과실책임을 인정한 규정이 아닌 것을 모두 고른 것은?**

㉠ 법인 이사의 불법행위에 대한 법인의 책임
㉡ 상대방에 대한 무권대리인의 책임
㉢ 법인의 불법행위에 대한 대표기관 개인의 책임
㉣ 공사수급인의 하자담보책임
㉤ 채무불이행에 의한 손해배상책임
㉥ 금전채무의 불이행에 대한 특칙
㉦ 민법 제750조 불법행위에 대한 손해배상책임
㉧ 선의·무과실의 매수인에 대한 매도인의 하자담보책임

① ㉠, ㉡, ㉢
② ㉢, ㉤, ㉦
③ ㉠, ㉡, ㉥, ㉦, ㉧
④ ㉢, ㉣, ㉤, ㉥, ㉧

다양한 유형의 문제

최신 출제경향을 반영하여 다양한 유형의 문제를 단원별로 수록하였습니다. 또한 고난도·종합 문제를 수록하여 더욱 깊이 있는 학습을 할 수 있도록 하였습니다.

주택관리사(보) 안내

주택관리사(보)의 정의

주택관리사(보)는 공동주택을 안전하고 효율적으로 관리하고 공동주택 입주자의 권익을 보호하기 위하여 운영 · 관리 · 유지 · 보수 등을 실시하고 이에 필요한 경비를 관리하며, 공동주택의 공용부분과 공동소유인 부대시설 및 복리시설의 유지 · 관리 및 안전관리 업무를 수행하기 위하여 주택관리사(보) 자격시험에 합격한 자를 말합니다.

주택관리사의 정의

주택관리사는 주택관리사(보) 자격시험에 합격한 자로서 다음의 어느 하나에 해당하는 경력을 갖춘 자로 합니다.

① 사업계획승인을 받아 건설한 50세대 이상 500세대 미만의 공동주택(「건축법」 제11조에 따른 건축허가를 받아 주택과 주택 외의 시설을 동일 건축물로 건축한 건축물 중 주택이 50세대 이상 300세대 미만인 건축물을 포함)의 관리사무소장으로 근무한 경력이 3년 이상인 자
② 사업계획승인을 받아 건설한 50세대 이상의 공동주택(「건축법」 제11조에 따른 건축허가를 받아 주택과 주택 외의 시설을 동일 건축물로 건축한 건축물 중 주택이 50세대 이상 300세대 미만인 건축물을 포함)의 관리사무소 직원(경비원, 청소원, 소독원은 제외) 또는 주택관리업자의 직원으로 주택관리 업무에 종사한 경력이 5년 이상인 자
③ 한국토지주택공사 또는 지방공사의 직원으로 주택관리 업무에 종사한 경력이 5년 이상인 자
④ 공무원으로 주택 관련 지도 · 감독 및 인 · 허가 업무 등에 종사한 경력이 5년 이상인 자
⑤ 공동주택관리와 관련된 단체의 임직원으로 주택 관련 업무에 종사한 경력이 5년 이상인 자
⑥ ①~⑤의 경력을 합산한 기간이 5년 이상인 자

주택관리사 전망과 진로

주택관리사는 공동주택의 관리 · 운영 · 행정을 담당하는 부동산 경영관리분야의 최고 책임자로서 계획적인 주택관리의 필요성이 높아지고, 주택의 형태 또한 공동주택이 증가하고 있는 추세로 볼 때 업무의 전문성이 높은 주택관리사 자격의 중요성이 높아지고 있습니다.
300세대 이상이거나 승강기 설치 또는 중앙난방방식의 150세대 이상 공동주택은 반드시 주택관리사 또는 주택관리사(보)를 채용하도록 의무화하는 제도가 생기면서 주택관리사(보)의 자격을 획득 시 안정적으로 취업이 가능하며, 주택관리시장이 확대됨에 따라 공동주택관리업체 등을 설립 · 운영할 수도 있고, 주택관리법인에 참여하는 등 다양한 분야로의 진출이 가능합니다.
공무원이나 한국토지주택공사, SH공사 등에 근무하는 직원 및 각 주택건설업체에서 근무하는 직원의 경우 주택관리사(보) 자격증을 획득하게 되면 이에 상응하는 자격수당을 지급받게 되며, 승진에 있어서도 높은 고과점수를 받을 수 있습니다.
정부의 신주택정책으로 주택의 관리측면이 중요한 부분으로 부각되고 있는 실정이므로, 앞으로 주택관리사의 역할은 더욱 중요해질 것입니다.

① 공동주택, 아파트 관리소장으로 진출
② 아파트 단지 관리사무소의 행정관리자로 취업
③ 주택관리업 등록업체에 진출
④ 주택관리법인 참여
⑤ 주택건설업체의 관리부 또는 행정관리자로 참여
⑥ 한국토지주택공사, 지방공사의 중견 간부사원으로 취업
⑦ 주택관리 전문 공무원으로 진출

주택관리사의 업무

구분	분야	주요업무
행정관리업무	회계관리	예산편성 및 집행결산, 금전출납, 관리비 산정 및 징수, 공과금 납부, 회계상의 기록유지, 물품구입, 세무에 관한 업무
	사무관리	문서의 작성과 보관에 관한 업무
	인사관리	행정인력 및 기술인력의 채용 · 훈련 · 보상 · 통솔 · 감독에 관한 업무
	입주자관리	입주자들의 요구 · 희망사항의 파악 및 해결, 입주자의 실태파악, 입주자 간의 친목 및 유대 강화에 관한 업무
	홍보관리	회보발간 등에 관한 업무
	복지시설관리	노인정 · 놀이터 관리 및 청소 · 경비 등에 관한 업무
	대외업무	관리 · 감독관청 및 관련 기관과의 업무협조 관련 업무
기술관리업무	환경관리	조경사업, 청소관리, 위생관리, 방역사업, 수질관리에 관한 업무
	건물관리	건물의 유지 · 보수 · 개선관리로 주택의 가치를 유지하여 입주자의 재산을 보호하는 업무
	안전관리	건축물설비 또는 작업에서의 재해방지조치 및 응급조치, 안전장치 및 보호구설비, 소화설비, 유해방지시설의 정기점검, 안전교육, 피난훈련, 소방 · 보안경비 등에 관한 업무
	설비관리	전기설비, 난방설비, 급 · 배수설비, 위생설비, 가스설비, 승강기설비 등의 관리에 관한 업무

주택관리사(보) 시험안내

응시자격

1. **응시자격**: 연령, 학력, 경력, 성별, 지역 등에 제한이 없습니다.
2. **결격사유**: 시험시행일 현재 다음 중 어느 하나에 해당하는 사람과 부정행위를 한 사람으로서 당해 시험시행으로부터 5년이 경과되지 아니한 사람은 응시 불가합니다.
   - 피성년후견인 또는 피한정후견인
   - 파산선고를 받은 사람으로서 복권되지 아니한 사람
   - 금고 이상의 실형을 선고받고 그 집행이 종료되거나(집행이 끝난 것으로 보는 경우 포함) 집행을 받지 아니하기로 확정된 후 2년이 지나지 아니한 사람
   - 금고 이상의 형의 집행유예를 선고받고 그 집행유예기간 중에 있는 사람
   - 주택관리사 등의 자격이 취소된 후 3년이 지나지 아니한 사람
3. 주택관리사(보) 자격시험에 있어서 부정한 행위를 한 응시자는 그 시험을 무효로 하고, 당해 시험시행일로부터 5년간 시험 응시자격을 정지합니다.

시험과목

구분	시험과목	시험범위
1차 (3과목)	회계원리	세부과목 구분 없이 출제
	공동주택시설개론	• 목구조 · 특수구조를 제외한 일반 건축구조와 철골구조, 장기수선계획 수립 등을 위한 건축적산 • 홈네트워크를 포함한 건축설비개론
	민법	• 총칙 • 물권, 채권 중 총칙 · 계약총칙 · 매매 · 임대차 · 도급 · 위임 · 부당이득 · 불법행위
2차 (2과목)	주택관리관계법규	다음의 법률 중 주택관리에 관련되는 규정 「주택법」, 「공동주택관리법」, 「민간임대주택에 관한 특별법」, 「공공주택 특별법」, 「건축법」, 「소방기본법」, 「소방시설 설치 및 관리에 관한 법률」, 「화재의 예방 및 안전관리에 관한 법률」, 「전기사업법」, 「시설물의 안전 및 유지관리에 관한 특별법」, 「도시 및 주거환경정비법」, 「도시재정비 촉진을 위한 특별법」, 「집합건물의 소유 및 관리에 관한 법률」
	공동주택관리실무	시설관리, 환경관리, 공동주택 회계관리, 입주자관리, 공동주거관리이론, 대외업무, 사무 · 인사관리, 안전 · 방재관리 및 리모델링, 공동주택 하자관리(보수공사 포함) 등

* 시험과 관련하여 법률 · 회계처리기준 등을 적용하여 정답을 구하여야 하는 문제는 시험시행일 현재 시행 중인 법령 등을 적용하여 그 정답을 구하여야 함
* 회계처리 등과 관련된 시험문제는 한국채택국제회계기준(K-IFRS)을 적용하여 출제됨

시험시간 및 시험방법

구분	시험과목 수		입실시간	시험시간	문제형식
1차 시험	1교시	2과목(과목당 40문제)	09:00까지	09:30~11:10(100분)	객관식 5지 택일형
	2교시	1과목(과목당 40문제)		11:40~12:30(50분)	
2차 시험	2과목(과목당 40문제)		09:00까지	09:30~11:10(100분)	객관식 5지 택일형 (과목당 24문제) 및 주관식 단답형 (과목당 16문제)

*주관식 문제 괄호당 부분점수제 도입
1문제당 2.5점 배점으로 괄호당 아래와 같이 부분점수로 산정함
- 3괄호: 3개 정답(2.5점), 2개 정답(1.5점), 1개 정답(0.5점)
- 2괄호: 2개 정답(2.5점), 1개 정답(1점)
- 1괄호: 1개 정답(2.5점)

원서접수방법

1. 한국산업인력공단 큐넷 주택관리사(보) 홈페이지(www.Q-Net.or.kr/site/housing)에 접속하여 소정의 절차를 거쳐 원서를 접수합니다.
2. 원서접수시 최근 6개월 이내에 촬영한 탈모 상반신 사진을 파일(JPG 파일, 150픽셀×200픽셀)로 첨부합니다.
3. 응시수수료는 1차 21,000원, 2차 14,000원(제26회 시험 기준)이며, 전자결제(신용카드, 계좌이체, 가상계좌) 방법을 이용하여 납부합니다.

합격자 결정방법

1. **제1차 시험**: 과목당 100점을 만점으로 하여 모든 과목 40점 이상이고, 전 과목 평균 60점 이상의 득점을 한 사람을 합격자로 합니다.
2. **제2차 시험**
   - 1차 시험과 동일하나, 모든 과목 40점 이상이고 전 과목 평균 60점 이상의 득점을 한 사람의 수가 선발예정인원에 미달하는 경우 모든 과목 40점 이상을 득점한 사람을 합격자로 합니다.
   - 2차 시험 합격자 결정시 동점자로 인하여 선발예정인원을 초과하는 경우 그 동점자 모두를 합격자로 결정하고, 동점자의 점수는 소수점 둘째 자리까지만 계산하며 반올림은 하지 않습니다.

최종 정답 및 합격자 발표

시험시행일로부터 1차 약 1달 후, 2차 약 2달 후 한국산업인력공단 큐넷 주택관리사(보) 홈페이지(www.Q-Net.or.kr/site/housing)에서 확인 가능합니다.

학습플랜

전 과목 8주 완성 학습플랜

일주일 동안 3과목을 번갈아 학습하여, 8주에 걸쳐 1차 전 과목을 1회독할 수 있는 학습플랜입니다.

구분	월	화	수	목	금	토	일
	회계원리	공동주택 시설개론	민법	회계원리	공동주택 시설개론	민법	복습
1주차	1편 1장~ 2장 문제 04*	1편 1장	1편 1장~ 2장 문제 10	1편 2장 대표예제 08~ 3장 문제 07	1편 2장	1편 2장 대표예제 08~ 3장 문제 13	
2주차	1편 3장 대표예제 15~ 3장 문제 56	1편 3장	1편 3장 대표예제 15~ 3장 문제 38	1편 4장	1편 4장~5장	1편 3장 대표예제 20~ 3장 문제 63	
3주차	1편 5장~ 6장 문제 04	1편 6장~7장	1편 3장 대표예제 28~ 4장	1편 6장 대표예제 34~ 6장 문제 33	1편 8장~9장	1편 5장~ 5장 문제 28	
4주차	1편 7장~ 8장 문제 04	1편 10장~11장	1편 5장 문제 29~ 6장 문제 10	1편 8장 대표예제 46~ 9장 문제 14	1편 12장~ 2편 1장	1편 6장 대표예제 49~ 6장 문제 36	
5주차	1편 9장 대표예제 51~ 10장	2편 2장~3장	1편 7장	1편 11장~ 12장 문제 29	2편 4장~5장	1편 8장~9장	
6주차	1편 12장 문제 30~13장	2편 6장~7장	1편 10장~11장	1편 14장~ 15장 문제 18	2편 8장	2편 1장~ 2장 문제14	
7주차	1편 15장 대표예제 78~ 2편 3장 문제 11	2편 9장	2편 2장 대표예제 88~ 2장 문제 55	2편 3장 대표예제 81~ 5장	2편 10장	3편 1장~3장	
8주차	2편 6장~7장	2편 11장	3편 4장~6장	2편 8장~9장	2편 12장~13장	3편 7장	

* 이하 편/장 이외의 숫자는 본문 내의 문제번호입니다.

공동주택시설개론 3주 완성 학습플랜

한 과목씩 집중적으로 공부하고 싶은 수험생을 위한 학습플랜입니다.

구분	월	화	수	목	금	토	일
1주차	1편 1장	1편 2장	1편 3장	1편 4장	1편 5장~6장	1편 7장	1주차 복습
2주차	1편 8장~9장	1편 10장~11장	1편 12장~ 2편 1장	2편 2장	2편 3장~4장	2편 5장	2주차 복습
3주차	2편 6장~7장	2편 8장	2편 9장	2편 10장	2편 11장	2편 12장~13장	3주차 복습

학습플랜 이용 Tip

- 본인의 학습 진도와 상황에 적합한 학습플랜을 선택한 후, 매일 · 매주 단위의 학습량을 확인합니다.
- 목표한 분량을 완료한 후에는 ☑과 같이 체크하며 학습 진도를 스스로 점검합니다.

[문제집 학습방법]

- '출제비중분석'을 통해 단원별 출제비중과 해당 단원의 출제경향을 파악하고, 포인트별로 문제를 풀어나가며 다양한 출제 유형을 익힙니다.
- 틀린 문제는 해설을 꼼꼼히 읽어보고 해당 포인트의 이론을 확인하여 확실히 이해하고 넘어가도록 합니다.
- 복습일에 문제집을 다시 풀어볼 때에는 전체 내용을 정리하고, 틀린 문제는 다시 한번 확인하여 완벽히 익히도록 합니다.

[기본서 연계형 학습방법]

- 하루 동안 학습한 내용 중 어려움을 느낀 부분은 기본서에서 관련 이론을 찾아서 확인하고, '핵심 콕! 콕!' 위주로 중요 내용을 확실히 정리하도록 합니다. 기본서 복습을 완료한 후에는 학습플랜에 학습 완료 여부를 체크합니다.
- 복습일에는 한 주 동안 학습한 기본서 이론 중 추가적으로 학습이 필요한 사항을 문제집에 정리하고, 틀린 문제와 관련된 이론을 위주로 학습합니다.

출제경향분석 및 수험대책

제26회(2023년) 시험 총평

이번 26회 시험은 25회 시험보다 공동주택시설개론에서 다루고 있는 전반적인 내용에서 어느 한 분야에 치우치지 않고 모든 파트에서 고르게 출제되었습니다.
건축구조는 전년도 출제경향과 비슷하게 크게 어려움 없이 무난하게 출제되었고, 건축설비는 계산문제가 좀 까다롭게 출제되었지만 그 외에는 어려움 없이 풀 수 있는 문제들로 출제되었습니다.

제26회(2023년) 출제경향분석

구분		제17회	제18회	제19회	제20회	제21회	제22회	제23회	제24회	제25회	제26회	계	비율(%)
건축구조	총론	2	1	2	2	2	2	2	2	1	2	18	4.5
	기초구조	2	1	2	2	2	2	2	1	1	1	16	4
	조적식 구조	1	2	2	1	1	1	1	1	1	3	14	3.5
	철근콘크리트구조	3	5	3	3	3	3	4	5	3	3	35	8.75
	철골구조	2	2	2	2	2	2	1	2	4	2	21	5.25
	지붕공사	1		2	1	1	1	1	1	1		9	2.25
	방수 및 방습공사	2	2	2	2	2	2	1	2	2	2	19	4.75
	미장 및 타일공사	2	2	2	2	2	2	2	2	1	2	19	4.75
	창호 및 유리공사	2	2	1	2	2	2	2	2	3	2	20	5
	수장공사	1	1					1		1		4	1
	도장공사			1	1	1	1	1	1		1	7	1.75
	건축적산	2	2	1	2	2	2	2	1	2	2	18	4.5
건축설비	총론	2	4	2	1	2	1	1	1	3	2	19	4.75
	급수설비	2	1	2	4	2	4	2	3	1	3	24	6
	급탕설비	1		1	2	1	1	2	2	1	1	12	3
	배수 및 통기설비	1	2	1	1	1	2	3	4	1	1	17	4.25
	위생기구 및 배관설비	1	2	1	1	1	1	2		3	2	14	3.5
	오수정화설비	1	1	1		1		1		1		6	1.5
	난방설비	3	2	4	2	1	3	2	2	1	3	23	5.75
	공기조화 및 냉동설비	4	2	3		2				2		13	3.25
	가스설비		1		1	1	1	1	1	1		7	1.75
	소방설비	2	2	3	3	2	2	2	2	3	2	23	5.75
	전기설비	1	2	1	4	4	2	2	3	1	3	23	5.75
	수송설비	1	1	1			1	1		1	1	7	1.75
	홈네트워크	1			1	2	2	1	2	1	2	12	3
총계		40	40	40	40	40	40	40	40	40	40	400	100

❶ 건축구조

건축구조는 각 범위에서 골고루 출제되었는데, 그중에서 철근콘크리트구조와 조적식 구조의 출제비율이 가장 높았으며 총론, 철골구조, 방수 및 방습공사, 미장 및 타일공사, 창호 및 유리공사, 적산, 기초구조, 도장공사 순으로 출제되었습니다. 따라서 건축구조는 지난 출제경향과 비슷하게 전체적으로 별다른 어려움이 없이 무난하게 풀 수 있었을 것입니다.

❷ 건축설비

건축설비는 각 설비부분에서 골고루 출제되었고, 그중에서 급수설비, 난방설비에서 출제비율이 가장 높았으며 총론, 위생기구 및 배관설비, 소방설비, 홈네트워크 순으로 출제되었습니다.
열관류율 관련 계산문제와 조명기구의 개수 계산문제가 좀 까다로웠으나 그 외에는 별다른 어려움이 없이 무난하게 풀 수 있었을 것입니다. 전체적으로 볼 때 건축구조와 마찬가지로 무난하였으리라 생각됩니다.

제27회(2024년) 수험대책

광범위한 제반지식을 요구하는 공동주택시설개론에 쉽게 접근하기 위해서는 무엇보다 먼저 건축의 구조와 설비에 대한 전반적인 흐름을 파악하는 것이 중요합니다. 기본적인 내용과 관련해 전체적인 부분을 체계적으로 정리한 다음에 그 개념에 대한 학습을 진행해야 합니다. 따라서 한꺼번에 많은 양을 모두 다 이해하려고 애쓰지 말고, 교재 전체의 내용을 꾸준히 반복 학습하여 전반적인 내용 파악을 통해 큰 그림을 그려가면서 맥을 짚어 나아가는 것이 중요합니다.

❶ 용어 및 기준에 대한 학습

공동주택시설개론의 건축구조 및 건축설비 부분은 정의 및 개념, 용어 등을 지속적으로 이해해야 하는데, 기본적으로 학습할 양이 많기 때문에 시험에 나올 수 있는 최신 용어나 기준에 대한 정확한 학습이 필요하며, 특히 중요한 개념들은 보다 충실하게 내용을 이해하여 응용문제에 대비해야 합니다.

❷ 원리 중심의 학습

건축구조와 건축설비의 경우 개념에 관한 단순한 암기보다는 원리 중심의 문제가 많이 출제되기 때문에 암기보다는 원리에 대한 이해와 그에 관한 내용 중심의 학습이 필요합니다.

❸ 중요도에 따른 핵심내용의 반복 학습

출제되는 내용 중 중요도가 높은 출제유형은 그 유형에서 중요한 핵심내용들을 이해하면서 그에 따른 세부적인 기준들을 반복 학습해야 합니다.

❹ 시각적 자료인 그림(사진)을 활용한 서브노트

공동주택시설개론은 특히 건물 및 각종 설비와 관련된 이미지가 다양하게 분포되어 있기 때문에 시각적 자료, 즉 그림 위주의 이미지 필기로 자신만의 서브노트를 구성하면 더욱더 효과적인 학습이 가능합니다.

10개년 출제비중분석

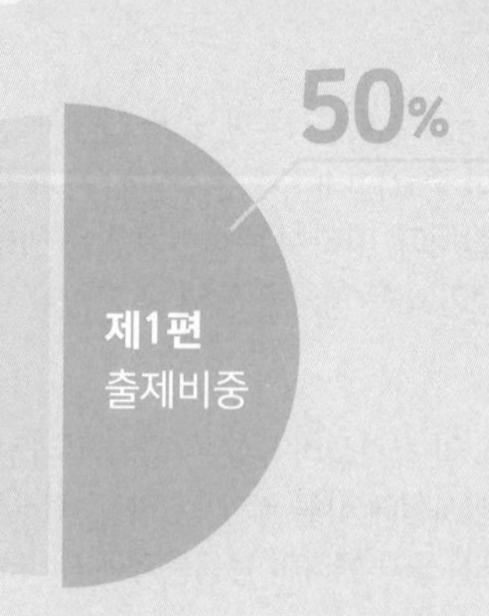

장별 출제비중

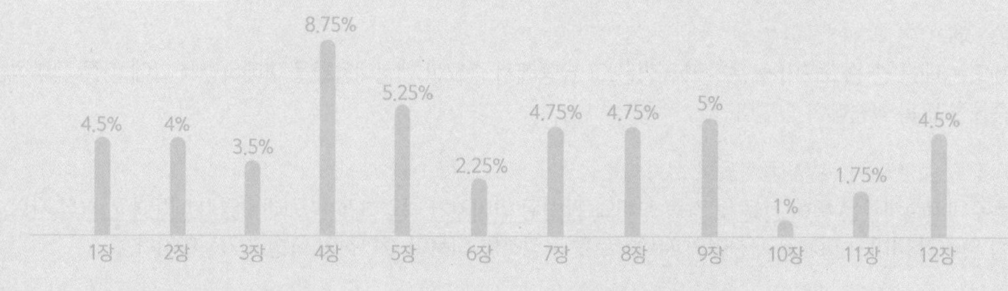

제1편

건축구조

제1장 총론

대표예제 01 **건축구조의 분류 ★★★**

구조형식에 관한 설명으로 옳지 않은 것은? 제26회

① 조적조는 벽돌 등의 재료를 쌓는 구조로 벽식에 적합한 습식구조이다.
② 철근콘크리트 라멘구조는 일체식 구조로 습식구조이다.
③ 트러스는 부재에 전단력이 작용하는 건식구조이다.
④ 플랫슬래브는 보가 없는 바닥판 구조이며 습식구조이다.
⑤ 현수구조는 케이블에 인장력이 작용하는 건식구조이다.

해설 | 트러스구조(Truss Structure)는 선형부재를 입체적으로 조립하여 각 부재가 축방향력을 받게 하는 구조로 전단력이나 휨모멘트는 작용하지 않으며, 일종의 가구식 구조이며 건식구조이다.

기본서 p.24~35 정답 ③

01 **건축구조의 시공과정에 따른 분류에 해당하지 않는 것은?** 제23회

① 습식구조
② 라멘구조
③ 조립구조
④ 현장구조
⑤ 건식구조

종합

02 건축물의 구조에 관한 설명으로 옳지 않은 것은? 제22회

① 커튼월은 공장생산된 부재를 현장에서 조립하여 구성하는 비내력 외벽이다.
② 조적구조는 벽돌, 석재, 블록, ALC 등과 같은 조적재를 결합재 없이 쌓아 올려 만든 구조이다.
③ 강구조란 각종 형강과 강판을 볼트, 리벳, 고력볼트, 용접 등의 접합방법으로 조립한 구조이다.
④ 기초란 건축물의 하중을 지반에 안전하게 전달시키는 구조 부분이다.
⑤ 철근콘크리트구조는 철근과 콘크리트를 일체로 결합하여 콘크리트는 압축력, 철근은 인장력에 유효하게 작용하는 구조이다.

03 건축구조의 분류로 옳은 것은? 제21회

① 조적식 구조 - 목구조
② 습식구조 - 철골구조
③ 일체식 구조 - 철골철근콘크리트구조
④ 가구식 구조 - 철근콘크리트구조
⑤ 건식구조 - 벽돌구조

정답 및 해설

01 ② 라멘구조(Rahmen structure, 골조구조)는 상부의 하중을 기둥과 보가 받아서 기초판으로 전달하는 구조 형식으로, 시공과정에 따른 분류에 해당하지 않는다.

02 ② 조적구조는 벽돌, 석재, 블록, ALC 등과 같은 조적재를 결합재를 이용하여 쌓아 올려 만든 구조이다.

03 ③ 건축구조의 분류

구성양식	사용재료	특징	시공과정
가구식	목구조	횡력에 강함(가새 보강), 비내화적, 내구성 ⇩	건식구조
	철골구조		
조적식	벽돌구조	시멘트 모르타르를 교착제로 사용, 횡력에 약함(부동침하, 균열발생)	습식구조
	블록구조		
	돌구조		
일체식	철근콘크리트구조(RC구조)	강한 구조, 전음도가 큼	습식구조
	철골철근콘크리트구조(SRC구조)		

04 건축구조와 관련된 용어의 설명으로 옳지 않은 것은?

제15회

① 구조내력이란 구조부재 및 이와 접하는 부분 등이 견딜 수 있는 부재력을 말한다.
② 라멘(rahmen)구조는 기둥과 보로 이루어진 골조가 건물의 하중을 지지하는 구조이다.
③ 캔틸레버(cantilever)보는 한쪽만 고정시키고 다른 쪽은 돌출시켜 하중을 지지하도록 한 구조이다.
④ 고정하중은 구조체에 지속적으로 작용하는 수직하중으로 구조부재에 부착된 비내력 부분과 각종 설비 등의 중량은 제외된다.
⑤ 활하중은 건물의 사용 및 점용에 의해서 발생되는 하중으로 사람, 가구, 이동칸막이, 창고의 저장물, 설비기계 등의 하중을 말한다.

05 구조방식과 외부의 힘에 저항하는 방법으로 옳지 않은 것은?

① 트러스구조: 인장력과 압축력으로 외력에 저항한다.
② 케이블구조: 인장력으로 외력에 저항한다.
③ 아치구조: 인장력과 압축력으로 외력에 저항한다.
④ 쉘구조: 면내응력으로 외력에 저항한다.
⑤ 공기막구조: 막의 인장력으로 외력에 저항한다.

06 건축의 구조형식 및 하중에 관한 설명으로 옳지 않은 것은?

① 공기막구조에서 공기는 압축재, 막은 인장재의 역할을 한다.
② 벽식구조는 철근콘크리트의 바닥판과 벽체를 일체화시킨 구조로 고층공동주택에 사용되며, 수직하중과 횡력을 전단벽이 부담하여 기초에 전달하는 구조를 말한다.
③ 벽돌구조, 철근콘크리트구조는 습식구조로서 물을 사용하는 공정을 가진 구조이며, 조적식 · 일체식 구조가 이에 속한다.
④ 다설지역에서 적설하중은 단기하중으로 보고, 적설하중의 계산은 눈의 단위중량, 적설깊이, 지붕의 모양 및 경사도에 따라 좌우된다.
⑤ 풍하중 및 지진하중은 보통 횡력으로 작용하며, 건물의 높이가 높아지면 증가한다.

07 건축구조에 관한 설명 중 옳지 않은 것은?

① 가구식 구조는 사각형으로 조립하면 입체적인 구조가 되어 가장 안정된 구조체를 이룰 수 있다.
② 벽식 구조는 철근콘크리트의 내력벽과 바닥을 일체화시킨 구조로서 수직하중과 횡력을 전단벽이 부담하는 구조이다.
③ 건축물의 구조설계시 자중이 클수록 밑면전단력을 증가시켜야 한다.
④ 프리캐스트구조는 현장 이외의 장소에서 부재를 제작하여 현장에 반입하여 조립하는 구조이다.
⑤ 튜브구조는 초고층건물의 구조형식 중 건물의 외곽기둥을 밀실하게 배치하고 일체화한 구조이다.

08 다음 각종 구조에 대한 설명으로 옳지 않은 것은?

① 조적식 구조는 모르타르의 강도도 중요하나 특히 횡력에 약한 구조로 주의를 요한다.
② 라멘(rahmen)구조는 주로 전단력과 휨모멘트에 저항하는 구조이다.
③ 가구식 구조는 조립 개소가 많을수록 안정한 구조를 이루는 구조이다.
④ 가구식 구조는 각 부재의 접합 및 짜임새에 따라 구조체의 강도가 좌우된다.
⑤ 일체식 구조는 각 부분 구조체가 일체화되어 비교적 균일한 강도를 가진다.

정답 및 해설

04 ④ 고정하중은 구조체에 지속적으로 작용하는 수직하중으로, 구조부재에 부착된 비내력 부분과 각종 설비 등의 중량을 포함한다.
05 ③ 아치구조는 압축력으로 외력에 저항한다.
06 ④ 적설하중은 단기하중으로 보지만 다설지역에서는 장기하중으로 분류된다.
07 ① 가구식 구조는 삼각형으로 조립하면 가장 안정된 구조체를 이룰 수 있다.
08 ③ 가구식 구조는 조립 개소가 많을수록 접합부(joint)의 강성이 불안정한 구조가 된다.

09 건축구조 형식에 관한 설명으로 옳지 않은 것은?

제20회

① 라멘구조는 기둥과 보가 강접합되어 이루어진 구조이다.
② 트러스구조는 가늘고 긴 부재를 강접합해서 삼각형의 형상으로 만든 구조이다.
③ 플랫슬래브구조는 보가 없는 구조이다.
④ 아치구조는 주로 압축력을 전달하게 하는 구조이다.
⑤ 내력벽식 구조는 내력벽과 바닥판에 의해 하중을 전달하는 구조이다.

대표예제 02 하중과 응력 ★★★

지진하중 산정에 관련되는 사항으로 옳은 것을 모두 고른 것은?

제25회

㉠ 반응수정계수	㉡ 고도분포계수
㉢ 중요도계수	㉣ 가스트영향계수
㉤ 밑면전달력	

① ㉠, ㉡, ㉣
② ㉠, ㉢, ㉣
③ ㉠, ㉢, ㉤
④ ㉡, ㉢, ㉤
⑤ ㉡, ㉣, ㉤

해설 | 고도분포계수, 중요도계수, 가스트영향계수는 풍하중에 관련된 사항이다.
▶ 중요도계수는 지진하중과 풍하중에 둘 다 적용되는 사항이다.

기본서 p.36~41

정답 ③

10 하중과 변형에 관한 용어 설명으로 옳은 것은?

제26회

① 고정하중은 기계설비하중을 포함하지 않는다.
② 외력이 작용하는 구조부재 단면에 발생하는 단위면적당 힘의 크기를 응력도라 한다.
③ 외력을 받아 변형한 물체가 그 외력을 제거하면 본래의 모양으로 되돌아가는 성질을 소성이라고 한다.
④ 등분포활하중은 저감해서 사용하면 안 된다.
⑤ 지진하중 계산을 위해 사용하는 밑면전단력은 구조물 유효무게에 반비례한다.

11 건축물에 작용하는 하중에 관한 설명으로 옳은 것을 모두 고른 것은? 제23회

㉠ 풍하중과 지진하중은 수평하중이다.
㉡ 고정하중과 활하중은 단기하중이다.
㉢ 사무실 용도의 건물에서 가동성 경량칸막이벽은 고정하중이다.
㉣ 지진하중 산정시 반응수정계수가 클수록 지진하중은 감소한다.

① ㉠, ㉡
② ㉠, ㉣
③ ㉡, ㉢
④ ㉠, ㉢, ㉣
⑤ ㉡, ㉢, ㉣

정답 및 해설

09 ② 트러스구조는 가늘고 긴 부재를 핀접합해서 삼각형의 형상으로 만든 구조이다.

10 ② ① 고정하중은 기계설비하중을 포함한다.
③ 외력을 받아 변형한 물체가 그 외력을 제거하면 본래의 모양으로 되돌아가는 성질을 탄성이라고 한다.
④ 등분포활하중은 저감해서 사용할 수 있다.
- 영향면적을 산출하면 부하면적에 비해 지나치게 크게 확대되어 해석하는 특징이 있다. 이에 따라 구조기준에서는 영향면적의 저감계수를 적용할 수 있도록 정하고 있다.
- 활하중 저감계수란 영향면적에 따른 저감효과를 고려하기 위해 활하중에 곱하는 계수를 말한다.

⑤ 지진하중 계산을 위해 사용하는 밑면전단력은 구조물 유효무게에 비례한다.

11 ② ㉡ 고정하중과 활하중은 장기하중이다.
㉢ 사무실 용도의 건물에서 가동성 경량칸막이벽은 적재(활)하중이다.

▶ 하중

장기하중	• 고정하중(사하중, D): 구조물(기초, 보, 기둥, 벽, 바닥판, 지붕, 고정설비 등) • 적재하중(활하중, L): 적재물(기계, 기구, 설비물 등), 사람
단기하중	• 적설하중(S): 수직최대적설량(cm) • 풍하중(W): 최대풍량(m/s) • 지진하중(E)

▶ 반응수정계수
- 반응수정계수는 구조의 연성능력 정도에 따라 정해지는 값이다.
- 반응수정계수가 크면 밑면전단력(지진하중)은 작아진다.

고난도

12 다음은 풍하중 산출과정 중 설계속도압에 관한 설명이다. (　　) 안에 들어갈 내용으로 적당한 것은?

- 설계속도압은 건축물설계용 풍하중을 결정하기 위한 평균풍속의 등가정적 속도압이다.
- 설계속도압은 (　　)에 비례하고 (　　)의 제곱에 비례한다.

① 유효수압면적, 설계풍압
② 가스트영향계수, 압력계수
③ 공기밀도, 설계풍속
④ 고도분포계수, 기본풍속
⑤ 건축물의 높이, 중요도계수

고난도

13 건축물의 구조설계에 적용하는 하중에 관한 설명으로 옳은 것은? 제22회

① 기본지상적설하중은 재현기간 100년에 대한 수직 최심적설깊이를 기준으로 한다.
② 지붕활하중을 제외한 등분포활하중은 부재의 영향면적이 $30m^2$ 이상인 경우 저감할 수 있다.
③ 고정하중은 점유·사용에 의하여 발생할 것으로 예상되는 최대하중으로, 용도별 최솟값을 적용한다.
④ 풍하중에서 설계속도압은 공기밀도에 반비례하고 설계풍속에 비례한다.
⑤ 지진하중 산정시 반응수정계수가 클수록 지진하중은 증가한다.

14 건축물에 작용하는 하중에 관한 설명으로 옳지 않은 것은? 제18회

① 적설하중은 구조물이 위치한 지역의 기상조건 등에 많은 영향을 받는다.
② 활하중은 분포특성을 파악하기 어렵고, 건축물의 사용용도에 따라 변동폭이 크다.
③ 지진하중은 건물 지붕의 형상 및 경사 등에 영향을 크게 받는다.
④ 풍하중은 구조골조용, 지붕골조용, 외장 마감재용으로 분류된다.
⑤ 고정하중은 자중, 고정된 기계설비 등의 하중으로, 고정칸막이벽과 같은 비구조 부재의 하중도 포함한다.

15 건축물의 하중에 관한 설명으로 옳지 않은 것은? 제21회

① 지진하중은 지반종류의 영향을 받는다.
② 풍하중은 지형의 영향을 받는다.
③ 고정하중은 구조체의 자중을 포함한다.
④ 적설하중은 지붕형상의 영향을 받는다.
⑤ 가동성 경량칸막이벽은 고정하중에 포함된다.

16 건축물에 작용하는 하중에 관한 설명으로 옳은 것은? 제20회

① 마감재의 자중은 고정하중에 포함하지 않는다.
② 풍하중은 설계풍압에 유효수압면적을 합하여 산정한다.
③ 하중을 장기하중과 단기하중으로 구분하는 경우 지진하중은 장기하중에 포함된다.
④ 조적조 칸막이벽은 고정하중으로 간주하여야 한다.
⑤ 기본지상적설하중은 재현기간 10년에 대한 수직 최심적설깊이를 기준으로 하며 지역에 따라 다르다.

정답 및 해설

12 ③ 설계속도압은 공기밀도에 비례하고, 설계풍속의 제곱에 비례한다.

13 ① ② 지붕활하중을 제외한 등분포활하중은 부재의 영향면적이 $36m^2$ 이상인 경우 저감할 수 있다.
③ 활하중은 점유·사용에 의하여 발생할 것으로 예상되는 최대하중으로, 용도별 최솟값을 적용한다.
④ 풍하중에서 설계속도압은 공기밀도에 비례하고 설계풍속의 제곱에 비례한다.
⑤ 지진하중 산정시 반응수정계수가 클수록 지진하중은 감소한다.

14 ③ 적설하중이 건물 지붕의 형상 및 경사 등에 영향을 크게 받는다. 지진하중은 지반의 종류, 건축물의 무게, 높이 등에 영향을 받는다.

15 ⑤ 가동성 경량칸막이벽은 적재하중(활하중)에 포함된다.

16 ④ ① 마감재의 자중은 고정하중에 포함한다.
② 풍하중은 설계풍압에 유효수압면적을 곱하여 산정한다.
③ 하중을 장기하중과 단기하중으로 구분하는 경우 지진하중은 단기하중에 포함된다.
⑤ 기본지상적설하중은 재현기간 100년에 대한 수직 최심적설깊이를 기준으로 하며 지역에 따라 다르다.

17 다음은 활하중에 관한 설명이다. ( ) 안에 들어갈 내용으로 옳은 것은?

활하중(적재하중)을 적용할 경우에는 점유 · 사용에 의하여 발생할 것으로 예상되는 ( )의 하중을 적용하여야 한다.

① 최대
② 최소
③ 최초
④ 평균
⑤ 최종

18 활하중의 적용에 관한 설명으로 옳지 않은 것은?

① 활하중은 신축 건축물 및 공작물의 구조계산과 기존 건축물의 안전성 검토시 적용된다.
② 활하중은 등분포활하중과 집중활하중으로 분류할 수 있다.
③ 공동주택의 경우 기준에 의한 최소 활하중을 비교하면 거실보다는 공용실이 최소 2.5배 이상이 되어야 한다.
④ 건축구조물은 등분포활하중과 집중활화중 중에서 구조부재별로 더 큰 하중 효과를 발생시키는 하중에 대하여 설계하여야 한다.
⑤ 주택의 발코니 활하중은 출입하는 바닥 활하중의 1.5배 이상으로 하되, 최소 $5.0kN/m^2$ 이상으로 해야 한다.

19 건축물의 구조설계에 적용하는 하중에 관한 설명으로 옳지 않은 것은? 제19회

① 적설하중은 구조물에 쌓이는 눈의 무게에 의해서 발생하는 하중이다.
② 적재하중은 활하중이라고도 하며, 건축물을 점유 · 사용함으로써 발생하는 하중이다.
③ 공동주택에서 발코니의 기본등분포활하중은 주거용 구조물 거실의 활하중보다 작은 값을 사용한다.
④ 풍하중은 골조 설계용과 외장재 설계용 등으로 구분한다.
⑤ 고정하중은 설계에 적용하는 하중으로 장기하중이다.

20 다음에서 옳은 내용을 모두 고른 것은?

> ㉠ 지진하중은 건축물이 무거울수록 크고, 풍하중은 바람을 받는 벽면의 면적이 클수록 크다.
> ㉡ 풍하중은 설계풍압에 유효수압면적을 합하여 산정한다.
> ㉢ 단순보는 한쪽만 고정시키고 다른 쪽은 돌출시켜 하중을 지지하도록 한 구조이다.
> ㉣ 활하중은 분포특성을 파악하기 쉽지만, 건축물의 사용용도에 따라 변동폭이 크다.
> ㉤ 고정하중은 구조체 자체의 무게인 자중, 고정된 기계설비 등의 하중으로, 고정칸막이벽과 같은 비구조 하중도 포함한다.
> ㉥ 일반지역에서 구조물에 일시적으로 작용하는 장기하중에는 고정하중과 활하중이 있다.

① ㉠, ㉤
② ㉠, ㉡, ㉤
③ ㉠, ㉡, ㉣, ㉤
④ ㉠, ㉡, ㉣, ㉤, ㉥
⑤ ㉠, ㉣, ㉤

정답 및 해설

17 ① 활하중(적재하중)을 적용할 때 다양한 경우를 고려해야 하며, 이때 예상되는 가장 최대의 하중을 적용하여야 한다.

18 ⑤ 주택의 발코니 활하중은 출입하는 바닥 활하중의 1.5배 이상으로 하되, 최대 5.0kN/m^{2}로 할 수 있다.

19 ③ 공동주택에서 발코니의 기본등분포활하중은 주거용 구조물 거실의 활하중보다 큰 값을 사용한다.

20 ① ㉡ 풍하중은 설계풍압에 유효수압면적을 곱하여 산정한다.
㉢ 캔틸레버보는 한쪽만 고정시키고 다른 쪽은 돌출시켜 하중을 지지하도록 한 구조이다.
㉣ 활하중은 분포특성을 파악하기 어렵고, 건축물의 사용용도에 따라 변동폭이 크다.
㉥ 일반지역에서 구조물에 장기적으로 작용하는 장기하중에는 고정하중과 활하중이 있다.

대표예제 03 내진설계 ★★

내진설계에 대한 설명으로 틀린 것은?

① 건축물 내부의 비구조재들을 제거하여 구조물의 불필요한 자중을 감소시킨다.
② 기초의 형태와 지중의 구조시스템은 가능한 한 단순한 것으로 선택한다.
③ 제진이란 별도의 장치를 이용하여 지진력에 대응하는 힘을 구조물 내에서 발생시키거나 흡수하는 기술을 말한다.
④ 제진은 소규모 건축물에 많이 채택하여 사용되는 기술이다.
⑤ 고층공동주택의 지진력 저항시스템은 철근콘크리트 전단벽이 횡하중에 저항한다.

해설 | 제진은 건물 자체에 대형컴퓨터 및 계측기기를 보유해야 하므로 소형건축물에서는 경제적 문제 때문에 일반화될 수 없다는 단점이 있다.

기본서 p.41~42

정답 ④

21 건축구조에 대한 설명으로 옳지 않은 것은?

① 면진구조는 지진파가 갖고 있는 강한 에너지 대역으로부터 도피하여 지진과 대항하지 않고 지진을 피하고자 하는 수동적 기술을 말한다.
② 아치구조에서 추력을 방지하기 위해 부축벽을 설치할 수 있다.
③ 굴뚝설계시 고려해야 할 하중 중 적설하중은 미치는 영향이 극히 적어 무시한다.
④ 지진하중은 횡하중으로 철골구조가 철근콘크리트구조보다 작다.
⑤ 스팬드럴 방식은 세로선을, 멀리언 방식은 가로선을 강조한 방식이다.

22 내진설계의 기본적인 개념으로 옳지 않은 것은?

① 설계지진하중에 대한 구조물의 부분 파손을 가정한다.
② 내진등급 '특'은 지진 후 피해복구에 필요한 중요시설을 갖추고 있거나 유해물질을 대량 저장하고 있는 구조물을 말하며, 15층 이상 아파트 및 오피스텔은 '특' 등급에 속한다.
③ 특정층에 파괴가 집중되지 않도록 유도한다.
④ 접합부보다는 부재 중간의 파괴를 유도한다.
⑤ 보의 파괴보다는 기둥의 파괴를 유도한다.

23 건축의 구조형식 및 하중에 관한 설명으로 옳지 않은 것은?

① 공기막구조에서 공기는 압축재, 막은 인장재의 역할을 한다.
② 벽식구조는 철근콘크리트의 바닥판과 벽체를 일체화시킨 구조로 고층공동주택에 사용되며, 수직하중과 횡력을 전단벽이 부담하여 기초에 전달하는 구조를 말한다.
③ 벽돌구조, 철근콘크리트구조는 습식구조로서 물을 사용하는 공정을 가진 구조이며, 조적식 · 일체식 구조가 이에 속한다.
④ 다설지역에서 적설하중은 단기하중으로 보고, 적설하중의 계산은 눈의 단위중량, 적설깊이, 지붕의 모양 및 경사도에 따라 좌우된다.
⑤ 풍하중 및 지진하중은 보통 횡력으로 작용하며, 건물의 높이가 높아지면 증가한다.

정답 및 해설

21 ⑤ 스팬드럴 방식은 가로선을, 멀리언 방식은 세로선을 강조한 방식이다.
22 ⑤ 기둥의 파괴보다는 보의 파괴를 유도한다.
23 ④ 적설하중은 단기하중으로 보지만 다설지역에서는 장기하중으로 분류된다.

제2장 기초구조

대표예제 04 **지반** ★★★

표준관입시험에 관한 설명으로 옳은 것은? 제21회

① 점성토지반에서 실시하는 것을 원칙으로 한다.
② N값은 로드를 지반에 76cm 관입시키는 타격횟수이다.
③ N값이 10~30인 모래지반은 조밀한 상태이다.
④ 표준관입시험에 사용하는 추의 무게는 65.3kgf이다.
⑤ 모래지반에서는 흐트러지지 않은 시료의 채취가 곤란하다.

오답체크
① 사질지반에서 실시하는 것을 원칙으로 한다.
② N값은 로드를 지반에 30cm 관입시키는 타격횟수이다.
③ N값이 10~30인 모래지반은 보통 상태이다. 조밀한 상태는 30~50이다.
④ 표준관입시험에 사용하는 추의 무게는 63.5kgf이다.

기본서 p.53~58 정답 ⑤

01 토질시험 중 가장 옳지 않은 것은?

① 표준관입시험(페네트레이션 테스트)은 주로 사질지반의 밀도 및 강도를 조사하는 현장시험법이다.
② 베인테스트는 깊이 10m 이하의 경암질의 지내력 시험방법이다.
③ 보링시 구멍간의 중간지점은 물리적 지하탐사법 등 다른 방법과 병행하는 것이 좋다.
④ 사운딩테스트는 원위치에서의 정적 및 동적인 시험을 통하여 토층의 토질구성, 경연, 다짐성 등 물리적 특성을 파악한다.
⑤ 평면재하시험의 재하는 매회 10kN 이하 또는 예정파괴하중의 5분의 1 이하로 단계별로 실시하여 그 침하량을 측정한다.

02 기초에 관한 설명 중 옳지 않은 것은?

① 독립기초는 부동침하가 발생되기 쉬우므로 부동침하를 방지하기 위해 주각을 고정상태로 한 지중보를 설치하여 부동침하를 방지한다.
② 지반이 연약하고 소요기초 저면적이 바닥면적의 2분의 1 이상일 때에는 온통기초가 적합하다.
③ 말뚝을 박을 때 기초판이 허용되는 한도 내에서는 간격을 작게 하여 박는 것이 효과적이다.
④ 경미한 건축물의 기초라도 기초는 반드시 동결심도 이하에 설치하여야 한다.
⑤ 다짐말뚝은 느슨한 사질지반에 말뚝을 무리지어 박음으로써 무른 지반을 밀실하게 다지는 말뚝이다.

03 점토지반에 관한 설명 중 옳지 않은 것은?

① 지중응력분포는 주변부가 최소이고 중앙부가 최대이므로 침하량은 중앙부가 크다.
② 치환공법은 연약점토지반의 흙을 양질의 흙으로 바꾸는 방법이다.
③ 점토지반 위에 긴 구조물을 계획할 경우, 건물 중앙부가 침하하기 쉬우므로 주의하여야 한다.
④ 연약한 점토질지반의 지반개량공법에는 샌드드레인(sand drain)공법, 페이퍼드레인(paper drain)공법 등이 있다.
⑤ 점토질지반에서 함수량이 많은 지반은 수분제거를 하여 지내력을 증가시킬 수 있다.

정답 및 해설

01 ② 베인테스트(vane test)는 진흙의 점착력을 판별하는 지반조사법이다.
▶ 사운딩테스트(sounding test): 로드(rod) 선단에 설치한 저항체를 땅속에 삽입하여 관입, 회전, 인발 등의 저항으로 토층의 선상을 탐사하는 방법으로 원위치시험이라고 한다.
- 정적 시험(베인테스트): 점토층의 점착력 판별
- 동적 시험(표준관입시험): 사질지반의 지내력 판별, N값에 따라 판별

02 ③ 말뚝을 박을 때 기초판이 허용되는 한도 내에서는 간격을 크게 하여 박는 것이 효과적이다.

03 ① 지중응력분포는 주변부가 최대이고 중앙부가 최소이므로 침하량은 주변부가 크다.

04 토질 및 지반에 관한 설명 중 옳지 않은 것은?

① 흙의 내부마찰각이 작을수록 옹벽에 작용하는 토압은 커진다.
② 지진시에 액상화 현상은 사질지반보다 점토질지반에서 일어나기 쉽다.
③ 점토질지반에서는 흙의 내부마찰각이 같은 경우 점착력이 클수록 옹벽에 가해지는 토압은 작게 된다.
④ 부동침하는 압밀현상에 의해 생기는 것이다.
⑤ 이긴 시료에 대한 자연시료의 강도비를 예민비라고 하며, 점토가 사질토에 비해 크다.

종합

05 지반조사방법만으로 묶은 것은?

㉠ 평판재하시험	㉡ 베인테스트
㉢ 보일링	㉣ 웰포인트
㉤ 보링	㉥ 히빙
㉦ 전기저항식	㉧ 탄성파식
㉨ 크리프시험	㉩ 표준관입시험

① ㉠, ㉡, ㉢, ㉣, ㉤
② ㉡, ㉤, ㉦, ㉧, ㉩
③ ㉡, ㉥, ㉦ ,㉧, ㉩
④ ㉡, ㉤, ㉦, ㉨, ㉩
⑤ ㉠, ㉡, ㉤, ㉦, ㉧

06 점토지반과 사질토지반의 특성에 대한 설명으로 틀린 것은?

① 점토지반의 내부마찰각은 사질토지반보다 크다.
② 점토지반의 압밀속도는 사질토지반보다 느리다.
③ 점토지반에서는 중앙부에서 침하가 일어나기 쉽다.
④ 점토는 굴착 후 토량의 부피변화가 크다.
⑤ 사질토지반은 지진시 유동화 현상이 일어나기 쉽다.

07 지반에 관한 다음 설명 중 가장 잘못된 것은?

① 점토지반 위에 긴 구조물을 계획할 경우, 건물 양단이 침하하기 쉬우므로 주의하여야 한다.
② 지반은 수위가 변동되어 낮아지면 압밀침하를 일으킨다.
③ 모래와 같은 입상토에 하중을 가하면, 그 압력은 주변에서 최소이고 중앙에서 최대로 된다.
④ 지반의 내력이 부족할 때에는 지정을 하여 내력을 증가시킨다.
⑤ 사질층은 입도 및 밀도에 따라서 지진 발생시 유동화 현상을 일으킨다.

정답 및 해설

04 ② 지진시에 액상화 현상은 점토지반보다 사질지반에서 일어나기 쉽다.

05 ② 지반조사방법에는 시험파기, 짚어보기, 물리적 지하탐사법(전기저항식, 탄성파식), 보일링, 표준관입시험, 베인테스트 등이 있다.

06 ① 점토지반의 내부마찰각은 사질토지반보다 작다.

구분	내부 마찰각	압밀 속도	굴착 후 토량의 부피변화	탈수법	주의사항	지반조사방법
점토	작다	느리다	크다(20~45%)	샌드(페이퍼)드레인	히빙	베인테스트
모래	크다	빠르다	작다(15%)	웰포인트	보일링	표준관입시험

07 ① 점토질지반에 하중을 가하면 그 압력은 주변에서 최대가 되고 중앙부에는 최소가 되어 중앙부의 부동침하가 우려되며, 모래는 그 반대로 양단부의 부동침하가 우려된다.

대표예제 05 지내력 ★★★

지반내력(허용지내력)의 크기가 큰 것부터 옳게 나열한 것은? 제24회

① 화성암 – 수성암 – 자갈과 모래의 혼합물 – 자갈 – 모래 – 모래 섞인 점토
② 화성암 – 수성암 – 자갈 – 자갈과 모래의 혼합물 – 모래 섞인 점토 – 모래
③ 화성암 – 수성암 – 자갈과 모래의 혼합물 – 자갈 – 모래 섞인 점토 – 모래
④ 수성암 – 화성암 – 자갈 – 자갈과 모래의 혼합물 – 모래 – 모래 섞인 점토
⑤ 수성암 – 화성암 – 자갈과 모래의 혼합물 – 자갈 – 모래 섞인 점토 – 모래

해설 | 지반내력의 크기는 '화성암 > 수성암 > 자갈 > 자갈과 모래의 혼합물 > 모래 섞인 점토 > 모래' 순이다.

보충 | 지반의 허용지내력도

<table>
<tr><th colspan="2">지반</th><th>장기응력에 대한 허용지내력</th><th>단기응력에 대한 허용지내력</th></tr>
<tr><td>경암반</td><td>화강암 · 석록암 · 편마암 · 안산암 등의 화성암 및 굳은 역암 등의 암반</td><td>4,000</td><td rowspan="7">각각 장기응력에 대한 허용지내력 값의 1.5배로 한다.</td></tr>
<tr><td rowspan="2">연암반</td><td>판암 · 편암 등의 수성암의 암반</td><td>2,000</td></tr>
<tr><td>혈암 · 토단반 등의 암반</td><td>1,000</td></tr>
<tr><td colspan="2">자갈</td><td>300</td></tr>
<tr><td colspan="2">자갈과 모래와의 혼합물</td><td>200</td></tr>
<tr><td colspan="2">모래 섞인 점토 또는 롬토</td><td>150</td></tr>
<tr><td colspan="2">모래 또는 점토</td><td>100</td></tr>
</table>

기본서 p.59~61

정답 ②

대표예제 06 기초 ★★★

기초에 관한 설명으로 옳지 않은 것은? 제21회

① 직접기초: 지지력이 확보되는 굳은 지반에 기초판을 설치하여 상부구조의 하중을 지지하는 기초
② 말뚝기초: 지지말뚝이나 마찰말뚝으로 상부구조의 하중을 지반에 전달하는 기초
③ 연속기초: 건물 전체의 하중을 두꺼운 하나의 기초판으로 지반에 전달하는 기초
④ 복합기초: 2개 이상의 기둥으로부터의 하중을 하나의 기초판을 통해 지반에 전달하는 기초
⑤ 독립기초: 독립된 기둥 1개의 하중을 1개의 기초판으로 지반에 전달하는 기초

해설 | 연속기초는 벽 또는 일련의 기둥을 연속된 기초판으로 받치는 기초이다.
건물 전체의 하중을 두꺼운 하나의 기초판으로 지반에 전달하는 기초는 온통기초이다.

기본서 p.62~76 정답 ③

08 기초구조 및 터파기공법에 관한 설명으로 옳은 것은? 제25회

① 서로 다른 종류의 지정을 사용하면 부등침하를 방지할 수 있다.
② 지중보는 부등침하 억제에 영향을 미치지 못한다.
③ 2개의 기둥에서 전달되는 하중을 1개의 기초판으로 지지하는 방식의 기초를 연속기초라고 한다.
④ 웰포인트공법은 점토질지반의 대표적인 연약지반 개량공법이다.
⑤ 중앙부를 먼저 굴토하고 구조체를 설치한 후, 외주부를 굴토하는 공법을 아일랜드컷공법이라 한다.

정답 및 해설

08 ⑤ ① 서로 다른 종류의 지정을 사용하면 부등침하를 방지할 수 없다.
② 지중보는 부등침하 억제에 영향을 준다.
③ 2개의 기둥에서 전달되는 하중을 1개의 기초판으로 지지하는 방식의 기초를 복합기초라고 한다.
④ 웰포인트공법은 사질지반의 대표적인 연약지반 개량공법이다.

09 **(　　) 안에 들어갈 기초 명칭으로 옳은 것은?** 제23회

- (㉠)기초: 기둥이나 벽체의 밑면을 기초판으로 확대하여 상부구조의 하중을 지반에 직접 전달하는 기초
- (㉡)기초: 지하실 바닥 전체를 일체식으로 축조하여 상부구조의 하중을 지반 또는 지정에 전달하는 기초
- (㉢)기초: 벽 또는 일련의 기둥으로부터의 응력을 띠모양으로 하여 지반 또는 지정에 전달하는 기초

① ㉠: 독립, ㉡: 온통, ㉢: 연속
② ㉠: 독립, ㉡: 연속, ㉢: 온통
③ ㉠: 연속, ㉡: 직접, ㉢: 독립
④ ㉠: 직접, ㉡: 독립, ㉢: 연속
⑤ ㉠: 직접, ㉡: 온통, ㉢: 연속

10 **벽 또는 일련의 기둥으로부터의 응력을 띠모양으로 하여 지반 또는 지정에 전달하는 기초의 형식은?** 제22회

① 병용기초
② 독립기초
③ 연속기초
④ 복합기초
⑤ 온통기초

11 **건축물의 기초에 관한 설명으로 옳지 않은 것은?** 제19회

① 기초는 기초판, 지정 등으로 구성되어 있다.
② 기초판은 기둥 또는 벽체에 작용하는 하중을 지중에 전달하기 위하여 기초가 펼쳐진 부분을 말한다.
③ 지정은 기초를 보강하거나 지반의 내력을 보강하기 위한 것이다.
④ 말뚝기초는 직접기초의 한 종류이다.
⑤ 말뚝기초는 지지기능상 지지말뚝과 마찰말뚝으로 분류한다.

12 **건물 밑바닥 전체를 일체화시키는 기초형식으로 연약지반에 건물을 건축할 경우에 사용되는 것은?** 제14회

① 줄기초 ② 독립기초
③ 복합기초 ④ 온통기초
⑤ 주춧돌기초

13 **기초에 관한 설명 중 옳지 않은 것은?**

① 독립기초는 부동침하가 발생되기 쉬우므로 부동침하를 방지하기 위해 주각을 고정상태로 한 지중보를 설치하여 부동침하를 방지한다.
② 지반이 연약하고 소요기초 저면적이 바닥면적의 2분의 1 이상일 때에는 온통기초가 적합하다.
③ 말뚝을 박을 때 기초판이 허용되는 한도 내에서는 간격을 작게 하여 박는 것이 효과적이다.
④ 경미한 건축물의 기초라도 기초는 반드시 동결심도 이하에 설치하여야 한다.
⑤ 다짐말뚝은 느슨한 사질지반에 말뚝을 무리지어 박음으로써 무른 지반을 밀실하게 다지는 말뚝이다.

정답 및 해설

09 ⑤ ㉠ 직접기초: 기둥이나 벽체의 밑면을 기초판으로 확대하여 상부구조의 하중을 지반에 직접 전달하는 기초
㉡ 온통기초: 지하실 바닥 전체를 일체식으로 축조하여 상부구조의 하중을 지반 또는 지정에 전달하는 기초
㉢ 연속기초: 벽 또는 일련의 기둥으로부터의 응력을 띠모양으로 하여 지반 또는 지정에 전달하는 기초

10 ③ 벽 또는 일련의 기둥으로부터의 응력을 띠모양으로 하여 지반 또는 지정에 전달하는 기초의 형식은 연속기초이다.

11 ④ 말뚝기초는 간접기초의 한 종류이다.

12 ④ 온통기초(Mat footing)
- 작용하는 하중이 매우 커서 기초판의 넓이가 아주 넓어야 할 때 건축물의 지하실 바닥 전체를 기초로 만든 것이다.
- 하중에 비해 지반이 연약할 때 효과적이다.
- 소요기초 밑면적이 바닥면적의 2분의 1 이상이 될 때 지하실 바닥 전체를 기초로 한 것이다.
- 부동침하의 우려가 가장 작다.

13 ③ 말뚝을 박을 때 기초판이 허용되는 한도 내에서는 간격을 크게 하여 박는 것이 효과적이다.

14 말뚝에 관한 설명으로 옳지 않은 것은?

① 나무말뚝의 간격은 말뚝지름의 2.5배 이상 또는 600mm 이상 중 큰 값으로 한다.
② 나무말뚝이 상수면 위에 나올 때에는 재조정한다.
③ 말뚝박기공법 중 수사법이란 말뚝박기를 할 때 굳은 진흙층이 있으면 말뚝 앞에 가는 철관을 꽂고 그곳으로 물을 분사하여 수압에 의하여 지반을 무르게 한 뒤 말뚝박기를 하는 공법을 말한다.
④ 말뚝은 경사지게 박는 것이 하중 분산에 효과적이다.
⑤ 지지말뚝의 경우 말뚝저항의 중심은 말뚝의 끝에 있다.

15 지정 및 기초공사에 관한 내용으로 옳은 것은? 제18회

① 기성 콘크리트말뚝 중 운반이나 말뚝박기에 의해 손상된 말뚝은 보수해서 사용한다.
② 현장타설 콘크리트말뚝 주근의 이음은 필히 맞댐이음으로 한다.
③ 강재말뚝의 현장이음은 용접으로 한다.
④ 잡석지정은 잡석을 한 켜로 세워서 큰 틈이 없게 깔고, 잡석 틈새는 채울 필요가 없다.
⑤ 밑창 콘크리트의 품질은 설계도서에서 별도로 정한 바가 없는 경우에는 10MPa로 한다.

16 기초와 지정에 대한 기술 중 틀린 것은?

① 직접기초는 기초판이 직접 지반 또는 잡석다짐 정도의 경미한 지정을 통하여 지반에 전달하는 형식의 얕은 기초이다.
② 동일건물의 기초에서는 될 수 있는 한 이종형식의 기초를 병용하는 것을 피한다.
③ 독립기초는 지내력이 큰 경우에 적합하고 경제적인 기초이나 부동침하의 우려가 크다.
④ 동일 건축물에서 하중이 불균등하게 작용할 경우 마찰말뚝과 지지말뚝을 혼용해서 사용한다.
⑤ 건축물의 자중과 적재하중, 풍하중 등 외력을 받아 이것을 안전하게 지반에 전달하는 건축물의 지하 구조체를 기초라고 한다.

17 기초구조에 관한 설명으로 옳지 않은 것은?

① 기초는 반드시 동결선 이하에 설치한다.
② 말뚝기초에서 기초판은 말뚝머리에 직접 닿게 놓여 있어야 한다.
③ 밑창 콘크리트는 그 강도가 중요하지 않다.
④ 나무말뚝을 박을 때는 말뚝머리가 반드시 상수면 위에 오게 한다.
⑤ 하중에 비해 연약한 지반의 기초는 온통기초로 한다.

18 지하구조체를 지상에서 구축하고 그 밑부분을 파내려 가면서 지하부에 위치시키는 기초 공법은?

① 용기잠함공법
② 개방잠함공법
③ 웰포인트공법
④ 샌드드레인공법
⑤ 탑다운공법

정답 및 해설

14 ④ 말뚝은 수직으로 박는 것이 하중 분산에 효과적이다.

15 ③ ① 기성 콘크리트말뚝 중 운반이나 말뚝박기에 의해 손상된 말뚝은 장외 반출한다.
② 현장타설 콘크리트말뚝 주근의 이음은 맞댐이음, 겹침이음 등으로 한다.
④ 잡석지정은 잡석을 한 켜로 세워서 큰 틈이 없게 깔고, 잡석 틈새는 자갈을 20~30% 사춤한다.
⑤ 밑창 콘크리트의 품질은 설계도서에서 별도로 정한 바가 없는 경우에는 15MPa로 한다.

16 ④ 동일 건축물에서 하중이 불균등하게 작용할 경우 마찰말뚝과 지지말뚝을 혼용해서는 안 된다.

17 ④ 부패방지를 위하여 나무말뚝 머리는 반드시 상수면 이하에 박아야 한다.

18 ② 지하구조물을 지상에서 구축해 그 밑을 파내어 구조체를 침하시키는 공법은 개방잠함이다.
▶ 용기잠함은 압축공기로 토사와 물의 유입을 방지하면서 잠함의 자중으로 침하시키는 공법이다.

19 기초구조에 관한 설명으로 옳지 않은 것은? 제20회 수정

① 독립기초에 배근하는 주철근은 부철근보다 위쪽에 설치되어야 한다.
② 말뚝의 개수를 결정하는 경우 사용하중(service load)을 적용한다.
③ 기초판의 크기를 결정하는 경우 사용하중을 적용한다.
④ 먼저 타설하는 기초와 나중 타설하는 기둥을 연결하는 데 사용하는 철근은 장부철근(dowel bar)이다.
⑤ 2방향으로 배근된 기초판의 경우 장변방향의 철근은 단면 폭(단변 폭) 전체에 균등하게 배근한다.

대표예제 07 기초파기 ★★

흙의 휴식각을 고려하여 별도의 흙막이를 설치하지 않는 터파기공법은? 제26회

① 역타(top down)공법
② 어스앵거(earth anchor)공법
③ 오픈컷(open cut)공법
④ 아일랜드(island)공법
⑤ 트랜치컷(trench cut)공법

해설 | 흙의 휴식각을 고려하여 별도의 흙막이를 설치하지 않는 터파기공법은 오픈컷(open cut)공법이다.

기본서 p.69~74

정답 ③

20 흙막이공사에서 발생하는 현상에 관한 설명으로 옳은 것을 모두 고른 것은? 제23회

㉠ 히빙: 사질지반이 급속 하중에 의해 전단저항력을 상실하고 마치 액체와 같이 거동하는 현상
㉡ 파이핑: 부실한 흙막이의 이음새 또는 구멍을 통한 누수로 인해 토사가 유실되는 현상
㉢ 보일링: 연약한 점성토지반에서 땅파기 외측의 흙의 중량으로 인하여 땅파기된 저면이 부풀어 오르는 현상

① ㉠
② ㉡
③ ㉠, ㉢
④ ㉡, ㉢
⑤ ㉠, ㉡, ㉢

21 기초 및 지하층 공사에 관한 설명으로 옳지 않은 것은? 제20회

① RCD(Reverse Circulation Drill)공법은 대구경 말뚝공법의 일종으로 깊은 심도까지 시공할 수 있다.
② 샌드드레인(sand drain)공법은 연약점토질지반을 압밀하여 물을 제거하는 지반개량공법이다.
③ 오픈컷(open cut)공법은 흙막이를 설치하지 않고 흙의 안식각을 고려하여 기초파기하는 공법이다.
④ 슬러리월(slurry wall)공법은 터파기공사의 흙막이벽으로 사용함과 동시에 구조벽체로 활용할 수 있다.
⑤ 탑다운(top down)공법은 넓은 작업공간을 필요로 하므로 도심지공사에 적절하지 않은 공법이다.

정답 및 해설

19 ① 독립기초에 배근하는 주철근은 가장 하단에 배근되므로 부철근보다 아래쪽에 설치되어야 한다.

20 ② ㉠ 히빙: 점토지반이 급속 하중에 의해 전단저항력을 상실하고 마치 액체와 같이 거동하는 현상
㉢ 보일링: 연약한 사질토지반에서 땅파기 외측의 흙의 중량으로 인하여 땅파기된 저면이 부풀어 오르는 현상

21 ⑤ 탑다운(top down)공법은 좁은 대지의 도심지공사에 적절한 공법이다. 이 공법에서는 1층 바닥을 선시공하여 자재 적재 등 작업공간을 확보한다.

22 기준점(bench mark)에 관한 설명 중 옳지 않은 것은?

① 공사기간 중에 절대 이동 · 파괴 · 파손 · 철거 등이 될 염려가 없는 인근의 건물 담장 등에 표기한다.
② 바라보기 좋고 수시로 이동하기가 좋은 곳으로 한다.
③ 최소 2개소 이상에 표기한다.
④ 건물이 완성된 후에도 확인할 수 있는 곳이어야 한다.
⑤ 건물공사 착수 전에 설치한다.

고난도

23 다음에서 옳은 내용을 모두 고르면?

㉠ 기존 건물 가까이에 신축공사를 할 때 기존 건물보다 지반을 깊이 굴착하는 공법을 언더피닝공법이라고 한다.
㉡ 부동침하가 발생하면 마감재가 변형되고, 인장력 방향으로 균열이 발생하게 된다.
㉢ 기둥 또는 벽체에 작용하는 하중을 지중에 전달하기 위하여 기초가 펼쳐진 부분을 기초판이라고 한다.
㉣ 상부구조의 광범위한 면적 내의 응력을 단일 기초판으로 연결하여 지반 또는 지정에 전달하는 기초를 온통기초라고 한다.
㉤ RCD공법은 케이싱을 깊은 심도까지 삽입하지 못하고, 비트의 회전에 의해서 굴착한 다음 철근콘크리트말뚝을 형성하는 공법이다.
㉥ 동일 구조물에서 하중이 다르게 작용하는 곳에는 지지말뚝과 마찰말뚝을 혼용해서 사용한다.

① ㉠, ㉡, ㉢, ㉣, ㉤
② ㉡, ㉢, ㉣, ㉥
③ ㉢, ㉣
④ ㉠, ㉡, ㉢, ㉣, ㉤, ㉥
⑤ ㉢, ㉣, ㉥

대표예제 08 지반개량 ★★

연약지반에 대한 지반개량공법이 아닌 것은?

① 바이브로플로테이션공법
② 웰포인트공법
③ 페이퍼드레인공법
④ 트렌치컷공법
⑤ 그라우트공법

해설 | 트렌치컷은 도랑을 파듯이 주변을 먼저 굴착하고 구조체를 축조한 후 중앙부를 완성하는 기초파기공법이다.

기본서 p.74~75

정답 ④

정답 및 해설

22 ② 기준점은 바라보기 좋고, 이동이나 움직임이 전혀 없는 곳에 해야 한다.

▶ 기준점(bench mark)

- 공사 중에 높이의 기준을 삼고자 설정하는 것이다.
- 바라보기 좋고 공사에 지장이 없는 곳에 설치한다.
- 공사기간 중에 절대 이동 · 파괴 · 파손 · 철거 등의 염려가 없는 인근의 건물 담장 등에 표기한다.
- 보통 0.5~1.0m 정도의 높이에 설치한다.
- 공사착수 전에 설정하며 공사완료시까지 보존한다.
- 위치 및 기타 사항은 따로 현장기록부에 기록한다.

23 ③ ㉠ 기존 건물 가까이에 신축공사를 할 때 기존 건물의 지반과 기초를 보강하는 공법을 언더피닝공법이라고 한다.

㉡ 부동침하가 발생하면 마감재가 변형되고, 인장력의 직각방향으로 균열이 발생하게 된다.

㉤ RCD공법은 케이싱을 깊은 심도까지 삽입하고, 비트의 회전에 의해서 굴착한 다음 철근콘크리트말뚝을 형성하는 공법이다.

㉥ 동일 구조물에서 하중이 다르게 작용하는 곳에는 지지말뚝과 마찰말뚝을 혼용해서는 안 된다.

대표예제 09 부동침하 ★★★

건축물에 발생하는 부동침하의 원인으로 옳지 않은 것은? 제22회

① 서로 다른 기초형식의 복합시공
② 풍화암지반에 기초를 시공
③ 연약지반의 분포 깊이가 다른 지반에 기초를 시공
④ 지하수위 변동으로 인한 지하수위의 상승
⑤ 증축으로 인한 하중의 불균형

해설 | **부동침하의 원인**

- 지반이 연약지반인 경우
- 경사지반인 경우
- 건물이 이질지층에 걸려 있는 경우
- 건물이 낭떠러지에 걸쳐 있을 경우
- 일부 증축을 하였을 경우
- 지하수위가 변경되었을 경우
- 지하에 매설물이나 구멍이 있는 경우
- 메운 땅에 건물을 지은 경우
- 이질지정을 하였을 경우
- 일부지정을 하였을 경우
- 근접해서 부주의한 기초파기를 하였을 경우

기본서 p.76~78

정답 ②

24 부동침하에 의한 건축물의 피해현상이 아닌 것은?

① 구조체의 균열
② 구조체의 기울어짐
③ 구조체의 건조수축
④ 구조체의 누수
⑤ 마감재의 변형

정답 및 해설

24 ③ 부동침하에 의한 건축물의 피해현상이 아닌 것은 구조체의 건조수축이며, 건조수축은 물·시멘트비가 높을수록 커지고 강도는 작아진다.

제3장 철근콘크리트구조

대표예제 10 **철근콘크리트구조의 특징** ★★★

철근콘크리트구조의 특성에 관한 설명으로 옳은 것은? 제25회

① 콘크리트 탄성계수는 인장시험에 의해 결정된다.
② SD400 철근의 항복강도는 400N/mm이다.
③ 스터럽은 보의 사인장균열을 방지할 목적으로 설치한다.
④ 나선철근은 기둥의 휨내력 성능을 향상시킬 목적으로 설치한다.
⑤ 1방향 슬래브의 경우 단변방향보다 장변방향으로 하중이 더 많이 전달된다.

오답체크
① 콘크리트 탄성계수는 압축시험에 의해 결정된다.
② SD400 철근의 항복강도는 400Mpa(N/mm^2)이다.
④ 나선철근은 기둥에서 주근의 좌굴방지 유지 등의 목적으로 설치한다.
⑤ 1방향 슬래브의 경우 장변방향보다 단변방향으로 하중이 더 많이 전달된다.

기본서 p.89~92 정답 ③

01 철근과 콘크리트의 부착력에 영향을 주는 요인을 모두 고른 것은? 제26회

㉠ 콘크리트의 압축강도
㉡ 철근의 피복두께
㉢ 철근의 항복강도
㉣ 철근 표면의 상태

① ㉠, ㉡
② ㉡, ㉢
③ ㉢, ㉣
④ ㉠, ㉡, ㉣
⑤ ㉠, ㉡, ㉢, ㉣

정답 및 해설

01 ④ 부착력은 철근의 항복강도와는 관계없다.

02 철근콘크리트구조에 관한 설명으로 옳지 않은 것은? 제22회

① 콘크리트와 철근은 온도에 의한 선팽창계수가 비슷하여 일체화로 거동한다.
② 알칼리성인 콘크리트를 사용하여 철근의 부식을 방지한다.
③ 이형철근이 원형철근보다 콘크리트와의 부착강도가 크다.
④ 철근량이 같을 경우, 굵은 철근을 사용하는 것이 가는 철근을 사용하는 것보다 콘크리트와의 부착에 유리하다.
⑤ 건조수축 또는 온도변화에 의하여 콘크리트에 발생하는 균열을 방지하기 위해 사용되는 철근을 수축·온도철근이라 한다.

종합

03 철근콘크리트구조물의 사용성 및 내구성에 관한 설명으로 옳지 않은 것은? 제18회

① 구조물 또는 부재가 사용기간 중 충분한 기능과 성능을 유지하기 위하여 사용하중을 받을 때 사용성과 내구성을 검토하여야 한다.
② 사용성 검토는 균열, 처짐, 피로영향 등을 고려하여야 한다.
③ 보 및 슬래브의 피로는 압축에 대하여 검토하여야 한다.
④ 온도변화, 건조수축 등에 의한 균열을 제어하기 위해 추가적인 보강철근을 배치하여야 한다.
⑤ 보강설계를 할 때에는 보강 후의 구조내하력 증가 외에 사용성과 내구성 등의 성능향상을 고려하여야 한다.

04 철근콘크리트구조물의 내구성 저하요인으로 옳지 않은 것은? 제22회

① 수화반응으로 생긴 수산화칼슘
② 기상작용으로 인한 동결융해
③ 부식성 화학물질과의 반응으로 인한 화학적 침식
④ 알칼리 골재반응
⑤ 철근의 부식

05 철근콘크리트구조물의 내구성을 저하시키는 주요 원인을 모두 고른 것은? 제19회

㉠ 콘크리트의 중성화 ㉡ 알칼리 골재반응
㉢ 화학적 침식 ㉣ 동결융해

① ㉠, ㉡ ② ㉢, ㉣ ③ ㉠, ㉡, ㉢
④ ㉡, ㉢, ㉣ ⑤ ㉠, ㉡, ㉢, ㉣

06 철근콘크리트공사에서 콘크리트 타설 후 가장 먼저 나타날 수 있는 성능저하현상은?

① 염해현상 ② 화학적 침식 ③ 알칼리 골재반응
④ 플라스틱 균열현상 ⑤ 탄산화(중성화)현상

07 중성화에 대한 설명으로 틀린 것은?

① 콘크리트가 공기 중의 탄산가스(이산화탄소)와 반응하여 알칼리성을 상실해 가는 현상이다.
② 콘크리트 중성화가 진행되면 철근 깊이까지 철근의 부식이 발생될 가능성이 증가한다.
③ 콘크리트 중성화가 진행되면 콘크리트의 강도 자체가 저하된다.
④ 콘크리트 중성화가 철근콘크리트구조의 수명을 결정하는 중요한 요소이다.
⑤ 중성화 측정용 시약으로 페놀프타인 용액이 일반적으로 사용된다.

정답 및 해설

02 ④ 철근량이 같을 경우, 가는 철근을 사용하는 것이 굵은 철근을 사용하는 것보다 콘크리트와의 부착에 유리하다.

03 ③ 보 및 슬래브의 피로는 휨, 처짐, 인장, 전단 등에 대하여 검토하여야 한다.

04 ① 수화반응으로 생긴 수산화칼슘은 철근콘크리트구조물의 내구성 저하요인이 아니다.
▶ 철근콘크리트구조물의 내구성 저하요인: 콘크리트 균열, 알칼리 골재반응, 염해, 화학적 침식해, 동결융해, 철근의 부식 등

05 ⑤ 콘크리트의 중성화, 알칼리 골재반응, 화학적 침식, 동결융해 모두 철근콘크리트구조물의 내구성을 저하시키는 주요 원인이다.

06 ④ 플라스틱 균열은 콘크리트 타설 후 1~8시간 정도, 즉 경화되기 전에 발생하는 균열이다.

07 ③ 콘크리트 중성화가 진행되면서 철근이 부식되어 철근의 부피가 늘어나고, 이어 콘크리트를 밀어내게 되면서 발생 균열이 증가한다. 따라서 철근의 인장력 저하로 인하여 구조체의 구조성능은 현저히 저하되어 파괴단계에 이른다.

08 철근과 콘크리트와의 부착강도에 관한 설명으로 옳지 않은 것은?

① 철근의 주장은 응력도와 관계가 있다.
② 항복점이 높은 철근은 부착강도 역시 높다.
③ 내민보의 수평 상부근은 하부근에 비해 부착강도가 떨어진다.
④ 콘크리트의 강도가 크면 부착강도는 커진다.
⑤ 이형철근이 원형철근보다 부착강도가 크다.

대표예제 11 철근공사★★

철근의 정착 및 이음에 관한 설명으로 옳은 것은? 제25회

① D35 철근은 인장 겹침이음을 할 수 없다.
② 기둥의 주근은 큰보에 정착한다.
③ 지중보의 주근은 기초 또는 기둥에 정착한다.
④ 보의 주근은 슬래브에 정착한다.
⑤ 갈고리로 가공하는 것은 인장과 압축저항에 효과적이다.

오답 체크
① D35를 초과하는 철근은 인장 겹침이음을 할 수 없다.
② 기둥의 주근은 기초에 정착한다.
④ 보의 주근은 기둥에 정착한다.
⑤ 갈고리로 가공하는 것은 부착력, 정착, 인장저항에 효과적이다.

기본서 p.92~99

정답 ③

09 철근콘크리트공사에 관한 설명으로 옳은 것은? 제20회

① 항복강도 300MPa인 이형철근은 SR300으로 표시한다.
② 철근과 콘크리트의 선팽창계수는 차이가 크므로 서로 다른 값으로 간주한다.
③ 내구성이 중요한 구조물에서 시험에 의해 콘크리트 압축강도가 10MPa 이상이면 기둥 거푸집을 해체할 수 있다.
④ 이형철근으로 제작한 늑근(stirrup)의 갈고리는 생략할 수 있다.
⑤ 지름이 다른 철근을 이음하는 경우 이음길이는 굵은 철근을 기준으로 계산한다.

10 철근에 관한 설명으로 옳은 것은? 제23회

① 띠철근은 기둥 주근의 좌굴방지와 전단보강 역할을 한다.
② 갈고리(hook)는 집중하중을 분산시키거나 균열을 제어할 목적으로 설치한다.
③ 원형철근은 콘크리트와의 부착력을 높이기 위해 표면에 마디와 리브를 가공한 철근이다.
④ 스터럽(stirrup)은 보의 인장보강 및 주근 위치고정을 목적으로 배치한다.
⑤ SD400에서 400은 인장강도가 400MPa 이상을 의미한다.

11 이형철근이라도 단부에 반드시 갈고리(hook)를 설치하지 않아도 되는 경우는?

① 스터럽
② 띠철근
③ 굴뚝의 철근
④ 지중보의 돌출부분의 철근
⑤ 보의 정착철근

정답 및 해설

08 ② 항복점이 높은 철근(철근의 강도)은 부착강도와 관계가 없다.

09 ③ ① 항복강도 300MPa인 이형철근은 SD300으로 표시한다.
② 철근과 콘크리트의 선팽창계수는 차이가 거의 없다.
④ 이형철근으로 제작한 늑근(stirrup)의 갈고리는 생략할 수 없다.
⑤ 지름이 다른 철근을 이음하는 경우 이음길이는 가는 철근을 기준으로 계산한다(구 시방서).

10 ① ② 갈고리(hook)는 콘크리트와의 부착력을 증가시키기 위하여 철근의 말단에 설치한다.
③ 이형철근은 콘크리트와의 부착력을 높이기 위해 표면에 마디와 리브를 가공한 철근이다.
④ 스터럽(stirrup)은 보의 사인장균열을 방지할 목적으로 배치한다.
⑤ SD400에서 400은 항복강도가 400MPa 이상을 의미한다.

11 ④ 이형철근은 갈고리를 생략하는 것이 원칙이나, 캔틸레버보의 철근, 굴뚝철근, 늑근(스터럽), 띠(철)근 기둥과 보의 정착철근에는 갈고리를 두어야 한다.

12 철근의 정착위치에 대한 설명으로 옳지 않은 것은?

① 기둥의 주근은 기초에 정착한다.
② 보의 주근은 바닥판에 정착한다.
③ 지중보의 주근은 기초 또는 기둥에 정착한다.
④ 직교하는 단부보에 기둥이 없을 때는 보와 보 상호간에 정착한다.
⑤ 벽철근은 기둥, 보 또는 바닥판에 정착한다.

대표예제 12 거푸집공사 ★★★

콘크리트공사에 관한 설명으로 옳지 않은 것은? 제22회

① 보 및 기둥의 측면 거푸집은 콘크리트 압축강도가 5MPa 이상일 때 해체할 수 있다.
② 콘크리트의 배합에서 작업에 적합한 워커빌리티를 갖는 범위 내에서 단위수량은 될 수 있는 대로 적게 한다.
③ 콘크리트 혼합부터 부어넣기까지의 시간한도는 외기온이 25℃ 미만에서 120분, 25℃ 이상에서는 90분으로 한다.
④ VH(Vertical Horizontal) 분리타설은 수직부재를 먼저 타설하고 수평부재를 나중에 타설하는 공법이다.
⑤ 거푸집의 콘크리트 측압은 슬럼프가 클수록, 온도가 높을수록, 부배합일수록 크다.

해설 | 거푸집의 콘크리트 측압은 슬럼프가 클수록, 온도가 낮을수록, 부배합일수록 크다.

기본서 p.100~106

정답 ⑤

13 현장치기 콘크리트로 흙에 접하여 콘크리트를 친 후 영구히 흙에 묻혀 있는 콘크리트의 경우 최소피복두께는?

① 20mm
② 40mm
③ 60mm
④ 75mm
⑤ 100mm

14 거푸집의 존치기간에 대한 설명으로 옳지 않은 것은?

① 기초, 보 옆, 기둥 및 벽 거푸집널 존치기간은 콘크리트의 압축강도가 $5N/mm^2$ 이상에 도달한 것이 확인될 때까지로 한다.

② 바닥슬래브 밑, 지붕슬래브 밑 및 보 밑의 거푸집 판재는 원칙적으로 받침기둥을 해체한 후에 떼어낸다.

③ 받침기둥의 존치기간은 슬래브 밑, 보 밑 모두 설계기준강도의 80% 이상 콘크리트 압축강도가 얻어진 것이 확인될 때까지로 한다.

④ 받침기둥 해체 후 해당 부재에 가해지는 하중이 구조계산서에 있는 부재의 설계하중을 상회하는 경우에는 계산을 통해 충분히 안전한 것을 확인한 후에 해체한다.

⑤ 받침기둥을 해체할 때, 해체 가능한 압축강도는 최저 $14N/mm^2$이다.

정답 및 해설

12 ② 정착위치: 콘크리트구조물에서 인장력을 받는 주근을 접합부위에 깊이 연장하여 뽑혀 나오지 않게 하는 것을 정착이라 하며, 정착된 길이를 정착길이라 한다. 정착위치는 다음과 같다.

- 기둥의 주근은 기초에 정착한다.
- 보의 주근은 기둥에 정착한다.
- 작은보는 큰보에 정착한다.
- 지중보의 주근은 기초 또는 기둥에 정착한다.
- 벽 철근의 경우 세로 철근은 보 또는 슬래브에, 가로 철근은 기둥에 정착한다.
- 슬래브 철근은 보 또는 벽체에 정착한다.

13 ④ 콘크리트의 최소피복두께

환경조건과 부재의 종류			최소피복두께(mm)
옥외의 공기나 흙에 접하지 않는 콘크리트	슬래브, 벽체, 장선구조	D35 이하 철근	20
		D35 초과 철근	40
	보, 기둥(fck ≥ 40MPa이면 10mm를 저감시킬 수 있다)		40
흙에 접하거나 옥외의 공기에 직접 노출되는 콘크리트		D16 이하 철근	40
		D19 이하 철근	50
흙에 접하여 콘크리트를 친 후 영구히 흙에 묻혀 있는 콘크리트			75
수중에서 타설하는 콘크리트			100

14 ③ 받침기둥의 존치기간은 슬래브 밑, 보 밑 모두 설계기준강도의 100% 이상 콘크리트 압축강도가 얻어진 것이 확인될 때까지로 한다.

15 거푸집에 관한 설명으로 옳지 않은 것은?

① 터널 거푸집(Tunnel form)은 구획 전체의 벽판과 바닥면을 ㄱ자형, ㄷ자형으로 견고하게 짠 것으로 이동설치가 용이하다.
② 와플 거푸집(Waffle form)은 옹벽, 피어 등의 특수거푸집으로 고안된 것이다.
③ 메탈 폼(Metal form)은 철판, 앵글 등을 써서 제작된 철제 거푸집이다.
④ 슬라이딩 폼(Sliding form)은 돌출부가 없는 사일로(Silo) 등에 사용되며, 공기는 약 3분의 1 정도 단축 가능하다.
⑤ 유로 폼(Euro form)은 경량형강과 코팅합판으로 제작된 것으로, 조립 해체가 간단하여 현장에서 보편적으로 사용하는 거푸집이다.

16 사용할 때마다 부재의 조립, 분해를 반복하지 않아 벽식구조인 아파트 건축물에 적응효과가 큰 대형 벽체 거푸집은?

① 갱 폼
② 슬라이딩 폼
③ 에어튜브 폼
④ 트래블링 폼
⑤ 턴넬 폼

17 생콘크리트 측압에 대한 기술로 옳지 않은 것은?

① 물 · 시멘트비, 슬럼프 값이 클수록 측압이 크다.
② 거푸집 강성이 클수록 측압이 크다.
③ 온도가 높을수록 측압이 크다.
④ 철골, 철근량이 적을수록 측압이 크다.
⑤ 시공연도가 좋고 진동기를 사용하면 측압이 크다.

대표예제 13 콘크리트공사★★★

굳지 않은 콘크리트의 특성에 관한 설명으로 옳지 않은 것은? 제25회

① 물의 양에 따른 반죽의 질기를 컨시스턴시(consistency)라고 한다.
② 재료분리가 발생하지 않는 범위에서 단위수량이 증가하면 워커빌리티(workability)는 증가한다.
③ 골재의 입도 및 입형은 워커빌리티(workability)에 영향을 미친다.
④ 물 · 시멘트비가 커질수록 블리딩(bleeding)의 양은 증가한다.
⑤ 콘크리트의 온도는 공기량에 영향을 주지 않는다.

해설 | 콘크리트의 온도는 공기량에 영향을 주는데, 온도가 높으면 공기량이 감소하고, 온도가 낮으면 공기량이 증가한다.

기본서 p.107~126 정답 ⑤

고난도

18 콘크리트구조물에 발생하는 균열에 관한 설명으로 옳지 않은 것은? 제21회

① 보의 전단균열은 부재축에 경사방향으로 발생하는 균열이다.
② 침하균열은 배근된 철근 직경이 클수록 증가한다.
③ 건조수축균열은 물시멘트비가 높을수록 증가한다.
④ 소성수축균열은 풍속이 약할수록 증가한다.
⑤ 온도균열은 콘크리트 내 · 외부의 온도차와 부재단면이 클수록 증가한다.

정답 및 해설

15 ② 와플 거푸집(Waffle form)은 무량판 구조 또는 평판 구조라 하며, 2방향 장선 바닥판 구조에 가능하도록 된 특수모양의 상자형 기성재 거푸집이다.

16 ① 갱 폼(Gang form)은 사용할 때마다 작은 부재의 조립 분해를 반복하지 않고 대형화 · 단순화하여 한번에 설치하고 해체하는 거푸집 시스템이다.

17 ③ 생콘크리트 측압의 증가원인
- 슬럼프 값이 클수록
- 부어 넣는 속도가 빠를수록
- 다지기가 충분할수록
- 부배합일수록
- 시공연도가 좋을수록
- 온도가 낮을수록

18 ④ 소성수축균열은 풍속이 강할수록 증가한다.

19 **콘크리트공사에 관한 설명으로 옳지 않은 것은?** 제20회

① 보통 콘크리트에 사용되는 골재의 강도는 시멘트 페이스트 강도 이상이어야 한다.
② 콘크리트 제조시 혼화제(混和劑)의 양은 콘크리트 용적 계산에 포함된다.
③ 센트럴믹스트(central-mixed) 콘크리트는 믹싱 플랜트에서 비빈 후 현장으로 운반하여 사용하는 콘크리트이다.
④ 콘크리트 배합시 골재의 함수상태는 표면건조 내부포수상태 또는 그것에 가까운 상태로 사용하는 것이 바람직하다.
⑤ 콘크리트 배합시 단위수량은 작업이 가능한 범위 내에서 될 수 있는 한 적게 되도록 시험을 통해 정하여야 한다.

20 **콘크리트공사에서 시멘트 분말도가 크면 나타나는 현상으로 옳지 않은 것은?**

① 수화작용이 빠르다.
② 조기강도가 커진다.
③ 시공연도가 좋아진다.
④ 균열발생이 줄어든다.
⑤ 블리딩현상이 감소된다.

종합

21 **철근콘크리트공사에 관한 설명으로 옳은 것은?** 제23회

① 콘크리트 타설 후 양생기간 동안의 일평균기온이 4℃ 이하인 경우 서중콘크리트로 시공한다.
② 거푸집이 오므라드는 것을 방지하고, 거푸집 상호간의 간격을 유지하기 위해 간격재(spacer)를 배치한다.
③ 보에서의 이어붓기는 스팬 중앙에서 수직으로 한다.
④ 보의 철근이음시 하부주근은 중앙부에서 이음한다.
⑤ 콘크리트의 소요강도는 배합강도보다 충분히 커야 한다.

22 콘크리트의 품질관리 및 검사방법에 관한 설명으로 옳지 않은 것은? 제18회

① 굳지 않은 콘크리트의 품질검사방법으로는 슬럼프검사, 공기량검사가 있다.
② 구조체 콘크리트의 압축강도검사 시험횟수는 콘크리트의 타설공구마다, 타설일마다, 타설량 150m^{3}마다 1회로 한다.
③ 현장 양생되는 공시체는 시험실에서 양생되는 공시체와 똑같은 시간에 동일한 시료를 사용하여 만들어야 한다.
④ 구조물 성능을 재하시험에 의해 확인할 경우, 재하방법, 하중크기 등은 구조물에 위험한 영향을 주지 않아야 한다.
⑤ 코어 공시체 압축강도시험 결과의 3개 이상 평균값이 설계기준강도의 85%에 도달하고, 그중 하나의 값이 설계기준강도의 75%보다 작지 않으면 합격으로 한다.

23 콘크리트의 균열발생 원인을 다음에서 모두 고른 것은?

㉠ 시멘트의 이상응결
㉡ 불균일한 타설 및 다짐
㉢ 시멘트의 수화열
㉣ 이어치기면의 처리불량
㉤ 콘크리트의 중성화

① ㉠, ㉣
② ㉡, ㉢
③ ㉠, ㉢, ㉤
④ ㉡, ㉢, ㉣, ㉤
⑤ ㉠, ㉡, ㉢, ㉣, ㉤

정답 및 해설

19 ② 콘크리트 제조시 혼화제(混和劑)의 양은 콘크리트 용적 계산에 포함되지 않는다.

20 ④ 시멘트 분말도가 크면 균열발생이 줄어들지 않는다.

21 ③ ① 콘크리트 타설 후 양생기간 동안의 일평균 기온이 4°C 이하인 경우 한중콘크리트로 시공한다.
② 거푸집이 오므라드는 것을 방지하고, 거푸집 상호간의 간격을 유지하기 위해 격리재(Separator)를 배치한다.
④ 보의 철근이음시 하부주근은 양단부에서 이음한다.
⑤ 콘크리트의 소요강도는 배합강도보다 충분히 작아야 한다.

22 ② 구조체 콘크리트의 압축강도검사 시험횟수는 콘크리트의 타설공구마다, 타설일마다, 타설량 120m^{3}마다 1회로 한다.

23 ⑤ ㉠~㉤ 모두 콘크리트의 균열발생 원인이다.

24 콘크리트공사에 관한 설명으로 옳지 않은 것은?

① 물 · 시멘트비가 클수록 압축강도는 작아진다.
② 물 · 시멘트비가 클수록 레이턴스가 많이 생긴다.
③ 운반 및 타설시에 콘크리트에 물을 첨가하면 안 된다.
④ 단위수량이 많을수록 작업이 용이하고, 블리딩은 작아진다.
⑤ 콘크리트 비빔시간이 너무 길면 워커빌리티는 나빠진다.

25 콘크리트의 균열에 관한 설명 중 옳지 않은 것은?

① 조강시멘트를 사용하면 균열발생이 증가한다.
② 세골재율을 적게 하는 것이 균열발생을 저감한다.
③ 연속입도분포로 실적률이 큰 골재를 사용하면 균열발생은 증가한다.
④ 슬럼프 값이 증가하면 균열발생은 증가된다.
⑤ 세골재의 입도가 큰 것을 사용하면 균열발생을 저감한다.

26 골재의 저장에 대한 설명으로 옳지 않은 것은?

① 골재의 저장설비에는 적당한 배수시설을 설치하고 골재 표면의 수량은 일정량이 유지되도록 한다.
② 골재는 잔골재, 굵은 골재 및 각 종류별로 저장하는데, 잔 입자와 굵은 입자가 분리되지 않도록 취급하고 물빠짐이 좋은 장소에 저장한다.
③ 해사의 사용이 부득이한 경우에는 염화물의 양이 허용한도를 넘지 않도록 물로 세척하여 사용한다.
④ 경량골재를 저장할 경우에 항상 습윤 상태를 유지하며 경량골재의 경우 배합 전에 물을 흡수시켜 내포 표건 상태로 유지한다.
⑤ 잔골재율은 시방서에서 정해진 콘크리트의 품질이 얻어질 수 있는 범위 내에서 가능한 크게 한다.

종합

27 철근콘크리트구조의 변형 및 균열에 관한 설명으로 옳지 않은 것은? 제20회

① 크리프(creep) 변형은 지속하중으로 인해 콘크리트에 발생하는 장기 변형이다.
② 콘크리트의 단위수량이 증가하면 블리딩과 건조수축이 증가한다.
③ AE제는 동결융해에 대한 저항성을 감소시킨다.
④ 보의 중앙부 하부에 발생한 균열은 휨모멘트가 원인이다.
⑤ 침하균열은 콘크리트 타설 후 자중에 의한 압밀로 철근 배근을 따라 수평부재 상부면에 발생하는 균열이다.

28 콘크리트의 크리프와 건조수축에 대한 설명으로 옳지 않은 것은?

① 온도가 높을수록 크리프는 크다.
② 습도가 낮을수록 크리프는 크다.
③ 철근은 콘크리트의 수축을 방해한다.
④ 크리프를 축소시키기 위해서는 인장철근의 배치가 효과적이다.
⑤ 건조수축은 하중의 재하와 관계없이 발생한다.

29 콘크리트의 크리프(creep)에 관한 설명으로 옳지 않은 것은?

① 재하응력이 클수록 크리프는 증가한다.
② 물·시멘트비가 클수록 크리프는 증가한다.
③ 재하시기가 빠를수록 크리프는 증가한다.
④ 부재의 단면이 작을수록 크리프는 증가한다.
⑤ 온도가 낮고 습도가 높을수록 크리프는 증가한다.

정답 및 해설

24 ④ 단위수량이 많을수록 작업이 용이하고, 블리딩은 커진다.
25 ③ 연속입도분포로 실적률이 큰 골재를 사용하면 균열발생을 저감한다.
26 ⑤ 잔골재율은 시방서에서 정해진 콘크리트의 품질이 얻어질 수 있는 범위 내에서 가능한 작게 한다.
27 ③ AE제는 동결융해에 대한 저항성을 증가시킨다.
28 ④ 크리프를 축소시키기 위해서는 압축철근의 배치가 효과적이다.
29 ⑤ 온도가 낮고 습도가 높을수록 크리프는 감소한다.

30 **콘크리트 중의 공기량에 대한 설명으로 옳지 않은 것은?**

① AE제의 혼입량이 증가할수록 공기량은 증가한다.
② 콘크리트의 온도가 높아질수록 공기량은 증가한다.
③ 시멘트의 분말도 및 단위시멘트량이 증가하면 공기량은 감소한다.
④ 슬럼프가 커지면 공기량은 증가한다.
⑤ 골재의 입자가 작을수록 공기량은 증가한다.

31 **공사현장에서 시멘트창고를 설치할 경우 주의사항으로 옳지 않은 것은?**

① 지반에서 30cm 이상 높인다.
② 주변은 도랑을 두어 빗물이 들어가지 않도록 한다.
③ 반입구와 반출구는 따로 두고 먼저 쌓은 것부터 사용하도록 한다.
④ 공기의 유통을 목적으로 한 환기창은 설치하지 않는다.
⑤ 시멘트 쌓기의 높이는 13포대를 한도로 하고 $1m^2$에 약 50포대 적재하며, 보통 20~25포대가 적당하다.

32 **콘크리트용 골재에 요구되는 성질을 설명한 것으로 옳지 않은 것은?**

① 콘크리트의 입형은 가능한 한 편평, 세장하지 않을 것
② 골재의 강도는 경화시멘트 페이스트의 강도를 초과하지 않을 것
③ 입도는 조립에서 세립까지 연속적으로 균등히 혼합되어 있을 것
④ 골재는 시멘트 페이스트와의 부착이 강한 표면구조를 가져야 할 것
⑤ 골재의 염분함유량은 골재의 절대건조단위 중량의 0.02% 이하로 할 것

33 콘크리트의 압축강도에 관한 설명으로 옳지 않은 것은?

① 습윤환경보다 건조환경에서 양생된 콘크리트의 강도가 낮다.
② 콘크리트 배합시 사용되는 물의 양이 많을수록 강도는 저하된다.
③ 현장 타설 구조체 콘크리트는 양생온도가 높을수록 강도 발현이 촉진된다.
④ 시험용 공시체의 크기가 클수록, 재하속도가 느릴수록 강도는 커진다.
⑤ 타설 후 초기재령에 동결된 콘크리트는 그 후 적절한 양생을 하여도 강도가 회복되기 어렵다.

34 재료분리현상의 발생원인으로 맞지 않는 것은?

① 너무 굵은 골재 사용시
② 입자가 거친 골재 사용시
③ 물을 너무 많이 사용해서
④ 비중 차이가 작은 골재 사용시
⑤ 부적당한 골재나 지나치게 큰 자갈 사용시

정답 및 해설

30 ② 콘크리트의 온도가 높아질수록 공기량은 감소한다.
31 ⑤ 시멘트는 창고 1m^{2}에 30~35포대를 적재한다.
32 ② 골재의 강도는 시멘트풀의 강도보다 커야 한다.
33 ④ 시험용 공시체의 크기가 작을수록, 재하속도가 빠를수록 강도는 커진다.
34 ④ 재료분리현상

재료분리원인	재료분리대책
• 너무 굵은 골재를 사용할 때 • 입자가 거친 잔골재를 사용할 때 • 단위 골재량이 지나치게 많은 때 • 물 · 시멘트비가 너무 클 때 • 배합이 적절치 못할 때	• 잔골재율 증가 • 콘크리트의 플라스티시티 증가 • 잔골재 중의 0.15~0.3mm 정도의 세립분 증가 • 물 · 시멘트비를 작게 • AE제, 플라이애시 등 혼화재 사용 • 비중 차이가 작은 골재 사용 • 둥근 골재 사용

35 시방서 규정상 물결합재비에 관한 설명으로 옳지 않은 것은?

① 콘크리트의 물결합재비는 내구성을 고려할 때 원칙적으로 60% 이하여야 한다.
② 콘크리트의 수밀성을 기준으로 물결합재비를 정할 경우 그 값은 50% 이하로 한다.
③ 콘크리트의 탄산화 저항성을 고려하여 물결합재비를 정할 경우 55% 이하로 한다.
④ 제빙화학제가 사용되는 콘크리트의 물결합재비는 45% 이하로 한다.
⑤ 물결합재비란 모르타르 또는 콘크리트에 포함된 시멘트 페이스트 중의 결합재에 대한 물의 체적 백분율을 말한다.

36 콘크리트의 시공연도(workability)에 관한 설명으로 옳은 것은?

① 단위수량을 감소시키면 시공연도는 좋아진다.
② 단위 시멘트량이 증가할수록 시공연도는 증가한다.
③ 콘크리트 온도가 높을수록 수분 증발로 시공연도는 좋아진다.
④ 골재입형이 구형일수록 시공연도는 감소한다.
⑤ 콘크리트 배합비율은 시공연도에 영향을 주지 않는다.

37 철근콘크리트 시공에서 콘크리트 이어붓기에 관한 설명 중 옳지 않은 것은?

① 보, 바닥판의 이음은 그 간사이의 중앙부에서 수직으로 이어붓는다.
② 작은보가 있는 경우 바닥판은 작은보의 바로 밑에서 이어붓는다.
③ 캔틸레버의 보, 바닥판은 이어붓지 않는다.
④ 이어붓기는 표면의 레이턴스를 제거하고 수분을 축여 행한다.
⑤ 아치의 이음은 아치 축에 직각으로 한다.

38 굳지 않은 콘크리트 성질에 관한 설명 중 옳지 않은 것은?

① 피니셔빌리티(finishability)란 굵은 골재의 최대 치수, 잔골재율, 골재의 입도, 반죽질기 등에 따라 마무리하기 쉬운 정도를 말한다.

② 물 · 시멘트비가 클수록 컨시스턴시(consistency)가 좋아 작업이 용이하고 재료 분리가 일어나지 않는다.

③ 블리딩이란 콘크리트 타설 후 표면에 물과 미세한 물질이 상승하는 현상으로 레이턴스의 원인이 된다.

④ 워커빌리티(workability)란 작업의 난이도 및 재료의 분리에 저항하는 정도를 나타내며, 골재의 입도와도 밀접한 관계가 있다.

⑤ 펌퍼빌리티(pumpability)란 펌프용 콘크리트의 워커빌리티를 판단하는 하나의 척도이다.

정답 및 해설

35 ⑤ 물결합재비란 모르타르 또는 콘크리트에 포함된 시멘트 페이스트 중의 결합재에 대한 물의 질량 백분율을 말한다(KCS 14 20 10 : 2016).

36 ② 시공연도 향상에 영향을 미치는 요인

- 슬럼프 값이나 물 · 시멘트비가 크면 클수록
- 구형의 골재일수록
- 혼화제 사용
- 시멘트의 성질(시멘트의 강도와는 상관없음)
- 시멘트의 입자가 미세할수록
- 배합비가 좋을수록
- 시멘트량의 증가
- 공기량이 많을수록

37 ② **콘크리트 이어붓기**: 콘크리트 이어붓기 위치는 구조물 강도에 영향이 가장 작은 전단력이 최소인 위치 또는 시공상 무리가 없는 곳에 두어야 한다.

- 보, 슬래브의 이어붓기 위치는 중앙부에 수직으로 둔다. 그러나 캔틸레버보나 내민보는 이어붓기를 하지 않는다.
- 기둥은 바닥판 또는 기초상면에서 수평으로 이어붓는다.
- 벽은 문꼴 등 끊기 좋고 이음자리 막기와 떼어내기에 편리한 곳에 둔다.
- 아치의 이음은 아치 축에 직각으로 설치한다.
- 작은보가 접속되는 큰보 이음은 작은보 너비의 2배 정도 떨어진 곳에 둔다.
- 이음면은 거친 면으로 하고, 블리딩현상에 의한 레이턴스 등 불순물을 청소한 다음 이어쳐서 구조체가 일체화되도록 한다.

38 ② 물 · 시멘트비가 클수록 재료 분리가 일어나고, 강도가 저하된다.

39 AE제 및 AE공기량에 관한 일반적인 사항을 설명한 것으로 옳지 않은 것은?

① AE제를 사용하면 워커빌리티가 향상된다.
② 공기량이 많아질수록 슬럼프가 증대된다.
③ 온도가 낮으면 공기량은 적어지고 온도가 높으면 공기량은 증가한다.
④ 시멘트 사용량이 적으면 공기량은 증가한다.
⑤ 손비빔보다 기계비빔을 하면 공기량은 많아진다.

대표예제 14 **특수 콘크리트** ★★★

매스 콘크리트에 대한 설명 중 옳지 않은 것은?

① 온도균열을 제어하기 위하여 타설온도를 될 수 있는 한 높게 한다.
② 화학 혼화제로 AE감수제 지연형 또는 감수제 지연형을 사용한다.
③ 단위 시멘트량을 적게 하기 위하여 슬럼프는 될 수 있는 한 작게 한다.
④ 부재의 단면형상이나 배근상태가 허락된다면 골재 치수를 크게 함으로써 시멘트량을 감소시킨다.
⑤ 부재의 단면치수가 80cm 이상이고, 내·외부의 온도차가 25℃ 이상일 때의 콘크리트이다.

해설 | 수화열에 의한 균열이 크게 발생하므로 타설온도를 될 수 있는 한 낮게(일반적으로 35°C 이하) 한다.

기본서 p.126~129

정답 ①

40 PS(Prestressed Concrete)구조를 RC구조와 비교할 때 그 장점이 아닌 것은?

① 긴 스팬구조가 용이하므로 보다 넓은 공간설계가 가능하다.
② 내구성이 크다.
③ 하중이 큰 용도의 구조물에 대응하기가 용이하다.
④ 소재의 사용량이 절약된다.
⑤ 공사가 간단하고 화재시 위험도가 낮다.

41 특수 콘크리트에 관한 설명으로 옳지 않은 것은? 제15회

① 서중 콘크리트는 일평균기온이 20℃를 넘는 시기에 타설되는 콘크리트이다.
② 한중 콘크리트는 일평균기온이 4℃ 이하의 낮은 온도에서 타설되는 콘크리트이다.
③ 고유동 콘크리트는 재료분리에 대한 저항성을 유지하면서 유동성을 현저하게 높여 밀실한 충전이 가능한 콘크리트이다.
④ 매스 콘크리트는 수화열에 의한 균열의 고려가 필요한 콘크리트이다.
⑤ 수밀 콘크리트는 수압이 구조체에 직접적인 영향을 미치는 구조물에서 방수, 방습 등을 목적으로 만들어진 흡수성과 투수성이 작은 콘크리트이다.

정답 및 해설

39 ③ 공기량의 증감
- 공기량은 진동을 주면 감소한다.
- 공기량 10%의 범위에서는 AE제 사용량이 증가함에 따라 공기량은 거의 직선으로 증가한다.
- 기계비빔이 손비빔보다 공기량이 많다.
- 온도가 낮을수록 공기량은 많아진다.

40 ⑤ **프리스트레스트 콘크리트(PS 콘크리트)**: 강재에 미리 스트레스를 가하여 부재에 인장응력이 발생하지 않게 한 것이다.
- 내구성이 크다.
- 강재가 절약된다.
- 중량이 절감된다.
- 넓은 공간설계가 가능하다.
- 공사가 어렵고 내화성이 부족하다.

41 ① 서중 콘크리트는 일평균기온이 25℃ 또는 일(日)최고온도가 30℃를 넘는 경우에 타설되는 콘크리트이다.

42 한중 콘크리트공사에 관한 설명으로 옳지 않은 것은?

① 특별한 경우에 시멘트는 직접 가열하여 사용한다.
② 한중 콘크리트에는 공기연행 콘크리트를 사용하는 것을 원칙으로 한다.
③ 동결한 지반 위에 콘크리트를 부어 넣거나 거푸집의 동바리를 세워서는 안 된다.
④ 빙설이 혼입된 골재, 동결상태의 골재는 원칙적으로 비빔에 사용하지 않는다.
⑤ 단위수량(單位水量)은 콘크리트의 소요성능이 얻어지는 범위 내에서 될 수 있는 한 적게 한다.

43 프리스트레스트 콘크리트구조에 관한 설명으로 옳지 않은 것은?

① 재료 사용은 가급적이면 고강도 콘크리트와 강선을 사용하는 것이 좋다.
② 프리스트레스트 구조는 전단면이 유효하기 때문에 큰 강성을 갖는다.
③ 프리스트레스트 방법 중 콘크리트가 경화한 후에 강선에 응력을 도입시키는 방법을 프리텐션법이라 한다.
④ 프리스트레스트의 손실은 콘크리트의 수축에 의하여 제일 크게 발생한다.
⑤ 장 스팬(span) 구조가 가능하고 균열발생이 없다.

44 공동주택 거실바닥에 시공하는 경량기포 콘크리트의 특성에 관한 설명으로 옳지 않은 것은?

① 식물성 기포제의 압축강도 발현이 동물성 기포제보다 빠르므로 후속공정 진행에 유리하다.
② 단열, 흡음, 차음, 내구성이 증가한다.
③ 흡수성이 높아 습윤상태로 시공하지 않는다.
④ 고압압송 등으로 생기는 소포현상을 방지하기 위한 기포안정제가 첨가되어 있다.
⑤ 고층에서는 압송압이 층에 따라 달라지므로 층 구간별로 배합을 달리한다.

대표예제 15 각부 구조★★★

철근콘크리트 보의 균열 및 배근에 관한 설명으로 옳지 않은 것은? 제26회

① 늑근은 단부보다 중앙부에 많이 배근한다.
② 전단균열은 사인장균열 형태로 나타난다.
③ 양단 고정단 보의 단부 주근은 상부에 배근한다.
④ 주근은 휨균열 발생을 억제하기 위해 배근한다.
⑤ 휨균열은 보 중앙부에서 수직에 가까운 형태로 발생한다.

해설 | 늑근은 중앙부보다 단부에 많이 배근한다.

기본서 p.130~142 정답 ①

정답 및 해설

42 ① 시멘트는 어떠한 방법으로도 가열하지 않는다.

43 ③ 프리스트레스트 방법 중 콘크리트가 경화한 후에 강선에 응력을 도입시키는 방법을 포스트텐션법이라 한다.

44 ① 경량기포 콘크리트(ALC)
- 동물성 기포제의 압축강도 발현이 식물성 기포제보다 빠르므로 후속공정 진행에 유리하다.
- 고압압송 등으로 생기는 소포현상을 방지하기 위하여 기포안정제가 첨가되어 있다.
- 경량이어서 인력에 의한 취급이 용이하다.
- 작업부위는 작업 전에 청소를 하고 바닥이 균일하지 않은 곳은 시멘트 모르타르로 수평을 맞춘다.
- 블록 및 패널 나누기를 하여 먹매김하고, 개구부 및 설비용 배관 등이 위치한 곳에는 작업 전에 필요한 준비를 한다.
- 화학적으로 유해한 영향을 받을 수 있는 장소에 사용할 경우에는 필요한 방호처리를 한다.

고난도

45 철근 및 철근 배근에 관한 설명으로 옳은 것은? 제26회

① 전단철근이 배근된 보의 피복두께는 보 표면에서 주근 표면까지의 거리이다.
② SD400 철근은 항복강도 400N/mm^{2}인 원형철근이다.
③ 나선기둥의 주근은 최소 4개로 한다.
④ 1방향 슬래브의 배력철근은 단변방향으로 배근한다.
⑤ 슬래브 주근은 배력철근보다 바깥쪽에 배근한다.

46 콘크리트 줄눈에 관한 설명으로 옳지 않은 것은? 제23회

① 신축줄눈은 콘크리트의 수축 · 팽창 등에 따른 균열발생 방지를 위해 설치하는 줄눈이다.
② 조절줄눈은 균열을 일정한 곳에서만 일어나도록 유도하기 위해 균열이 예상되는 위치에 설치하는 줄눈이다.
③ 지연줄눈은 일정 부위를 남겨 놓고 콘크리트를 타설한 후, 초기 수축균열을 진행시킨 다음 최종 타설할 때 발생하는 줄눈이다.
④ 슬라이딩조인트는 슬래브나 보가 단순 지지되어 있을 때, 수평방향으로 미끄러질 수 있도록 설치하는 줄눈이다.
⑤ 콜드조인트는 기온이 낮을 때 동결융해 방지를 위해 설치하는 줄눈이다.

47 플랫 슬래브 기둥부분에 지판과 주두를 설치하는 목적으로 옳은 것은?

① 슬래브의 뚫림전단(펀칭전단) 방지
② 기둥의 좌굴 방지
③ 슬래브의 과도한 처짐 방지
④ 보의 휨 또는 균열 방지
⑤ 기둥의 전단력 보강

48 철근콘크리트구조에 관한 설명 중 옳은 것은?

① 부착력은 철근의 표면상태와 단면모양에 영향을 받지 않는다.
② 철근과 콘크리트의 응력전달은 철근표면의 부착력에 의한다.
③ 철근과 콘크리트의 탄성계수와 선팽창계수는 거의 같다.
④ 단순보에 수직하중이 작용하면 중립축을 경계선으로 위쪽에는 인장응력이 생긴다.
⑤ 철근콘크리트구조에서 주인장 철근에 40° 각도로 설치된 늑근(스터럽)은 전단보강용 철물에 해당된다.

정답 및 해설

45 ⑤ ① 전단철근이 배근된 보의 피복두께는 보 표면에서 늑근 표면까지의 거리이다.
② SD400 철근은 항복강도 400N/mm^{2}인 이형철근이다.
③ 나선기둥의 주근은 최소 6개로 한다.
④ 1방향 슬래브의 주근은 단변방향으로 배근한다.
단변방향으로 주근을 배치하고, 장변방향으로 온도에 따른 신축을 고려하여 온도철근만 배근한다(최소 철근).

46 ⑤ 콜드조인트(cold joint)는 시공 중 이어치기 시간을 오래 끌었기 때문에 발생한 불연속 부분으로 시공불량 이음부를 말한다.

47 ① 플랫 슬래브 기둥부분에 지판과 주두를 설치하는 이유는 슬래브의 펀칭전단 방지를 위해서이다.

48 ② ① 철근의 표면상태와 단면모양에 영향을 받는다.
③ 탄성계수와 선팽창계수는 다르다.
④ 압축응력이 생긴다.
⑤ 주인장 철근에 45° 이상 각도로 설치된 스터럽이 전단보강근에 해당된다.

49 **슬래브에서 4변 고정인 경우 철근 배근을 가장 많이 하여야 하는 부분은?**

① 짧은 방향의 주간대
② 짧은 방향의 주열대
③ 긴 방향의 주간대
④ 긴 방향의 주열대
⑤ 사 방향의 주열대

50 **플랫 슬래브(flat slab)구조에 대한 설명으로 틀린 것은?**

① 슬래브의 두께는 15cm 이상으로 한다.
② 기둥의 단면 최소치수는 각 방향의 기둥 중심거리의 20분의 1 이상이어야 한다.
③ '무량판 슬래브'라고도 한다.
④ 골조(라멘)구조의 슬래브보다 실내의 이용률이 낮다.
⑤ 보가 없이 바닥판 슬래브를 기둥이 직접 지지한다.

51 **옹벽에 대한 설명으로 옳지 않은 것은?**

① 중력식 옹벽은 자중으로 토압에 견디게 설계된 옹벽이다.
② 캔틸레버식 옹벽은 철근콘크리트로 만들어지며, T형 및 L형 등이 있다.
③ 부축벽식 옹벽은 캔틸레버식 옹벽에 일정한 간격으로 부축벽을 설치하여 보강한 옹벽이다.
④ 옹벽에 설치하는 전단키(shear key)는 벽체의 전단파괴를 방지하는 역할을 한다.
⑤ 옹벽은 전도, 활동 및 침하에 안전하여야 한다.

52 **콘크리트의 강도를 측정하는 비파괴 시험방법 중에 반발경도법이 있다. 다음 중 이에 대한 설명으로 옳지 않은 것은?**

① 반발경도법은 햄머로 경화된 콘크리트면을 타격할 때, 반발경도와 콘크리트의 압축강도 사이의 특정한 상관관계를 근거로 현재의 압축강도를 추정한다.
② 일반적으로 국내에서 많이 이용되는 기기로는 슈미트 햄머가 있다.
③ 슈미트 햄머는 타격방향에 따라서 보정할 필요가 없다.
④ 슈미트 햄머 자체의 기기보정은 엔빌테스트를 통해서 실시한다.
⑤ 장기재령 콘크리트의 강도 추정은 재령에 따른 보정계수를 적용하여 구한다.

정답 및 해설

49 ② 슬래브의 휨모멘트는 단변방향(주철근)의 주열대(단변의 4분의 1 지점)에서 최대가 되므로 이곳에 철근을 가장 많이 배근해야 한다.

	주열대	
주열대	주간대	주열대
	주열대	

50 ④ 골조(라멘)구조의 슬래브보다 실내의 이용률이 높다.

51 ④ 전단키(shear key)는 전단에 의한 부재의 분리를 방지하기 위해 PC 부재에 설치하는 연속된 돌출이나 오목부분을 말한다.

52 ③ 타격방향 및 부재 재령일에 따라 보정을 해야 한다.

▶ 반발경도법 측정시 유의사항

- 균질하고 응력상 중립축의 평활한 면으로 측정면을 선정하고 마감재나 도장면을 제거하며, 콘크리트 두께는 최소 10cm 이상 되는 면을 선정한다.
- 보, 기둥 등의 모서리는 최소 3~6cm 이격된 개소에서 측정한다.
- 콘크리트 표면의 함수율은 건조한 상태의 반발도보다 습윤상태가 약 5% 작으며, 거친 면을 타격하면 평활한 면보다 반발도가 10~15% 작다.
- 벽이나 기둥은 상부, 중앙부, 하부에서 측정하며, 보는 단부와 중앙부에서 측정한다.
- 구조물 전체의 콘크리트 강도를 판단할 수 있도록 측정위치를 정한다. 타격은 수직면에 직각으로 실시하고 서서히 힘을 가해 타격한다.

제4장 철골구조

대표예제 16 철골구조의 특징★★

구조용 강재의 재질표시로 옳지 않은 것은? 제25회

① 일반구조용 압연강재: SS
② 용접구조용 압연강재: SM
③ 용접구조용 내후성 열간압연강재: SMA
④ 건축구조용 압연강재: SSC
⑤ 건축구조용 열간압연 H형강: SHN

해설 | 건축구조용 압연강재는 SN이다.

기본서 p.157~159

정답 ④

01 철골구조의 장점 및 단점에 관한 설명으로 옳지 않은 것은? 제22회

① 강재는 재질이 균등하며, 강도가 커서 철근콘크리트에 비해 건물의 중량이 가볍다.
② 장경간 구조물이나 고층건축물을 축조할 수 있다.
③ 시공정밀도가 요구되어 공사기간이 철근콘크리트에 비해 길다.
④ 고열에 약해 내화설계에 의한 내화피복을 해야 한다.
⑤ 압축력에 대해 좌굴하기 쉽다.

02 철골구조공사에 관한 설명으로 옳지 않은 것은?

제21회

① 부재의 길이가 길고 두께가 얇아 좌굴이 발생하기 쉽다.
② H형강보에서 플랜지의 국부좌굴 방지를 위해 스티프너를 사용한다.
③ 아크용접을 할 때 비드(bead) 끝에 오목하게 패인 결함을 크레이터(crater)라 한다.
④ 밀시트(mill sheet)는 강재의 품질보증서로 제조번호, 강재번호, 화학성분, 기계적 성질 등이 기록되어 있다.
⑤ 공장제작 및 현장조립으로 공사의 표준화를 도모할 수 있다.

03 철골구조 도장 및 도금에 관한 설명으로 옳지 않은 것은?

① 도장의 표준량은 평편한 면의 단위면적에 도장하는 도장재료의 양이고, 실제의 사용량은 도장하는 바탕면의 상태 및 도장재료의 손실 등을 참작하여 여분을 생각해 두어야 한다.
② 도료의 배합비율 및 시너의 희석비율은 질량비로 표시한다.
③ 현장 반입 후 도장은 현장에서 설치하거나 짜 올릴 때 용접 부산물 또는 부착물을 제거한 후 도장한다. 다만, 설치 후 도장이 불가능한 부분은 설치 전에 도장한다.
④ 처음 1회째의 방청도장은 가공장에서 조립 후에 도장함을 원칙으로 하고, 화학처리를 하지 않은 것은 표면처리 직후에 도장한다.
⑤ 견본 크기의 치수는 담당자의 지시에 따르되, 철재 바탕일 때에는 300 × 300mm의 것으로 하고, 색채와 질감이 유사한 2개를 제출한다.

정답 및 해설

01 ③ 시공효율이 매우 높으며 공사기간이 철근콘크리트에 비해 짧다.

02 ② 스티프너는 웨브의 좌굴 방지에 사용한다.

03 ④ 처음 1회째의 방청도장은 가공장에서 조립 전에 도장함을 원칙으로 하고, 화학처리를 하지 않은 것은 표면처리 직후에 도장한다. 다만, 부득이하게 조립 후에 도장할 때에는 조립시 밀착되는 면은 1회, 도장이 곤란하게 되는 면은 1~2회씩 조립 전에 도장한다.

04 철골구조의 접합에 관한 설명으로 옳지 않은 것은? 제17회

① 철골구조는 공장에서 가공한 강재를 현장에서 조립하는 방식으로 시공한다.
② 용접은 볼트접합에 비해 단면결손이 있으나, 소음발생이 적은 장점이 있다.
③ 고장력 볼트접합은 접합부 강성이 높아 변형이 거의 없다.
④ 고장력 볼트접합은 내력이 큰 볼트로 접합재를 강하게 조여 생기는 마찰력을 통해 힘을 전달한다.
⑤ 용접은 시공기술에 따라 접합강도의 차이가 있으며, 열에 의한 변형 등이 발생할 수 있다.

05 철골구조의 특성으로 옳지 않은 것은?

① 세장한 부재도 인장력에는 강한 편이다.
② 횡력에 대한 저항으로 철골 가새를 보강할 수 있다.
③ 세장한 부재가 압축력을 받을 경우 좌굴이 일어나기 이전에 국부좌굴에 의해 파괴될 수 있다.
④ 부재에 구멍이 뚫릴 경우 인장재보다는 압축재의 파괴 문제가 심각하다.
⑤ 세장한 부재에 압축력이 걸릴 경우 좌굴이 일어날 수 있다.

대표예제 17 각종 접합 ★★★

철골공사에서 용접금속이 모재에 완전히 붙지 않고 겹쳐 있는 용접결함은? 제20회

① 크랙(crack) ② 공기구멍(blow hole)
③ 오버랩(overlap) ④ 크레이터(crater)
⑤ 언더컷(under cut)

해설 | 오버랩(overlap)에 관한 설명이다.

기본서 p.161~170 정답 ③

06 철골구조에 관한 설명으로 옳은 것을 모두 고른 것은?

제25회

㉠ 고장력볼트를 먼저 시공한 후 용접을 한 경우, 응력은 용접이 모두 부담한다.
㉡ H형강보의 플랜지(flange)는 휨모멘트에 저항하고, 웨브(web)는 전단력에 저항한다.
㉢ 볼트접합은 구조안전성, 시공성이 모두 우수하기 때문에 구조내력상 주요 부분 접합에 널리 적용된다.
㉣ 철골보와 콘크리트 슬래브 연결부에는 시어커넥터(shear connector)가 사용된다.

① ㉠, ㉢
② ㉠, ㉣
③ ㉡, ㉢
④ ㉡, ㉣
⑤ ㉢, ㉣

07 철골구조 용접접합에서 두 접합재의 면을 가공하지 않고 직각으로 맞추어 겹쳐지는 모서리 부분을 용접하는 방식은?

제25회

① 그루브(groove)용접
② 필릿(fillet)용접
③ 플러그(plug)용접
④ 슬롯(slot)용접
⑤ 스터드(stud)용접

정답 및 해설

04 ② 용접은 볼트접합에 비해 단면결손이 없고, 소음발생이 적은 장점이 있다.

05 ④ 구멍 부분에는 응력집중현상이 발생하기 때문에 부재에 구멍이 뚫릴 경우 압축재보다는 인장재의 파괴 문제가 더 심각하다.

06 ④ ㉠ 고장력볼트를 먼저 시공한 후 용접을 한 경우, 응력은 각각 부담한다.
㉢ 일반볼트접합은 가설건축물 등에 제한적으로 사용되며, 높은 강성이 요구되는 주요 구조 부분에는 사용하지 않는다.

07 ② ① 그루브(groove)용접: 두 접합재 사이에 홈을 만들고 그 속에 용착금속을 넣고 용접하는 것
③ 플러그(plug)용접: 접합하는 부재(部材) 한쪽에 구멍을 뚫고 판의 표면까지 가득하게 용접하고 다른 쪽 부재와 접합하는 용접
④ 슬롯(slot)용접: 강구조에서 부재를 다른 부재에 부착시키기 위해 긴 홈을 뚫어서 하는 용접
⑤ 스터드(stud)용접: 볼트 둥근 막대 등의 양쪽 끝과 모재 사이에 아크를 발생시켜 가압하여 실시하는 용접

08 철골구조의 접합에 관한 설명으로 옳은 것을 모두 고른 것은? 제23회

㉠ 볼트접합은 주요 구조부재의 접합에 주로 사용된다.
㉡ 용접금속과 모재가 융합되지 않고 겹쳐지는 용접결함을 언더컷이라고 한다.
㉢ 볼트접합에서 게이지라인상의 볼트 중심간 간격을 피치라고 한다.
㉣ 용접을 먼저 시공하고 고력볼트를 시공하면 용접이 전체 하중을 부담한다.

① ㉠, ㉡
② ㉠, ㉣
③ ㉢, ㉣
④ ㉠, ㉡, ㉢
⑤ ㉡, ㉢, ㉣

09 철골구조의 용접에 관한 설명으로 옳은 것을 모두 고른 것은? 제18회

㉠ 용접자세는 가능한 한 회전지그를 이용하여 아래보기 또는 수평자세로 한다.
㉡ 용접부에 대한 코킹은 허용된다.
㉢ 모든 용접은 전 길이에 대해 육안검사를 수행한다.
㉣ 아크 발생은 필히 용접부 내에서 일어나지 않도록 한다.

① ㉠, ㉡
② ㉠, ㉢
③ ㉡, ㉢
④ ㉡, ㉣
⑤ ㉢, ㉣

10 철골구조의 접합에 관한 설명으로 옳지 않은 것은? 제22회

① 일반볼트접합은 가설건축물 등에 제한적으로 사용되며, 높은 강성이 요구되는 주요 구조부분에는 사용하지 않는다.
② 언더컷은 약한 전류로 인해 생기는 용접결함의 하나이다.
③ 용접봉의 피복제 역할을 하는 분말상의 재료를 플럭스라 한다.
④ 고장력볼트접합은 응력집중이 적으므로 반복응력에 강하다.
⑤ 고장력볼트 마찰접합부의 마찰면은 녹막이칠을 하지 않는다.

11 철골공사의 용접부 비파괴검사 방법인 초음파탐상법의 특징으로 옳지 않은 것은?

제19회

① 복잡한 형상의 검사가 어렵다.
② 장치가 가볍고 기동성이 좋다.
③ T형 이음의 검사가 가능하다.
④ 소모품이 적게 든다.
⑤ 주로 표면결함 검출을 위해 사용한다.

12 철골구조의 고장력볼트에 관한 설명으로 옳지 않은 것은?

제21회

① 토크-전단형(T/S) 고장력볼트는 너트측에만 1개의 와셔를 사용한다.
② 볼트는 1차 조임 후 1일 정도의 안정화를 거친 다음 본조임하는 것을 원칙으로 한다.
③ 볼트는 원칙적으로 강우 및 결로 등 습한 상태에서 본조임해서는 안 된다.
④ 볼트 끼우기 중 나사부분과 볼트머리는 손상되지 않도록 보호한다.
⑤ 볼트 조임 및 검사용 토크렌치와 축력계의 정밀도는 ±3% 오차범위 이내가 되도록 한다.

정답 및 해설

08 ③ ㉠ 고장력볼트접합은 주요 구조부재의 접합에 주로 사용된다.
㉡ 용접금속과 모재가 융합되지 않고 겹쳐지는 용접결함을 오버랩이라고 한다.

09 ② ㉡ 용접부에 대한 코킹은 허용되지 않는다.
㉣ 아크 발생은 필히 용접부 내에서 일어나도록 한다.

10 ② 언더컷은 강한 전류로 인해 생기는 용접결함의 하나이다.

구분	전류	열	속도
언더컷	⇧	⇧	⇧
오버랩	⇩	⇩	⇩

11 ⑤ 주로 내부결함 검출을 위해 사용한다.

12 ② 볼트는 1차 조임시 규정치의 80%로 조이고 2차 조임시 규정치로 조인다.

13 고력볼트접합에 대한 설명 중 옳지 않은 것은?

① 접합부의 강성이 높아 수직방향 접합부의 변형이 거의 없다.
② 현장 시공시설이 간단하다.
③ 볼트를 조이는 경우는 너트를 조이는 경우보다 토크를 크게 한다.
④ 마찰접합이므로 볼트나 판재에 전단 또는 지압응력이 발생한다.
⑤ 노동력이 절약되며, 공기가 단축된다.

14 철골 용접부의 불량을 나타내는 용어가 아닌 것은?

① 블로우홀(blow hole)
② 위빙(weaving)
③ 크랙(crack)
④ 언더컷(under cut)
⑤ 오버랩(over lap)

15 강구조 용접부위 비파괴검사법에 해당되지 않는 것은?

① 초음파탐상검사
② 토크검사
③ 자분탐상검사
④ 방사선투과검사
⑤ 침투탐상검사

16 용접기호 표시방법에 대한 설명으로 옳지 않은 것은?

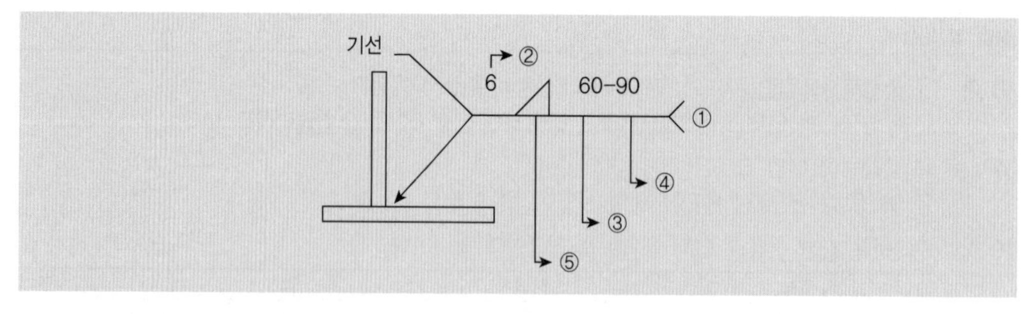

① 지시선(인출선) 방향 용접
② 모살치수 6mm
③ 용접길이 60mm
④ 용접간격 90mm
⑤ 단속모살용접

17 강구조에서 접합방법을 병용했을 때의 다음 기술 중 옳지 않은 것은?

① 고력볼트와 리벳을 병용하는 경우 각각의 허용응력에 따라 응력을 분담시킨다.
② 리벳과 볼트를 병용하는 경우 전응력을 리벳이 부담한다.
③ 리벳과 용접을 병용하는 경우 전응력을 용접이 부담한다.
④ 고력볼트와 용접을 병용하는 경우 전응력을 고력볼트가 부담한다.
⑤ 고력볼트, 리벳, 볼트, 용접을 같이 사용하는 경우 전응력을 용접이 부담한다.

18 철골구조와 관련된 용어의 설명으로 옳지 않은 것은? 제15회

① 뒷댐재는 용접시 루트간격 아래에 대는 판을 말한다.
② 고력볼트의 접합력은 볼트의 장력에 의해 발생되는 마찰력이 좌우한다.
③ 턴버클(turn buckle)은 스터드 용접시 용접불량을 방지하기 위해 사용된다.
④ 엔드탭(end tab)은 용접의 시점과 종점에 용접불량을 방지하기 위해 설치하는 금속판이다.
⑤ 스캘럽(scallop)은 용접선이 교차할 경우 이를 피하기 위하여 오목하게 파 놓은 것이다.

정답 및 해설

13 ④ 고력볼트에 전단, 판에 지압응력이 생기지 않는다.

14 ② 위빙(weaving)이란 용접방향과 직각으로 용접봉 끝을 움직여서 용착의 너비를 증가시키는 운봉법이다.

15 ② 용접 비파괴검사의 종류에는 초음파탐상검사, 방사선투과검사, 침투탐상검사, 자분탐상검사 등이 있다.

16 ① ①은 지시선(인출선) 반대쪽 용접을 나타내고 있다.

17 ④ 각종 접합의 병용시 응력분담(용접 > 고력볼트 = 리벳 > 볼트)
- 리벳 + 고력볼트: 각각 분담
- 리벳 + 볼트: 리벳만이 응력분담
- 리벳 + 용접: 용접만이 응력분담
- 용접 + 고력볼트: 용접만이 응력분담
- 용접 + 고력볼트 + 리벳 + 볼트: 용접만이 응력분담

18 ③ 턴버클(turn buckle)은 좌우가 서로 다른 방향의 나사로 가공되어 긴장을 조절하는 조임용 연결장치를 말한다.

19 철골가공 및 용접에 있어 자동용접의 경우 용접봉의 피복재 역할로 쓰이는 분말상의 재료를 무엇이라 하는가?

① 플럭스(flux)
② 슬래그(slag)
③ 시스(seath)
④ 샤모테(chamotte)
⑤ 위빙(weeving)

대표예제 18 **각부 구조★★★**

H형강보의 웨브를 지그재그로 절단한 후, 위아래를 어긋나게 용접하여 육각형의 구멍이 뚫린 보는? 제25회

① 래티스보
② 허니콤보
③ 격자보
④ 판보
⑤ 합성보

해설 | H형강보의 웨브를 지그재그로 절단한 후, 위아래를 어긋나게 용접하여 육각형의 구멍이 뚫린 보는 허니콤보이다.

기본서 p.171~177

정답 ②

20 철근공사 용어에 관한 설명으로 옳지 않은 것은? 제26회

① 커버플레이트(cover plate): 휨모멘트 저항
② 스티프너(stiffener): 웨브(web) 좌굴방지
③ 스터드볼트(stud bolt): 휨 연결 철물
④ 플랜지(flange): 휨모멘트 저항
⑤ 크레이터(crater): 용접결함

21 **철골구조의 일반적인 접합에 관한 설명으로 옳지 않은 것은?** 제19회

① 큰보와 작은보의 접합은 단순지지의 경우가 많으므로 클립앵글 등을 사용하여 웨브(web)만을 상호접합한다.
② 철골부재의 접합방법에는 볼트접합, 고력볼트접합, 용접접합 등이 있다.
③ 접합부는 부재에 발생하는 응력이 완전히 전달되도록 하고 이음은 가능한 응력이 작게 되도록 한다.
④ 용접접합과 볼트접합을 병용할 경우에는 볼트를 조인 후 용접을 실시한다.
⑤ 볼트조임 후 검사방법에는 토크관리법, 너트회전법, 조합법 등이 있다.

22 **철골구조에 관한 설명으로 옳지 않은 것은?** 제20회

① H형강보의 플랜지는 전단력, 웨브는 휨모멘트에 저항한다.
② H형강보에서 스티프너(stiffener)는 전단 보강, 덧판(cover plate)은 휨 보강에 사용된다.
③ 볼트의 지압파괴는 전단접합에서 발생하는 파괴의 일종이다.
④ 절점간을 대각선으로 연결하는 부재인 가새는 수평력에 저항하는 역할을 한다.
⑤ 압축재 접합부에 볼트를 사용하는 경우 볼트 구멍의 단면결손은 무시할 수 있다.

정답 및 해설

19 ① ① 피복재인 플럭스는 용접시 용접부위의 산소접촉을 차단하여 보호하며 용접의 안정을 기하고 불순물의 혼입을 차단한다.
② 슬래그: 용접비드(용접작업 후 발생면)의 표면을 덮은 비금속물질
③ 시스: 프리스트레스트 콘크리트에서 포스트텐션방법에 사용하는 재료로 콘크리트 타설시 피아노선을 넣을 수 있는 튜브
④ 샤모테: 점토제품의 점도를 낮추기 위해 사용하는 것으로 구운 점토분말
⑤ 위빙: 운봉법

20 ③ 스터드볼트(stud bolt)는 콘크리트의 부착력을 좋게 하기 위하여 사용하는 것으로 철골보와 콘크리트 바닥판을 일체화하기 위해 설치하여 전단력을 부담하는 연결재로 시어커넥터(Shear Connecto, 전단연결재)라고도 한다.

21 ④ 용접접합과 볼트접합을 병용할 경우에는 용접을 한 후 볼트를 조인다.

22 ① H형강보의 플랜지는 휨모멘트, 웨브는 전단력에 저항한다.

23 철골구조에 관한 설명으로 옳지 않은 것은? 제12회

① 고장력볼트 죄임(조임)기구에는 임팩트렌치, 토크렌치 등이 있다.
② 고장력볼트접합은 부재간의 마찰력에 의하여 힘을 전달하는 마찰접합이 가능하다.
③ 얇은 강판에 적당한 간격으로 골을 내어 요철 가공한 것을 데크플레이트라 하며, 주로 바닥판공사에 사용된다.
④ 시어커넥터(shear connector)는 철골보에서 웨브의 좌굴을 방지하기 위해 사용된다.
⑤ 허니콤보의 웨브는 설비의 배관통로로 이용될 수 있다.

24 판보(plate girder)에 사용되는 부재가 아닌 것은?

① 플랜지(Flange)
② 웨브(Web)
③ 가셋(Gusset)
④ 커버플레이트(Cover Plate)
⑤ 스티프너(Stiffener)

25 강구조에서 플레이트거더(plate girder)에 관한 설명으로 옳지 않은 것은?

① 커버플레이트의 크기는 휨모멘트에 의해 결정된다.
② 용접조립에 의한 보의 플랜지는 될 수 있는 대로 1장의 판으로 구성한다.
③ 스티프너는 웨브플레이트의 좌굴을 방지하기 위해 사용된다.
④ 플랜지의 커버플레이트 수는 6장 이하로 한다.
⑤ 커버플레이트의 전단면적은 플랜지 전단면적의 70% 이하로 한다.

26 철골조 기둥의 주각부분에 사용되는 것이 아닌 것은?

① 사이드앵글(side angle)
② 윙플레이트(wing plate)
③ 베이스플레이트(base plate)
④ 플랜지플레이트(flange plate)
⑤ 클립앵글(clip angle)

27 철골조 기둥에서 주각부에 대한 설명으로 옳지 않은 것은?

① 기둥의 직압력을 기초에 전달할 수 있도록 베이스플레이트를 기둥 하부에 단다.
② 주각부의 베이스플레이트의 두께는 휨응력에 저항할 수 있는 두께를 설치한다.
③ 주각부에 사용하는 앵커볼트는 지름 16~36mm가 많이 쓰인다.
④ 앵커볼트의 지름이 작을 때는 나중매립공법을 사용한다.
⑤ 주각부의 인장력은 주각의 연결리벳이 부담한다.

대표예제 19 내화피복 ★★

철골조 내화피복공법에 관한 설명으로 옳지 않은 것은? 제26회

① 화재발생시 지정된 시간 동안 철골부재의 내력을 유지하기 위하여 내화피복을 실시한다.
② 성형판 붙임공법은 작업능률이 우수하나, 재료 파손의 우려가 있다.
③ 뿜칠공법은 복잡한 형상에도 시공이 가능하며 균일한 피복두께의 확보가 용이하다.
④ 타설공법은 거푸집을 설치하여 철골부재의 콘크리트 등을 타설하는 공법이다.
⑤ 미장공법은 시공면적 5m^{2}당 1개소 단위로 핀 등을 이용하여 두께를 확인한다.

해설 | 뿜칠공법은 복잡한 형상에도 시공이 가능하며 균일한 피복두께의 확보가 어렵다.

기본서 p.177~179

정답 ③

정답 및 해설

23 ④ 시어커넥터는 철골보와 콘크리트 슬래브를 고정시키는 전단연결재이다.
철골보에서 웨브의 좌굴방지를 위해 사용하는 것은 스티프너이다.

24 ③ 가셋은 부재와 부재를 접합할 때 대는 판으로 판보에서는 사용하지 않는다.

25 ④ 플랜지의 커버플레이트 수는 최대 4장 이하로 한다.

26 ④ 플랜지플레이트는 판보(플레이트거더)에 사용한다.

27 ⑤ 주각부의 인장력은 주각의 앵커볼트가 부담한다.

28 철골구조의 내화피복공법에 대한 설명으로 적합하지 않은 것은?

① 건식내화피복공법은 내화단열이 우수한 경량의 성형판을 접착제나 연결철물을 이용하여 부착하는 공법이다.

② 건식내화공법은 부분보수가 용이하며 충격에 비교적 약하다.

③ 서로 다른 재료를 적층하거나 접합의 방법으로 일체화하여 내화성능을 발휘하는 공법을 합성공법이라 한다.

④ 하나의 제품으로 2개의 기능을 충족시키는 공법으로 커튼월과 내화피복, 천장마감과 내화피복기능을 충족시키는 공법을 복합공법이라 한다.

⑤ 타설공법은 피복두께의 유지가 곤란하지만 구조체와의 일체화로 시공성이 양호하다.

정답 및 해설

28 ⑤ 타설공법은 피복두께의 유지가 용이하고 구조체와의 일체화로 시공성이 양호하다. 타설공법은 습식공법 중 하나로, 거푸집을 설치하고 모르타르나 경량콘크리트로 타설하는 공법이다. 표면마감이 용이하고 강도확보 및 내충격성이 양호하다. 그러나 시공기간이 길고 소요중량이 커지는 단점이 있다.

제5장 조적식 구조

대표예제 20 **벽돌구조** ★★★

콘크리트(시멘트) 벽돌을 사용하는 조적공사에 관한 설명으로 옳은 것은? 제26회

① 하루의 쌓기 높이는 1.2m(18켜 정도)를 표준으로 하고, 최대 1.5m(22켜 정도) 이하로 한다.
② 표준형 벽돌크기는 210mm × 100mm × 60mm이다.
③ 내력 조적벽은 통줄눈으로 시공한다.
④ 치장줄눈 파기는 줄눈 모르타르가 굳기 전에 실시한다.
⑤ 줄눈의 표준너비는 15mm로 한다.

오답체크
② 표준형 벽돌크기는 190mm × 90mm × 57mm이다.
③ 내력 조적벽은 막힌줄눈으로 시공한다.
④ 치장줄눈 파기는 줄눈 모르타르가 경화 전에 실시한다.
⑤ 줄눈의 표준너비는 10mm로 한다.

기본서 p.189~205 정답 ①

01 **조적공사에 관한 설명으로 옳은 것은?** 제22회

① 치장줄눈의 깊이는 1cm를 표준으로 한다.
② 공간쌓기의 목적은 방습, 방음, 단열, 방한, 방서이며 공간폭은 1.0B 이내로 한다.
③ 벽돌의 하루쌓기 높이는 최대 1.8m까지로 한다.
④ 아치쌓기는 조적조에서 문꼴너비가 1.5m 이하일 때는 평아치로 해도 좋다.
⑤ 조적조의 2층 건물에서 2층 내력벽의 높이는 4m 이하이다.

정답 및 해설

01 ⑤ ① 치장줄눈의 깊이는 6mm를 표준으로 한다.
② 공간쌓기의 목적은 방습, 방음, 단열, 방한, 방서이며 공간폭은 0.5B 이내로 한다.
③ 벽돌의 하루쌓기 높이는 최대 1.5m까지로 한다.
④ 아치쌓기는 조적조에서 문꼴너비가 1.0m 이하일 때는 평아치로 해도 좋다.

02 **조적공사에 관한 설명으로 옳지 않은 것은?** 제21회

① 벽돌의 하루쌓기 높이는 1.2m(18켜 정도)를 표준으로 하고 최대 1.8m(27켜 정도) 이내로 한다.
② 벽돌의 치장줄눈 깊이는 6mm로 한다.
③ 블록쌓기 줄눈너비는 가로 및 세로 각각 10mm를 표준으로 한다.
④ ALC 블록의 하루쌓기 높이는 1.8m를 표준으로 하고 최대 2.4m 이내로 한다.
⑤ 블록은 살두께가 큰 편이 위로 가게 쌓는다.

03 **벽돌쌓기에 관한 설명으로 옳지 않은 것은?** 제17회

① 하루의 쌓기 높이는 1.2m를 표준으로 하고, 최대 1.5m 이하로 한다.
② 가로 및 세로줄눈의 너비는 공사시방서에서 정한 바가 없을 때에는 10mm를 표준으로 한다.
③ 쌓기 직전에 붉은 벽돌은 물축임을 하지 않고, 시멘트 벽돌은 물축임을 한다.
④ 연속되는 벽면의 일부를 트이게 하여 나중쌓기로 할 때에는 그 부분을 층단 들여쌓기로 한다.
⑤ 벽돌쌓기는 공사시방서에서 정한 바가 없을 때에는 영식(영국식) 쌓기 또는 화란식(네덜란드식) 쌓기로 한다.

04 **조적조 벽체의 시공방법에 관한 설명으로 옳지 않은 것은?**

① 시멘트 벽돌은 쌓기 직전에 물을 축이지 않는다.
② 벽돌벽의 각부는 가급적 동일한 높이로 쌓아 올라가야 한다.
③ 통줄눈을 피하는 주된 이유는 방수상의 결함을 방지하기 위함이다.
④ 백화현상 방지를 위해 줄눈 모르타르에는 방수제를 넣는 것이 좋다.
⑤ 벽돌벽의 하루쌓기 높이는 1.2m를 표준으로 하고, 최대 1.5m 이내로 한다.

05 **조적구조에 관한 설명으로 옳지 않은 것은?** 제14회

① 내화벽돌은 흙 및 먼지 등을 청소하고 물축이기는 하지 않고 사용한다.

② 치장줄눈을 바를 경우에는 줄눈 모르타르가 굳기 전에 줄눈파기를 한다.

③ 테두리보는 벽체의 일체화, 하중의 분산, 벽체의 균열 방지 등의 목적으로 벽체 상부에 설치한다.

④ 영식 쌓기는 한 켜는 길이쌓기로, 다음 켜는 마구리쌓기로 하며 모서리나 벽 끝에는 칠오토막을 쓴다.

⑤ 아치쌓기는 그 축선에 따라 미리 벽돌나누기를 하고 아치의 어깨에서부터 좌우 대칭형으로 균등하게 쌓는다.

정답 및 해설

02 ① 벽돌의 하루쌓기 높이는 1.2m(18켜 정도)를 표준으로 하고 최대 1.5m(22켜 정도) 이내로 한다.

03 ③ 쌓기 직전에 시멘트 벽돌은 물축임을 하지 않고, 붉은 벽돌은 물축임을 한다.

04 ③ 통줄눈을 피하는 주된 이유는 하중을 분산시켜 내력벽으로 사용하기 위함이다. 방수상의 결함을 방지하기 위함은 주된 이유는 아니다.

05 ④ 영식 쌓기는 한 켜는 길이쌓기로, 다음 켜는 마구리쌓기로 하며 모서리나 벽 끝에는 이오토막이나 반절을 사용한다.

06 벽돌조 복원 및 청소공사에 관한 설명으로 옳지 않은 것은?

제15회

① 벽돌면의 물청소는 뻣뻣한 솔로 물을 뿌려가며 긁어내린다.
② 산세척을 실시하는 경우 벽돌을 물축임한 후에 5% 이하의 묽은 염산을 사용한다.
③ 줄눈 속에 남아 있는 찌꺼기, 흙, 모르타르 조각 등은 완전히 제거한다.
④ 벽돌면의 청소는 위에서부터 아래로 내려가며 시행하며, 개구부는 적절한 방수막으로 덮어야 한다.
⑤ 샌드블라스팅, 그라인더, 마사포의 기계적인 방법을 사용하는 경우에는 시험청소 후 검사를 받아 담당원의 승인을 받은 후 본공사에 적용할 수 있다.

07 벽돌구조에 관한 설명으로 옳지 않은 것은?

제19회

① 벽돌구조(내력벽)는 풍압력, 지진력 등의 횡력에 약하여 고층건물에 적합하지 않다.
② 콘크리트(시멘트) 벽돌 쌓기시 조적체는 원칙적으로 젖어서는 안 된다.
③ 벽돌벽이 블록벽과 서로 직각으로 만날 때는 연결철물을 5단마다 보강하여 쌓는다.
④ 벽돌벽이 콘크리트 기둥과 만날 때는 그 사이에 모르타르를 충전한다.
⑤ 치장줄눈을 바를 경우에는 줄눈 모르타르가 굳기 전에 줄눈파기를 한다.

08 벽돌쌓기에 대한 설명으로 잘못된 것은?

① 벽돌 길이가 보이도록 쌓는 방법을 길이쌓기라 한다.
② 벽돌벽의 강도는 벽두께, 높이, 길이 및 벽돌과 모르타르 자체의 강도, 부착도, 쌓기법 등에 의해 좌우된다.
③ 벽돌 1장 길이를 1.0B로 나타낸다.
④ 매 켜마다 길이쌓기로 하면 1.0B 두께의 벽이 된다.
⑤ 벽돌 마구리가 보이도록 쌓는 방법을 마구리쌓기라 한다.

대표예제 21 각부 쌓기★★

벽돌구조의 쌓기방식에 관한 설명으로 옳지 않은 것은? 제25회

① 엇모쌓기는 벽돌을 45° 각도로 모서리가 면에 나오도록 쌓는 방식이다.
② 영롱쌓기는 벽돌벽에 구멍을 내어 쌓는 방식이다.
③ 공간쌓기는 벽돌벽의 중간에 공간을 두어 쌓는 방식이다.
④ 내쌓기는 장선 및 마루 등을 받치기 위해 벽돌을 벽면에서 내밀어 쌓는 방식이다.
⑤ 아치쌓기는 상부 하중을 아치의 축선을 따라 인장력으로 하부에 전달되게 쌓는 방식이다.

해설 | 아치쌓기는 상부 하중을 아치의 축선을 따라 압축력으로 하부에 전달되게 쌓는 방식이다.

기본서 p.195~200 정답 ⑤

정답 및 해설

06 ② **벽돌조 복원 및 청소공사:** 벽돌 치장면의 청소방법에는 다음과 같은 종류가 있으며, 이는 담당원과 협의하여 결정한다.

1. 물세척: 벽돌 치장면에 부착된 모르타르 등의 오염은 물과 브러시를 사용하여 제거한다. 필요에 따라 온수를 사용하는 것이 좋다.
2. 세제세척: 오염물이 떨어진 것은 물 또는 온수에 중성세제를 사용하여 세정한다.
3. 산세척
   - 산세척은 모르타르와 매입철물을 부식하는 것이 있기 때문에, 일반적으로 사용하지 않는다. 특히, 수평부재와 부재 수평부 등의 물이 고여 있는 장소에 대해서는 하지 않는다.
   - 산세척은 다른 방법으로 오염물을 제거하기 곤란한 장소에 채용하고, 그 범위는 가능한 작게 한다.
   - 부득이 산세척을 실시하는 경우는 담당원 입회하에 매입철물 등의 금속부를 적절히 보양하고, 벽돌을 표면수가 안정하게 잔류하도록 물축임한 후에 3% 이하의 묽은 염산을 사용하여 실시한다.
   - 오염물을 제거한 후에는 즉시 충분히 물세척을 반복한다.

07 ③ 벽돌벽이 블록벽과 서로 직각으로 만날 때는 연결철물을 3단마다 보강하여 쌓는다.

08 ④ 매 켜마다 길이쌓기로 하면 0.5B 두께의 벽이 된다.

고난도

09 벽돌공사에 관한 설명으로 옳은 것은? 제26회

① 벽량이란 내력벽 길이의 합을 그 층의 바닥면적으로 나눈 값으로 150mm/m^2 미만이어야 한다.

② 공간쌓기에서 주벽체는 정한 바가 없을 경우 안벽으로 한다.

③ 점토 및 콘크리트 벽돌은 압축강도, 흡수율, 소성도의 품질기준을 모두 만족하여야 한다.

④ 거친 아치쌓기란 벽돌을 쐐기모양으로 다듬어 만든 아치로, 줄눈은 아치의 중심에 모이게 하여야 한다.

⑤ 미식쌓기는 다섯 켜 길이쌓기 후 그 위에 한 켜 마구리쌓기를 하는 방식이다.

10 치장을 목적으로 벽면에 구멍을 규칙적으로 만들어 쌓는 벽돌쌓기 방법은? 제26회

① 공간쌓기
② 영롱쌓기
③ 내화쌓기
④ 불식 쌓기
⑤ 영식 쌓기

11 조적공사에 관한 설명으로 옳지 않은 것은? 제23회

① 창대벽돌의 위끝은 창대 밑에 15mm 정도 들어가 물리게 한다.

② 창문틀 사이는 모르타르로 빈틈없이 채우고 방수 모르타르, 코킹 등으로 방수처리를 한다.

③ 창대벽돌의 윗면은 15° 정도의 경사로 옆세워 쌓는다.

④ 인방보는 좌우측 기둥이나 벽체에 50mm 이상 서로 물리도록 설치한다.

⑤ 인방보는 좌우의 벽체가 공간쌓기일 때에는 콘크리트가 그 공간에 떨어지지 않도록 벽돌 또는 철판 등으로 막고 설치한다.

12 조적공사에 관한 설명으로 옳지 않은 것은? 제20회

① 공간쌓기는 벽돌벽의 중간에 공간을 두어 쌓는 것으로 별도 지정이 없을 시 안쪽을 주벽체로 한다.
② 조적조 내력벽으로 둘러싸인 부분의 바닥면적은 $80m^2$를 넘을 수 없다.
③ 조적조 내력벽의 길이는 10m 이하로 한다.
④ 콘크리트 블록의 하루 쌓는 높이는 1.5m 이내를 표준으로 한다.
⑤ 내화벽돌의 줄눈너비는 별도 지정이 없을 시 가로, 세로 6mm를 표준으로 한다.

13 벽돌구조의 아치(arch)에 대한 설명 중 옳지 않은 것은?

① 환기구멍 등의 작은 개구부라도 아치를 두는 것이 원칙이다.
② 창문의 너비가 1m 정도일 때는 평아치로도 할 수 있다.
③ 수직하중으로 인한 인장력을 아치 축선에 따라 양쪽으로 분산시켜 인장력이 생기지 않도록 한 구조이다.
④ 아치벽돌을 특별히 주문제작하여 만든 것을 거친아치라고 한다.
⑤ 모르타르 배합비는 1 : 2 정도로 한다.

정답 및 해설

09 ⑤ ① 벽량이란 내력벽 길이의 합을 그 층의 바닥면적으로 나눈 값으로 $150mm/m^2$ 이상이어야 한다.
② 공간쌓기에서 주벽체는 정한 바가 없을 경우 바깥벽으로 한다.
③ 점토 및 콘크리트 벽돌은 압축강도, 흡수율의 품질기준을 모두 만족하여야 한다.
④ 막만든 아치쌓기란 벽돌을 쐐기모양으로 다듬어 만든 아치로, 줄눈은 아치의 중심에 모이게 하여야 한다.

10 ② 치장을 목적으로 벽면에 구멍을 규칙적으로 만들어 쌓는 벽돌쌓기 방법은 영롱쌓기이다.

11 ④ 인방보는 좌우측 기둥이나 벽체에 200mm 이상 서로 물리도록 설치한다.

12 ① 공간쌓기는 벽돌벽의 중간에 공간을 두어 쌓는 것으로 별도 지정이 없을 시 바깥쪽을 주벽체로 한다.

13 ④ 아치의 종류
- 본아치: 아치벽돌을 사용하고 줄눈은 일직선이 되도록 한다(가장 튼튼함).
- 거친아치: 일반벽돌을 사용하고 줄눈은 아치모양 벽돌이다.
- 막만든아치: 일반벽돌을 현장에서 아치모양 벽돌로 가공하여 사용한 아치이다.

14 벽돌구조에 관한 설명으로 옳지 않은 것은?

① 내력벽으로 둘러싸인 부분의 바닥면적이 $60m^2$를 넘는 2층 건물인 경우에 1층 부분의 내력벽의 두께는 190mm 이상이어야 한다.
② 칸막이벽의 두께는 9cm 이상으로 한다.
③ 내력벽으로 둘러싸인 부분의 바닥면적은 $80m^2$를 넘을 수 없다.
④ 영식쌓기는 모서리 부분에 반절 또는 이오토막을 사용하여 통줄눈이 생기지 않게 하는 방법이다.
⑤ 벽돌 벽체의 강도에 영향을 미치는 요소에는 벽돌 자체의 강도, 쌓기방법, 쌓기작업의 정밀도 등이 있다.

15 높이 4m인 내력벽을 벽돌조로 하는 경우 벽체 두께를 최소한 얼마 이상으로 하여야 하는가?

① 300mm
② 250mm
③ 200mm
④ 150mm
⑤ 100mm

16 각 층 조적식 구조의 벽에서 그 벽의 길이가 10m인 경우 개구부 폭의 합계로 가장 적당한 것은?

① 3.5m 이하
② 4.0m 이하
③ 4.5m 이하
④ 5.0m 이하
⑤ 5.5m 이하

종합

17 다음은 조적구조에 관한 내용이다. ( ) 안의 조합이 올바른 것은?

> ㉠ 기초쌓기시 기초판 두께는 기초판 폭의 ( ) 이상으로 한다.
> ㉡ 토압을 받는 부분의 높이가 ( )m 이하인 경우에는 벽돌구조로 할 수 있다.
> ㉢ 폭이 ( )m 넘는 개구부 상부에는 철근콘크리트 인방보를 설치한다.
> ㉣ 인방보의 최소크기는 ( )m 이상으로 한다.

	㉠	㉡	㉢	㉣
①	3분의 1	2.5	1.8	2.2
②	3분의 1	2.0	1.8	2.0
③	2분의 1	2.5	1.8	2.2
④	2분의 1	2.3	1.0	2.0
⑤	3분의 1	2.0	1.8	2.2

제1편 건축구조

제5장

정답 및 해설

14 ① 내력벽으로 둘러싸인 바닥면적이 60m²를 넘는 2층 건물인 경우에 1층 내력벽의 두께는 290mm 이상이어야 한다.

15 ③ 벽돌조는 벽높이의 20분의 1 이상으로 한다. 따라서 벽높이가 4m이므로 4m/20 = 20cm = 200mm 이상으로 하여야 한다.

16 ④ 조적식 구조의 개구부 폭의 합계는 그 벽길이의 2분의 1 이하로 한다. 따라서 벽의 길이가 10m이므로 10m/2 = 5.0m 이하로 할 수 있다.

17 ① ㉠ 기초쌓기시 기초판 두께는 기초판 폭의 3분의 1 이상으로 한다.
㉡ 토압을 받는 부분의 높이가 2.5m 이하인 경우에는 벽돌구조로 할 수 있다.
㉢ 폭이 1.8m 넘는 개구부 상부에는 철근콘크리트 인방보를 설치한다.
㉣ 인방보의 최소크기는 2.2m 이상으로 한다(0.2 + 1.8 + 0.2).

대표예제 22 블록구조 ★★★

블록공사에 관한 설명으로 옳지 않은 것은? 제18회

① 속빈 콘크리트 블록의 기본블록 치수는 길이 390mm, 높이 190mm이다.
② 블록 보강용 철망은 #8~#10 철선을 가스압접 또는 용접한 것을 사용한다.
③ 하루쌓기 높이는 1.5mm 이내를 표준으로 한다.
④ 그라우트를 사춤하는 높이는 5켜로 한다.
⑤ 인방블록은 도면 또는 공사시방서에서 정한 바가 없을 때에는 창문을 좌우 옆 턱에 400mm 정도 물리도록 한다.

해설 | 그라우트를 사춤하는 높이는 3켜로 한다.

기본서 p.206~211

정답 ④

18 다음은 조적구조에 관한 설명이다. 옳게 설명된 것은?

① 블록쌓기는 살두께가 큰 면이 아래로 가게 쌓고, 접촉면은 적당한 물축이기를 한다.
② 벽돌벽의 표면에 백화의 발생에 대한 대책으로는 소성이 잘된 양질의 벽돌을 사용하거나, 치장줄눈 모르타르에 석회분을 혼합하여 시공하면 좋다.
③ 모르타르 배합 모래는 입자가 굵은 것을 사용하여 부배합으로 한다.
④ 화강암은 경도, 강도, 내마모성, 내구성, 내화성이 아주 뛰어나 구조재, 장식재로 사용한다.
⑤ 층단 떼어쌓기란 한쪽 벽면을 먼저 쌓고 교차하는 벽을 나중에 쌓을 때 통줄눈이 생기지 않도록 하기 위해 쌓는 방법이다.

19 블록조에 대한 다음의 설명 중 옳지 않은 것은?

① 블록조는 철근보강을 하더라도 내력벽으로는 적절치 못하다.
② 살두께가 큰 편을 위로 하여 쌓는다.
③ 블록조의 개구부에는 되도록 인방을 설치하는 것이 좋다.
④ 세로홈보다 가로홈이 블록조의 구조내력에 대한 영향이 크다.
⑤ 보강블록조와 라멘구조가 접촉되는 부분은 원칙적으로 블록을 먼저 쌓고 콘크리트 구조체를 나중에 시공한다.

대표예제 23 돌구조 ★★

대리석 돌 붙이기에 대한 설명 중 틀린 것은?

① 무늬가 좋아 주로 내장용으로 사용된다.
② 내구성이 작으므로 보양에 주의해야 한다.
③ 청소시 가능하면 물을 피하고 마른 헝겊을 사용한다.
④ 내부 장식재나 조각재로 적당하다.
⑤ 강도가 크고 산 및 화열에 강하나 외장재로는 사용이 곤란하다.

해설 | 대리석은 빛깔과 광택이 미려하나 산, 화열에 약하고 내구성이 작으므로 외장재로는 사용이 곤란하다.

기본서 p.211~214

정답 ⑤

20 돌 붙임공법에 대한 설명으로 옳지 않은 것은?

① 앵커긴결공법은 모르타르를 충전하지 않으므로 공기단축 및 백화에 유리하다.
② 습식공법은 모르타르를 충전하는 공법으로 백화나 동해의 우려가 있다.
③ 패스너 시공시 연결철물의 녹발생 방지를 위해 방청처리가 요구된다.
④ 강재트러스지지공법은 아연도금한 파이프를 구조체에 연결시킨 후 여기에 석재를 패스너로 연결시키는 공법이다.
⑤ 인조대리석으로 바닥의 습식시공을 할 경우에는 실링재를 사용한다.

정답 및 해설

18 ③ ① 블록쌓기는 살두께가 큰 면이 위로 가게 쌓는다.
② 치장줄눈 모르타르에 석회분을 혼합하여 시공하면 안 된다.
④ 화강암은 내화성이 좋지 않다.
⑤ 켜걸음 들여쌓기에 대한 설명이다.

19 ① 보강블록조는 블록의 빈속에 철근을 넣고 콘크리트를 부어 넣어 보강한 수직 · 수평에 견딜 수 있는 내력벽으로 통줄눈으로 쌓으며 최대 4~5층 정도의 건물까지도 가능하다.

20 ⑤ 바닥이나 벽의 습식시공을 할 경우에는 실링재를 사용하지 않고 치장줄눈용 모르타르를 사용한다.

제6장 지봉공사

대표예제 24 지붕공사 ★★

모임지붕 물매의 상하를 다르게 한 지붕으로 천장 속을 높게 이용할 수 있고, 비교적 큰 실내구성에 용이한 지붕은? 제25회

① 합각지붕
② 솟을지붕
③ 꺽임지붕
④ 맨사드(mansard)지붕
⑤ 부섭지붕

해설 | 맨사드(mansard)지붕은 모임지붕 물매의 상하를 다르게 한 지붕으로 천장 속을 높게 이용할 수 있고, 비교적 큰 실내구성에 용이한 지붕이다.

기본서 p.223~232

정답 ④

01 지붕의 형태와 명칭의 연결이 옳지 않은 것은? 제23회

①
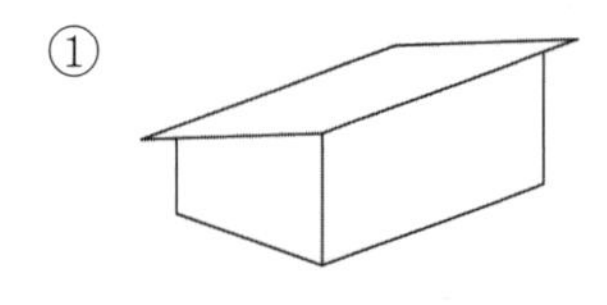
외쪽지붕

②
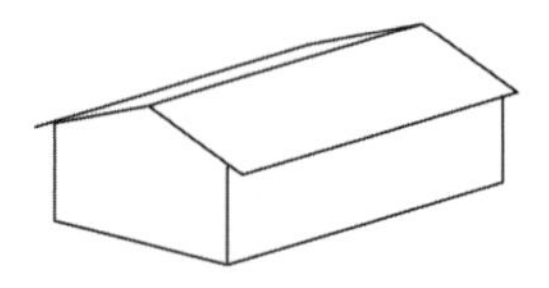
박공지붕

③
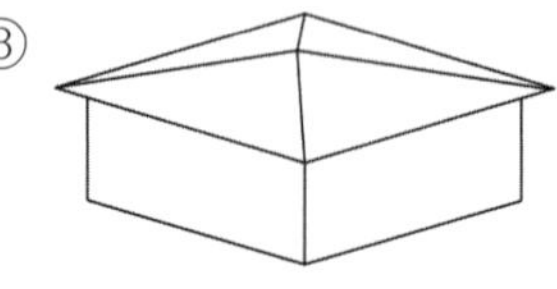
합각지붕

④
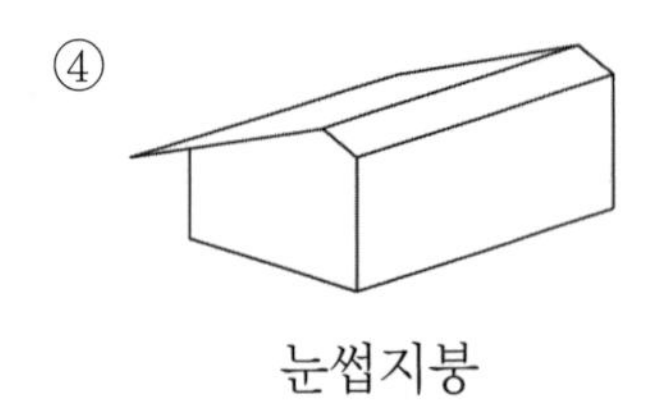
눈썹지붕

⑤
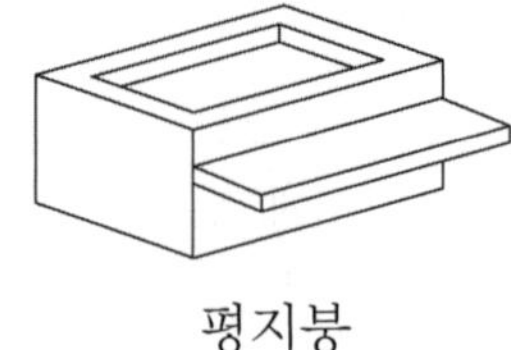
평지붕

02 지붕구조에 관한 다음 설명 중 옳지 않은 것은?

① 지붕구조는 지붕형태와 크기를 고려하여 설계한다.
② 물매는 수평길이 10cm에 대한 수직높이의 비이다.
③ 지붕구조는 지역에 따른 기후의 특성을 고려하여 설계한다.
④ 지붕재료는 열전도율이 크고 내화적인 것이 좋다.
⑤ 지붕구조는 사용재료의 특성에 따라 달라진다.

03 홈통공사에 관한 설명으로 옳지 않은 것은? 제20회

① 선홈통은 벽면과 틈이 없게 밀착하여 고정한다.
② 처마홈통의 양쪽 끝은 둥글게 감되 안감기를 원칙으로 한다.
③ 처마홈통은 선홈통 쪽으로 원활한 배수가 되도록 설치한다.
④ 처마홈통의 길이가 길어질 경우 신축이음을 둔다.
⑤ 장식홈통은 선홈통 상부에 설치되어 우수방향을 돌리거나, 집수 등으로 인한 넘쳐흐름을 방지하는 역할을 한다.

정답 및 해설

01 ③ ③은 합각지붕이 아니고 방형지붕이다.

02 ④ 지붕재료의 조건
- 내수 · 내풍적이고, 습도에 의한 신축이 적을 것
- 열전도율이 작고 불연재일 것
- 내구성이 좋고 경량일 것

03 ① 선홈통은 벽면과 30mm 이격하여 배치한다.

04 홈통공사에 관한 설명으로 옳지 않은 것은? 제19회

① 처마홈통의 물매는 400분의 1 이상으로 한다.
② 처마홈통은 안홈통과 밖홈통이 있다.
③ 깔때기홈통은 처마홈통에서 선홈통까지 연결한 것이다.
④ 장식홈통은 선홈통 상부에 설치되어 유수방향을 돌리며, 장식적인 역할을 한다.
⑤ 선홈통 하부는 건물의 외부방향으로 물이 배출되도록 바깥으로 꺾어 마감하는 것이 통상적이다.

05 홈통에 관한 설명으로 옳지 않은 것은? 제12회

① 처마홈통과 선홈통을 연결하는 경사홈통을 깔때기홈통이라 한다.
② 처마 끝에 수평으로 설치하여 빗물을 받는 홈통을 처마홈통이라 한다.
③ 처마홈통에서 내려오는 빗물을 지상으로 유도하는 수직 홈통을 선홈통이라 한다.
④ 위(상부)층 선홈통의 빗물을 받아 아래(하부)층 지붕의 처마홈통이나 선홈통에 넘겨주는 홈통을 누인홈통이라 한다.
⑤ 두 개의 지붕면이 만나는 자리 또는 지붕면과 벽면이 만나는 수평지붕골에 쓰이는 홈통을 장식홈통이라 한다.

06 지붕공사에 관한 설명으로 옳지 않은 것은? 제19회

① 기와에는 한식기와, 일식기와, 금속기와 등이 있다.
② 아스팔트 싱글은 다른 지붕잇기 재료와 비교하여 유연성이 있으며 복잡한 형상에서도 적용할 수 있다.
③ 금속기와는 점토기와보다 가벼워 운반에 따른 물류비를 절감할 수 있다.
④ 금속기와잇기에는 평판잇기, 절판잇기 등이 있다.
⑤ 박공지붕은 지붕마루에서 네 방향으로 경사진 지붕이다.

07 홈통공사에 관한 설명으로 옳지 않은 것은? 제17회

① 처마홈통은 끝단막이, 물받이통 연결부, 깔때기관 이음통 및 홈통걸이 등 모든 부속물을 연결 부착하여 설치한다.
② 처마홈통 제작시 단위길이는 2,400~3,000mm 이내로 한다.
③ 처마홈통의 이음부는 겹침부분이 최소 30mm 이상이 되도록 제작한다.
④ 선홈통의 하단부 배수구는 우배수관에 직접 연결하고 연결부 사이의 빈틈은 시멘트 모르타르로 채운다.
⑤ 처마홈통 연결관과 선홈통 연결부의 겹침길이는 최소 50mm 이상이 되도록 한다.

08 지붕에 각종 수밀한 재료를 부착하는 공사방법에 관한 설명으로 적당하지 않은 것은?

① 일반적으로 처마에서부터 시작하여 용마루 순으로 부착한다.
② 골이 있는 재료는 처마나 용마루 방향과 수직으로 설치한다.
③ 수평부재와 수직부재가 만나는 경우 그 접합부위를 따로따로 부착하지 아니하고 한 번에 치켜올린다.
④ 물이 흘러가는 방향에서 부착을 시작한다.
⑤ 골이 있는 재료의 부착은 골의 볼록 튀어나온 부분에 철물을 박는다.

정답 및 해설

04 ① 처마홈통의 물매는 200분의 1 이상으로 한다.
05 ⑤ 두 개의 지붕면이 만나는 자리 또는 지붕면과 벽면이 만나는 수평지붕골에 쓰이는 홈통은 지붕골홈통이다. 장식홈통은 깔때기홈통과 선홈통 사이에 설치하여 장식을 겸하는 홈통을 말한다.
06 ⑤ 박공지붕은 지붕마루에서 두 방향으로 경사진 지붕이다.
07 ③ 처마홈통 연결관과 선홈통 연결부의 겹침길이는 최소 100mm 이상이 되도록 한다.
08 ④ 물이 흘러가는 반대방향에서 부착을 시작한다.

대표예제 25 물매의 구분 ★★

지붕 및 홈통공사에 관한 설명으로 옳은 것은? 제22회

① 지붕의 물매가 6분의 1보다 큰 지붕을 평지붕이라고 한다.

② 평잇기 금속지붕의 물매는 4분의 1 이상이어야 한다.

③ 지붕 하부 데크의 처짐은 경사가 50분의 1 이하의 경우에 별도로 지정하지 않는 한 120분의 1 이내이어야 한다.

④ 처마홈통의 이음부는 겹침 부분이 최소 25mm 이상 겹치도록 제작하고, 연결철물은 최대 60mm 이하의 간격으로 설치·고정한다.

⑤ 선홈통은 최장 길이 3,000mm 이하로 제작·설치한다.

오답체크
① 지붕의 물매가 6분의 1 이하인 지붕을 평지붕이라고 한다.
② 평잇기 금속지붕의 물매는 2분의 1 이상이어야 한다.
③ 지붕 하부 데크의 처짐은 경사가 50분의 1 이상의 경우에 별도로 지정하지 않는 한 240분의 1 이내이어야 한다.
④ 처마홈통의 이음부는 겹침 부분이 최소 30mm 이상 겹치도록 제작하고, 연결철물은 최대 50mm 이하의 간격으로 설치·고정한다.

기본서 p.224~226

정답 ⑤

09 지붕구조의 물매에 관한 설명으로 옳지 않은 것은?

① 지붕면적이 클수록 물매는 크게 한다.

② 지붕재료의 크기가 작을수록 물매는 크게 한다.

③ 강우량과 적설량이 많은 지방에서는 물매를 크게 한다.

④ 수평거리와 수직거리가 같은 물매를 된물매라고 한다.

⑤ 물매는 직각삼각형에서 수평거리 10에 대한 수직높이의 비로 표시할 수 있다.

10 지붕의 물매를 크게(된물매) 하여야 할 요소가 아닌 것은?

① 지붕의 크기가 클수록
② 지붕 재료의 크기가 작을수록
③ 강우량, 적설량이 많을수록
④ 지붕의 열전도율이 작을수록
⑤ 지붕 재료의 내수성이 작을수록

고난도

11 지붕의 물매기준으로 옳지 않은 것은?

제21회

① 설계도면에 별도로 지정하지 않은 경우: 50분의 1 이상
② 금속기와지붕: 2분의 1 이상
③ 아스팔트싱글지붕(강풍 이외 지역): 3분의 1 이상
④ 일반적인 금속판 및 금속패널지붕: 4분의 1 이상
⑤ 합성고분자시트지붕: 50분의 1 이상

정답 및 해설

09 ④ 수평거리와 수직거리가 같은 물매를 되물매라고 한다.

10 ④ 지붕의 물매는 재료의 크기, 재료의 성질과 모양, 강우량이나 적설량, 지붕의 크기 등과 관계가 있으며, 지붕의 열전도율과는 관계가 없다.

11 ② 지붕공사의 처짐과 경사

- 지붕 하부구조의 처짐은 경사가 50분의 1 이하의 경우 별도의 지정이 없는 한 240분의 1 이내이어야 한다.
- 지붕의 경사는 설계도면에 정한 바가 없으면 50분의 1 이상으로 한다.
- 재료별 최소경사

구분	최소경사
평잇기 금속지붕	2분의 1 이상
기와지붕 및 아스팔트싱글지붕	3분의 1 이상(강풍지역은 3분의 1 미만 가능)
금속기와지붕, 금속판지붕, 금속절판지붕	4분의 1 이상
합성고분자시트지붕, 아스팔트지붕	50분의 1 이상

제7장 방수 및 방습공사

대표예제 26 재료에 따른 방수 ★★

방수공법에 관한 설명으로 옳지 않은 것은? 제25회

① 시멘트액체방수는 모체에 균열이 발생하여도 방수층 손상이 효과적으로 방지된다.
② 아스팔트방수는 방수층 보호를 위해 보호누름 처리가 필요하다.
③ 도막방수는 도료상의 방수재를 여러 번 발라 방수막을 형성하는 방식이다.
④ 바깥방수는 수압이 강하고 깊은 지하실 방수에 사용된다.
⑤ 실링방수는 접합부, 줄눈, 균열부위 등에 적용하는 방식이다.

해설 | 시멘트액체방수는 모체에 균열이 발생하면 방수성능이 떨어지므로 보완 후 다음 공정을 진행한다.

기본서 p.241~254 정답 ①

01 아스팔트방수와 비교한 시멘트액체방수의 특성에 관한 설명으로 옳지 않은 것은? 제26회

① 방수층의 신축성이 작다.
② 결함부의 발견이 어렵다.
③ 공사비가 비교적 저렴하다.
④ 시공에 소요되는 시간이 짧다.
⑤ 균열의 발생빈도가 높다.

02 아스팔트방수공사의 시공순서로 옳은 것은? 제22회

㉠ 바탕면 처리 및 청소 ㉡ 아스팔트 바르기
㉢ 아스팔트 프라이머 바르기 ㉣ 아스팔트 방수지 붙이기
㉤ 방수층 누름

① ㉠ – ㉡ – ㉢ – ㉣ – ㉤
② ㉠ – ㉡ – ㉣ – ㉢ – ㉤
③ ㉠ – ㉢ – ㉡ – ㉣ – ㉤
④ ㉠ – ㉢ – ㉣ – ㉡ – ㉤
⑤ ㉠ – ㉣ – ㉡ – ㉢ – ㉤

정답 및 해설

01 ② 결함부의 발견이 쉽다.

▶ 아스팔트방수와 시멘트액체방수의 비교

구분	아스팔트방수	시멘트액체방수
방수의 수명	비교적 수명이 길다.	비교적 수명이 짧다.
외기에 의한 영향	적다(둔감적)	크다(직감적)
방수층의 신축성	크다	거의 없다.
균열발생 정도	비교적 안 생긴다.	잘 생긴다.
시공용이도	번거롭다	용이하다
공사기간	길다	짧다
공사비 · 보수비	비싸다	싸다
보호누름	반드시 필요하다.	안 해도 무방하다.
모체(母體)상태	모체가 나빠도 시공이 가능하다.	모체가 나쁘면 시공이 곤란하다.
결함부 발견	용이하지 않다.	용이하다
보수범위	광범위하고 보호누름도 재시공	국부적으로 보수할 수 있다.
바탕처리	완전건조	보통건조

02 ③ 아스팔트방수공사는 '바탕면 처리 및 청소 ⇨ 아스팔트 프라이머 바르기 ⇨ 아스팔트 바르기 ⇨ 아스팔트 방수지 붙이기 ⇨ 방수층 누름' 순으로 시공한다.

03 건축물의 방수공법에 관한 설명으로 옳지 않은 것은? 제21회

① 아스팔트방수: 아스팔트 펠트 및 루핑 등을 용융아스팔트로 여러 겹 적층하여 방수층을 형성하는 공법이다.
② 합성고분자 시트방수: 신장력과 내후성, 접착성이 우수하며, 여러 겹 적층하여 방수층을 형성하는 공법이다.
③ 아크릴고무계 도막방수: 방수제에 포함된 수분의 증발 및 건조에 의해 도막을 형성하는 공법이다.
④ 시트도막 복합방수: 기존 시트 또는 도막을 이용한 단층 방수공법의 단점을 보완한 복층 방수공법이다.
⑤ 시멘트액체방수: 시공이 용이하며 경제적이지만 방수층 자체에 균열이 생기기 쉽기 때문에 건조수축이 심한 노출환경에서는 사용을 피한다.

04 시멘트액체방수에 관한 설명으로 옳지 않은 것은? 제18회

① 치켜올림 부위에는 미리 방수시멘트 페이스트를 바르고, 그 위로 100mm 이상의 겹침폭을 두고 평면부와 치켜올림부를 바른다.
② 한랭 시공시 방수층의 동해를 방지할 목적으로 방동제를 사용한다.
③ 공기단축을 위한 경화를 촉진시킬 목적으로 지수제를 사용한다.
④ 방수층을 시공한 후 부착강도를 측정한다.
⑤ 바탕의 균열부 충전을 목적으로 KS F 4910에 따른 실링재를 사용한다,

05 방수공사에 관한 설명으로 옳지 않은 것은?

① 보행용 시트방수는 상부 보호층이 필요하다.
② 벤토나이트방수는 지하외벽방수 등에 사용된다.
③ 아스팔트방수는 결함부 발견이 어렵고, 작업시 악취가 발생한다.
④ 시멘트액체방수는 모재 콘크리트의 균열 발생시에도 방수성능이 우수하다.
⑤ 도막방수는 도료상의 방수재를 바탕면에 여러 번 칠해 방수막을 만드는 공법이다.

06 **건축물의 방수공법에 관한 설명으로 옳지 않은 것은?** 제19회

① 시멘트 모르타르방수는 가격이 저렴하고 습윤바탕에 시공이 가능하다.
② 아스팔트방수는 여러 층의 방수재를 적층 시공하여 하자를 감소시킬 수 있다.
③ 시트방수는 바탕의 균열에 대한 저항성이 약하다.
④ 도막방수는 복잡한 형상에서 시공이 용이하다.
⑤ 복합방수는 시트재와 도막재를 복합적으로 사용하여 단일방수재의 단점을 보완한 공법이다.

07 **아스팔트방수공사에 관한 설명 중 옳지 않은 것은?**

① 아스파트의 용융 중에는 최소한 30분에 1회 정도로 온도를 측정하며, 접착력 저하 방지를 위하여 200℃ 이하가 되지 않도록 한다.
② 한랭지에서 사용되는 아스팔트는 침입도 지수가 작은 것이 좋다.
③ 지붕 방수에는 침입도가 크고 연화점이 높은 것을 사용한다.
④ 아스팔트 용융 솥은 가능한 한 시공장소와 근접한 곳에 설치한다.
⑤ 기온이 0℃ 이하일 때 또는 우중에는 작업을 중지한다.

정답 및 해설

03 ② 합성고분자 시트방수는 신장력과 내후성, 접착성이 우수하며, 1장 적층하여 방수층을 형성하는 공법이다.
04 ③ 공기단축을 위한 경화를 촉진시킬 목적으로 경화촉진제를 사용하고, 지수제는 물을 차단할 때 사용한다.
05 ④ 시멘트액체방수는 모재 콘크리트의 균열 발생시에 방수를 하면 방수성능이 떨어지므로, 균열 완료 후 보수한 다음에 방수작업을 행하여야 한다.
06 ③ 시트방수는 바탕의 균열에 대한 저항성이 강하다.
07 ② 한랭지에서 사용되는 아스팔트일수록 침입도 지수가 큰 것이 좋다.
▶ 온난지: 10~20, 보통: 15, 한랭지: 20~30

08 **실링방수공사에서 시공을 중지해야 하는 경우에 해당하지 않는 것은?**

① 기온이 2°C인 경우
② 기온이 33°C인 경우
③ 습도가 80%인 경우
④ 구성부재의 표면온도가 55°C인 경우
⑤ 강우 후 피착제가 아직 건조되지 않은 경우

09 **방수공사에 관한 다음 기술 중 옳은 것은?**

① 구조 가스켓(gasket)은 건(gun) 형태의 도구로 유리 사이에 시공하는 자재이며, 정형과 부정형으로 나뉜다.
② 이음부의 움직임이 큰 신축이음부(expansion joint)는 2면 접착한다.
③ 아스팔트 펠트의 겹치기는 직교형이 일반적이고, 평행 겹치기로 하는 것이 가장 유리하다.
④ 에폭시계 도막방수는 도막이 단단하고 방수력이 크며 내약품성, 내마모성이 우수하고 신축성이 좋아 균열방지에 효과가 크다.
⑤ 접착공법은 일반 평탄부에서의 시트 부착 후 모서리부, 옥상 시설물 기초, 조인트부 등 특수한 부위를 세심하게 보강시트를 붙인다.

10 **시트방수공법의 특징에 관한 설명으로 옳지 않은 것은?** 제15회

① 상온시공이 용이하다.
② 아스팔트방수보다 공사기간이 짧다.
③ 바탕돌기에 의한 시트의 손상이 우려된다.
④ 아스팔트방수보다 바탕균열 저항성이 작고 경제적이다.
⑤ 열을 사용하지 않는 시공이 가능하다.

11 **방수공법에 관한 설명으로 옳지 않은 것은?** 제20회

① 도막방수란 액상형 방수재료를 콘크리트 바탕에 바르거나 뿜칠하여 방수층을 형성하는 공법이다.

② 시멘트액체방수공사에서 방수 모르타르 바탕면은 최대한 매끄럽게 처리해야 한다.

③ 아스팔트 옥상방수에는 지하실 방수보다 연화점이 높은 아스팔트를 사용한다.

④ 아스팔트방수는 보호누름이 필요하다.

⑤ 아스팔트방수는 시멘트액체방수보다 방수층의 신축성이 크다.

정답 및 해설

08 ③ 실링방수시 시공 중단사유
- 기온이 5℃ 이하 또는 30℃ 이상인 경우에는 시공을 중지한다.
- 습도가 85% 이상인 경우에는 시공을 중지한다.
- 구성부재의 표면온도가 50℃ 이상인 경우에는 시공을 중지한다.
- 강우 · 강설시 혹은 강우 · 강설이 예상될 경우, 또는 강우 · 강설 후 피착제가 아직 건조되지 않은 경우에는 시공해서는 안 된다.
- 필요에 따라 환기 · 조명설비를 갖춘다.

09 ② ① 구조 가스켓(gasket)은 건(gun) 형태의 도구로 유리 사이에 시공하는 자재이며 정형이다.
③ 아스팔트 펠트의 겹치기는 평행 겹치기가 일반적이고, 직교형 겹치기로 하는 것이 가장 유리하다.
④ 에폭시계 도막방수는 신축성이 없고 균열방지에 효과가 없다.
⑤ 모서리부, 옥상 시설물 기초, 조인트부 등 특수한 부위에 먼저 세심하게 보강시트를 붙인 후 평탄부에 시트를 부착한다.

10 ④ 시트방수는 신축성이 매우 커서 균열에 유리하다.

11 ② 시멘트액체방수공사에서 방수 모르타르 바탕면은 최대한 거칠게 처리해야 한다.

12 아스팔트방수에 관한 설명으로 옳지 않은 것은?

① 루핑은 원칙적으로 물흐름을 고려하여 물매의 아래쪽으로부터 위를 향해 붙이고, 또한 상하층의 겹침위치가 동일하지 않도록 붙인다. 어쩔 수 없이 물매의 위쪽에서 아래로 붙일 경우에는 루핑의 겹침폭을 150mm로 한다.
② 아스팔트 프라이머의 건조시간은 8시간 이내로 한다.
③ 감온성(感溫性)이라 함은 아스팔트의 딱딱한 정도가 온도 변화에 따라 변하는 성질을 말하며, 감온성을 나타내는 수치로는 침입도 지수가 실질적으로 중요시된다.
④ 방수바탕 콘크리트 표면은 균열에 의한 결함방지를 위해 습윤상태를 유지한다.
⑤ 아스팔트방수는 외기에 대한 영향에 둔감하며, 시멘트액체방수는 외기에 대한 영향이 직접적인 방수법이다.

13 아스팔트방수공사에서 루핑 붙임에 관한 설명으로 옳지 않은 것은? 제17회

① 일반 평면부의 루핑 붙임은 흘려붙임으로 한다.
② 루핑의 겹침폭은 길이 및 폭 방향 100mm 정도로 한다.
③ 볼록, 오목 모서리 부분은 일반 평면부의 루핑을 붙이기 전에 폭 300mm 정도의 스트레치 루핑을 사용하여 균등하게 덧붙임한다.
④ 루핑은 원칙적으로 물흐름을 고려하여 물매의 위쪽에서부터 아래쪽을 향해 붙인다.
⑤ 치켜올림부의 루핑은 각층 루핑의 끝이 같은 위치에 오도록 하여 붙인 후, 방수층의 상단 끝부분을 누름철물로 고정하고 고무아스팔트계 실링재로 처리한다.

14 방수공사에 대한 설명으로 옳지 않은 것은?

① 침투성 방수는 콘크리트 구조체가 밀실할수록 효과가 높다.
② 아스팔트방수 냉공법이란 저온(2°C 이하)에서 시공이 용이한 동절기 방수공법이다.
③ 폴리머 방수제는 시멘트 경화제와 골재를 견고하게 결합시킨다.
④ 무기질 탄성도막방수는 시멘트계 바탕면과의 접착성이 좋고 통기성이 있다.
⑤ 2액형 도막방수제는 시공 중 점도조절을 목적으로 용제를 첨가하여서는 안 된다.

15 아스팔트방수를 모르타르방수와 비교한 경우의 설명으로 옳지 않은 것은?

① 신더 콘크리트 등으로 보호할 필요가 있다.
② 시공에 시간이 걸린다.
③ 보수시 불량 개소의 발견이 용이하다.
④ 공사비가 많이 든다.
⑤ 균열이 비교적 안 생긴다.

16 시멘트 모르타르계 방수공사에 관한 설명으로 옳지 않은 것은?

① 지붕 슬래브, 실내 바닥 등의 방수바탕은 100분의 1~50분의 1의 물매로 한다.
② 양생시 재령 초기에는 충격 및 진동 등의 영향을 주지 않도록 한다.
③ 바탕처리에 있어서 오목모서리는 직각으로 면처리하고, 볼록모서리는 완만하게 면처리한다.
④ 물은 청정하고 유해 함유량의 염분, 철분, 이온 및 유기물 등이 포함되지 않은 깨끗한 물을 사용한다.
⑤ 곰보, 콜드조인트, 이음타설부, 균열 등의 부위는 방수층 시공 후에 실링재 등으로 방수처리를 한다.

정답 및 해설

12 ④ 방수바탕 콘크리트 표면은 균열에 의한 결함방지를 위해 완전건조상태를 유지한다.
13 ④ 루핑은 원칙적으로 물흐름을 고려하여 물매의 아래쪽에서부터 위쪽을 향해 붙인다.
14 ② 아스팔트방수 냉공법(상온공법)이란 자기 접착성 시트를 이용해 붙이거나 토치버너로 가열하여 연화 후 압착하는 공법이다. 저온에서의 시공용이도와는 관련이 없다.
15 ③ 아스팔트방수는 보수시 불량 개소의 발견이 용이하지 않다.
16 ⑤ 곰보, 콜드조인트, 이음타설부, 균열 등의 부위는 방수층 시공 전에 실링재 등으로 방수처리를 한다.

17 아스팔트 시트의 특성으로 옳지 않은 것은?

① 제품 규격화로 두께가 균일하다.
② 시공이 신속하고 공기를 단축할 수 있다.
③ 상온에서 시공하므로 위험도가 낮다.
④ 신축성이 있어 균열에 유리하다.
⑤ 열을 가공하는 처리로 화재에 유념하여야 한다.

18 실링공사의 재료에 관한 설명 중 옳지 않은 것은?

① 개스킷은 콘크리트의 균열 부위를 충전하기 위하여 사용하는 부정형 재료이다.
② 프라이머는 접착면과 실링재와의 접착성을 좋게 하기 위하여 도포하는 바탕처리 재료이다.
③ 백업재는 소정의 줄눈깊이를 확보하기 위하여 줄눈 속을 채우는 재료이다.
④ 마스킹 테이프는 시공 중에 실링재 충전개소 이외의 오염을 방지하고 줄눈선을 깨끗이 마무리하기 위한 보호 테이프이다.
⑤ 본드브레이커는 실링재가 접착되지 않도록 줄눈 속에 붙이는 테이프이다.

19 옥상 방수층 누름콘크리트 부위에 설치하는 신축줄눈에 대한 설명으로 틀린 것은?

① 온도에 의한 콘크리트의 수축 및 팽창에 대비하여 일정간격으로 설치한다.
② 일반적으로 3～5m 간격으로 줄눈을 설치한다.
③ 방수층 누름콘크리트가 분리되도록 설치한다.
④ 줄눈재 고정을 위해 부배합의 시멘트 모르타르를 사용한다.
⑤ 누름콘크리트의 거동에 의한 방수층 손상방지를 위해 절연필름을 설치한다.

20 **방수층의 종류에 속하지 않는 것은?** 제18회

① 아스팔트 방수층
② 개량아스팔트 시트 방수층
③ 합성고분자 시트 방수층
④ 도막 방수층
⑤ 오일스테인 방수층

21 **개량아스팔트 시트방수의 시공순서로 옳은 것은?** 제25회

㉠ 보호 및 마감
㉡ 특수부위 처리
㉢ 프라이머 도포
㉣ 바탕처리
㉤ 개량아스팔트 시트 붙이기

① ㉣ ⇨ ㉠ ⇨ ㉤ ⇨ ㉡ ⇨ ㉢
② ㉣ ⇨ ㉡ ⇨ ㉠ ⇨ ㉢ ⇨ ㉤
③ ㉣ ⇨ ㉡ ⇨ ㉢ ⇨ ㉤ ⇨ ㉠
④ ㉣ ⇨ ㉢ ⇨ ㉡ ⇨ ㉠ ⇨ ㉤
⑤ ㉣ ⇨ ㉢ ⇨ ㉤ ⇨ ㉡ ⇨ ㉠

제1편 건축구조

제7장

정답 및 해설

17 ⑤ 아스팔트 시트는 일정한 두께로 롤(roll) 형태로 감아 만든 공장제품으로, 이미 공장에서 가열처리하였기 때문에 방수작업시 아스팔트를 고온으로 녹여 작업하지 않아 화재에 비교적 안전하다.

18 ① 개스킷은 미리 성형된 정형 제품으로 창유리 등의 끼우기 재료에 사용된다.

19 ④ 줄눈재 고정을 위하여 콘크리트 못 또는 에폭시 수지 접착제를 사용한다.

20 ⑤ 오일스테인은 목재 착색제이다.

21 ⑤ 개량아스팔트 시트방수는 '바탕처리 ⇨ 프라이머 도포 ⇨ 개량아스팔트 시트 붙이기 ⇨ 특수부위 처리 ⇨ 보호 및 마감' 순으로 시공한다.

22 개량아스팔트 시트방수공사에 관한 설명으로 옳지 않은 것은?

① 아스팔트방수 대체용으로 시트 1장을 사용한다.
② 개량아스팔트 시트의 상호 겹침폭은 길이방향 100mm 정도, 폭방향 100mm 이상으로 하고, 물매의 아래쪽 시트가 아래로 가도록 접합시킨다.
③ 개량아스팔트 시트의 치켜올림 끝부분은 누름철물을 이용하여 고정하고 실링재로 처리한다.
④ 드레인 주변에는 500mm 정도의 덧붙임용 시트를 사용한다.
⑤ 오목모서리와 볼록모서리의 부분은 일반 평면부에서의 개량아스팔트 붙이기 정도의 시트로 처리한다.

대표예제 27 시공장소에 따른 방수 ★★

지하실 바깥방수공법과 비교하여 안방수공법에 관한 설명으로 옳지 않은 것은? 제24회

① 수압이 크고 깊은 지하실에 적합하다.
② 공사시기가 자유롭다.
③ 공사비가 저렴하다.
④ 시공성이 용이하다.
⑤ 보호누름이 필요하다.

해설 | 수압이 작은 지하실에 적합하다.
보충 | 바깥방수와 안방수의 비교

구분	바깥방수	안방수
사용장소	수압이 큰 곳에 적당하다.	수압이 작은 지하실에 적당하다.
공사시기	본공사에 선행하여 실시한다. • 밑창콘크리트 시공 후(바닥면 시공 전) • 외벽 시공 후 흙 되메우기 전	자유롭게 선택할 수 있다.
공사의 용이성	어렵다	간단하다
경제성	비싸다	저렴하다
공사순서	복잡하다	간단하다
내수압 처리	내수압적이다	수압에 견디기 곤란하다.
보호누름	불필요하다	필요하다
방수층 수리	불가능하다	가능하다

기본서 p.254~257

정답 ①

종합

23 방수공사에 관한 설명으로 옳은 것은? 제26회

① 기상조건은 방수층의 품질 및 성능에 큰 영향을 미치지 않는다.
② 안방수공법은 수압이 크고 깊은 지하실 방수공사에 적합하다.
③ 도막방수공법은 이음매가 있어 일체성이 좋지 않다.
④ 아스팔트 프라이머는 방수층과 바탕면의 부착력을 증대시키는 역할을 한다.
⑤ 아스팔트방수는 보호누름이 필요하지 않다.

24 지하실 바깥방수의 실시시기로 가장 알맞은 때는?

① 기초 거푸집을 설치한 후
② 기초파기 및 말뚝지정이 완성된 후
③ 기초 철근을 배근한 후
④ 밑창콘크리트를 타설한 후
⑤ 기초 거푸집을 제거한 후

정답 및 해설

22 ⑤ 오목모서리와 볼록모서리의 부분은 일반 평면부에서의 개량아스팔트 붙이기에 앞서 폭 200mm 정도의 덧붙임용 시트로 처리한다.

▶ 개량아스팔트 시트방수공사
- 아스팔트방수 대체용으로 시트 1장을 사용한다.
- 개량아스팔트 시트의 상호 겹침폭은 길이방향으로 100mm 정도, 폭방향으로는 100mm 이상으로 하고, 물매의 아래쪽 시트가 아래로 가도록 접합시킨다.
- 개량아스팔트 시트의 치켜올림 끝부분은 누름철물을 이용하여 고정하고 실링재로 처리한다.
- 개량아스팔트 시트 붙이기는 토치로 개량아스팔트 시트의 뒷면과 바탕을 균일하게 가열하여 개량아스팔트를 용융시키면서 잘 밀착시키는 방법을 표준으로 한다.
- 오목모서리와 볼록모서리의 부분은 일반 평면부에서의 개량아스팔트 붙이기에 앞서 폭 200mm 정도의 덧붙임용 시트로 처리한다.
- 드레인 주변에는 500mm 정도의 덧붙임용 시트를 사용한다.
- 지하 외벽 및 수영장 등의 벽면에서의 개량아스팔트 붙이기는 미리 개량아스팔트 시트를 2m 정도로 재단하여 시공한다. 높이가 2m 이상인 벽은 같은 작업을 반복한다.

23 ④ ① 기상조건은 방수층의 품질 및 성능에 큰 영향을 미친다.
② 바깥방수공법은 수압이 크고 깊은 지하실 방수공사에 적합하다.
③ 도막방수공법은 이음매가 없어 일체성이 좋다.
⑤ 아스팔트방수는 보호누름이 필요하다.

24 ④ 지하실 바깥방수는 먼저 밑창콘크리트 위에 방수층을 시공한 다음 기초바닥 등을 축조해야 한다.

대표예제 28 방습공사★★

신축성 시트계 방습자재가 아닌 것은? 제23회

① 비닐 필름 방습지 ② 폴리에틸렌 방습층
③ 방습층 테이프 ④ 아스팔트 필름 방습층
⑤ 교착성이 있는 플라스틱 아스팔트 방습층

해설 | 방습공법의 유형

구분	세부유형
박판 시트계 방습자재	• 종이 적층 방습자재 • 적층된 플라스틱 또는 종이 방습자재 • 펠트, 아스팔트 필름 방습층 • 플라스틱 금속박 방습자재 • 금속박과 종이로 된 방습자재 • 금속박과 비닐직물로 된 방습자재 • 금속과 크라프트지로 된 방습자재 • 보강된 플라스틱 필름 형태의 방습자재
신축성 시트계 방습자재	• 비닐필름 방습지 • 폴리에틸렌 방습층 • 교착성이 있는 플라스틱 아스팔트 방습층 • 방습층 테이프
아스팔트계 방습자재	–
시멘트 모르타르계 방습자재	–

기본서 p.258~259 정답 ④

25 방습공사에 관한 설명으로 옳지 않은 것은? 제22회

① 방수모르타르의 바름두께 및 횟수는 정한 바가 없을 때 두께 15mm 내외의 1회 바름으로 한다.
② 방습공사 시공법에는 박판 시트계, 아스팔트계, 시멘트 모르타르계, 신축성 시트계 등이 있다.
③ 아스팔트 펠트, 비닐지의 이음은 100mm 이상 겹치고 필요할 때는 접착제로 접착한다.
④ 방습도포는 첫 번째 도포층을 12시간 동안 양생한 후에 반복해야 한다.
⑤ 콘크리트, 블록, 벽돌 등의 벽체가 지면에 접하는 곳은 지상 100~200mm 내외 위에 수평으로 방습층을 설치한다.

26 방습공사에 관한 설명으로 옳지 않은 것은?

① 방습층에 방수모르타르 바름을 할 경우, 바름두께 및 횟수는 정한 바가 없을 때 두께 15mm 내외의 1회 바름으로 한다.

② 신축성 시트계 방습재료에는 비닐필름 방습지, 플라스틱 금속박 방습재료, 폴리에틸렌 방습층 등이 있다.

③ 방습재료의 품질기준을 정하는 항목에서 강도는 23℃에서 15N 이상이고 발화하지 않아야 한다.

④ 아스팔트계 방습공사에서 수직 방습공사의 밑부분이 수평과 만나는 곳에서 밑변 50mm, 높이 50mm 크기의 경사끼움 스트립을 설치한다.

⑤ 콘크리트 다짐바닥, 벽돌깔기 등의 바닥면에 방습층을 둘 때에는 잡석다짐 또는 모래다짐 위에 아스팔트 펠트나 비닐지를 깔고 그 위에 콘크리트 또는 벽돌깔기를 한다.

27 방습공사에 관한 설명으로 옳지 않은 것은?

① 방습공사 재료에는 박판 시트계, 아스팔트계, 시멘트 모르타르계, 신축성 시트계 등이 있다.

② 콘크리트, 블록, 벽돌 등의 벽체가 지면에 접하는 곳은 지상 100~200mm 정도 위에 수평으로 방습층을 설치한다.

③ 아스팔트 펠트, 아스팔트 루핑 등의 방습층 공사에서 아스팔트 펠트, 아스팔트 루핑 등의 너비는 벽체 등의 두께보다 15mm 내외로 좁게 하고 직선으로 잘라 쓴다.

④ 방습층을 모르타르로 시공할 경우 바탕면을 충분히 물씻기 청소하고, 시멘트액체방수공법에 준하여 시공한다.

⑤ 콘크리트 다짐바닥, 벽돌깔기 등의 바닥면에 방습층을 둘 때에 사용되는 아스팔트 펠트, 비닐지의 이음은 50mm 이상 겹치고, 필요할 때는 접착제로 접착한다.

정답 및 해설

25 ④ 방습도포는 첫 번째 도포층을 24시간 동안 양생한 후에 반복해야 한다.

26 ② 신축성 시트계 방습재료에는 비닐필름 방습지, 교착성이 있는 플라스틱 아스팔트 방습층, 폴리에틸렌 방습층, 방습층 테이프 등이 있다. 플라스틱 금속박 방습재료는 박판 시트계 방습재료이다.

27 ⑤ 방수지의 겹침이음은 100mm 이상으로 한다.

28 **각종 방습층에 적용되는 공법을 설명한 것 중 옳지 않은 것은?**

① 아스팔트 펠트, 아스팔트 루핑 등의 방습층은 밑바탕 면을 경사지고 거칠게 바르고 아스팔트로 교착하여 댄다.

② 비닐지의 방습층은 지정하는 품질과 두께가 있는 재료로 시공하고, 교착제는 동종의 비닐수지계 교착제 또는 아스팔트를 사용한다.

③ 아스팔트계 방습공사에서 외벽 표면의 가열아스팔트 방습은 보통 지표면 아래 구조벽에 사용되고, 바탕면에 거품이 생길 경우에는 가열아스팔트를 사용하지 않는다.

④ 아스팔트 펠트, 아스펠트 루핑 등의 방습층에서 아스팔트 펠트나 루핑 등의 이음은 100mm 이상 겹쳐 아스팔트로 교착한다.

⑤ 금속판의 방습층은 지정하는 품질과 두께가 있는 재료로 시공하고, 이음은 거멀접기 납땜을 하거나 겹치고 수밀도장 또는 수밀교착법으로 한다.

정답 및 해설

28 ① 아스팔트 펠트, 아스팔트 루핑 등의 방습층은 밑바탕 면을 수평지게 평탄히 바르고 아스팔트로 교착하여 댄다.

제8장 미장 및 타일공사

대표예제 29 **미장공사★★★**

미장공사에 관한 설명으로 옳지 않은 것은? 제26회

① 미장재료에는 진흙질이나 석회질의 기경성 재료와 석고질과 시멘트질의 수경성 재료가 있다.
② 석고 플라스터는 시멘트, 소석회, 돌로마이트 플라스터 등과 혼합하여 사용하면 안 된다.
③ 스터코(stucco) 바름이란 소석회에 대리석가루 등을 섞어 흙손 바름 성형이 가능한 외벽용 미장마감이다.
④ 덧먹임이란 작업면의 종석이 빠져나간 자리를 메우기 위해 반죽한 것을 작업면에 발라 채우는 작업이다.
⑤ 단열 모르타르는 외단열이 내단열보다 효과적이다.

해설 | 작업면의 종석이 빠져나간 자리를 메우기 위해 반죽한 것을 작업면에 발라 채우는 작업은 눈먹임이다. 덧먹임은 바르기의 접합부 또는 균열의 틈새, 구멍 등에 반죽된 재료를 밀어 넣어 때워 주는 작업이다.

기본서 p.271~277 정답 ④

01 시멘트 모르타르 미장공사에 관한 설명으로 옳지 않은 것은? 제23회

① 모래의 입도는 바름두께에 지장이 없는 한 큰 것으로 한다.
② 콘크리트 천장 부위의 초벌바름두께는 6mm를 표준으로 하고, 전체 바름두께는 15mm 이하로 한다.
③ 초벌바름 후 충분히 건조시켜 균열을 발생시킨 후 고름질을 하고 재벌바름한다.
④ 재료의 배합은 바탕에 가까운 바름층일수록 빈배합으로 하고, 정벌바름에 가까울수록 부배합으로 한다.
⑤ 바탕면은 적당히 물축이기를 하고, 면을 거칠게 해둔다.

정답 및 해설

01 ④ 재료의 배합은 바탕에 가까운 바름층일수록 부배합으로 하고, 정벌바름에 가까울수록 빈배합으로 한다.

02 미장공사의 품질 요구조건으로 옳지 않은 것은?
제22회

① 마감면이 평편도를 유지해야 한다.
② 필요한 부착강도를 유지해야 한다.
③ 편리한 유지관리성이 보장되어야 한다.
④ 주름이 생기지 않아야 한다.
⑤ 균열의 폭과 간격을 일정하게 유지해야 한다.

03 미장공사에 관한 설명으로 옳지 않은 것을 모두 고른 것은?
제21회

㉠ 미장두께는 각 미장층별 발라 붙인 면적의 평균 바름두께를 말한다.
㉡ 라스 또는 졸대바탕의 마감두께는 바탕먹임을 포함한 바름층 전체의 두께를 말한다.
㉢ 콘크리트바탕 등의 표면 경화 불량은 두께 2mm 이하의 경우 와이어 브러시 등으로 불량부분을 제거한다.
㉣ 외벽의 콘크리트바탕 등 날짜가 오래되어 먼지가 붙어 있는 경우에는 초벌바름작업 전날 물로 청소한다.

① ㉠
② ㉡
③ ㉠, ㉣
④ ㉡, ㉢
⑤ ㉢, ㉣

04 미장공사에서 단열 모르타르 바름에 관한 설명으로 옳지 않은 것은?
제18회

① 보강재로 사용되는 유리섬유는 내알칼리 처리된 제품이어야 한다.
② 초벌바름은 10mm 이하의 두께로, 기포가 생기지 않도록 바른다.
③ 보양기간은 별도의 지정이 없는 경우는 7일 이상 자연건조되도록 한다.
④ 재료의 저장은 바닥에서 150mm 이상 띄워서 수분에 젖지 않도록 보관한다.
⑤ 지붕에 바탕단열층으로 초벌바름할 경우에는 신축줄눈을 설치하지 않는다.

05 미장공사에 대한 설명으로 가장 옳은 것은?

① 시멘트 모르타르는 기경성 재료이며, 바라이트 모르타르는 보온 · 불연용이다.
② 회반죽은 벽면의 균열을 방지하기 위하여 양질의 여물을 사용하며, 초벌바름 후 하루가 지나서 재벌바름을 한다.
③ 회반죽, 돌로마이트 플라스터, 마그네시아 시멘트 등은 팽창성 재료이다.
④ 기경성 재료는 경화과정에 물이 필요한 재료로 시멘트 모르타르, 석고플라스터 등이 있다.
⑤ 시멘트계의 도장바탕은 곰보와 크랙을 보수하고 최소 3주 이상 방치시켜 완전건조 후 도장한다.

06 미장공사에서 바름면의 박락(剝落) 및 균열원인이 아닌 것은? 제19회

① 구조체의 수축 및 변형
② 재료의 불량 및 수축
③ 바름 모르타르에 감수제의 혼입 사용
④ 바탕면 처리불량
⑤ 바름두께 초과 및 미달

정답 및 해설

02 ⑤ 균열의 폭과 간격을 일정하게 유지하는 것은 미장공사의 품질 요구조건에 해당하지 않는다.

03 ② ㉡ 라스 또는 졸대바탕의 마감두께는 바탕먹임을 포함하지 않은 바름층 전체의 두께를 말한다.

04 ⑤ 지붕에 바탕단열층으로 초벌바름할 경우에는 신축줄눈을 설치한다.

05 ⑤ ① 시멘트 모르타르는 수경성 재료이며, 바라이트 모르타르는 방사선 차단용이다(보온 · 불연용 - 석면 모르타르).
② 회반죽은 벽면의 균열을 방지하기 위하여 양질의 여물을 사용하며, 초벌바름 후 약 2주 경과 후 재벌바름을 한다.
③ 회반죽, 돌로마이트 플라스터, 마그네시아 시멘트 등은 수축성(기경성) 재료이다.
④ 수경성 재료는 경화과정에 물이 필요한 재료로 시멘트 모르타르, 석고 플라스터 등이 있다.

06 ③ 바름 모르타르에 감수제를 혼입하여 사용하는 것은 균열을 대비하기 위한 방법으로, 물의 사용량을 감소시키고 건조수축을 줄여 박락(剝落) 및 균열을 방지한다.

07 시멘트 모르타르 바름의 일반적인 시공순서로 옳은 것은?

㉠ 바탕처리 및 청소	㉡ 재벌바름
㉢ 정벌바름	㉣ 재료비빔
㉤ 초벌바름 및 라스먹임	㉥ 고름질
㉦ 보양	㉧ 마무리

① ㉠ - ㉣ - ㉤ - ㉥ - ㉡ - ㉢ - ㉧ - ㉦
② ㉠ - ㉣ - ㉥ - ㉤ - ㉡ - ㉢ - ㉦ - ㉧
③ ㉠ - ㉥ - ㉣ - ㉤ - ㉡ - ㉢ - ㉦ - ㉧
④ ㉣ - ㉠ - ㉤ - ㉡ - ㉥ - ㉢ - ㉧ - ㉦
⑤ ㉣ - ㉠ - ㉥ - ㉤ - ㉡ - ㉢ - ㉧ - ㉦

08 수경성 미장재료로 옳은 것을 모두 고른 것은? 제20회

㉠ 돌로마이트 플라스터	㉡ 순석고 플라스터
㉢ 경석고 플라스터	㉣ 소석회
㉤ 시멘트 모르타르	

① ㉠, ㉡, ㉢ ② ㉠, ㉡, ㉣
③ ㉠, ㉣, ㉤ ④ ㉡, ㉢, ㉤
⑤ ㉢, ㉣, ㉤

09 목조, 철골조 등의 벽, 천장에 모르타르바탕이 되어 부착이 잘되게 하며 미장재의 균열을 방지할 수 있는 금속재료를 모두 고른 것은?

㉠ 메탈라스	㉡ 와이어라스
㉢ 익스팬디드메탈	㉣ 펀칭메탈

① ㉠, ㉡ ② ㉠, ㉡, ㉢
③ ㉠, ㉡, ㉢, ㉣ ④ ㉠, ㉡, ㉣
⑤ ㉠, ㉢, ㉣

10 단열 모르타르 바름에 관한 설명으로 옳지 않은 것은?

① 단열 모르타르에 유리섬유, 부직포 등의 보강재를 사용할 경우, 유리섬유는 내알칼리 처리된 제품이어야 하며, 부직포는 난연 처리된 제품이어야 한다.

② 단열 모르타르는 적절한 열전도율, 부착강도 및 내화성 또는 난연성이 있는 재료로서, 외부마감용의 경우는 내수성 및 내후성이 있는 것으로 한다.

③ 단열 모르타르용 골재는 펄라이트, 석회성, 화성암 등을 고온에서 발포시킨 무기질 또는 유기질의 경량인공골재로 한다.

④ 건축물의 바닥, 벽, 천장 및 지붕 등의 열손실 방지를 목적으로 외벽, 지붕, 지하층 바닥면의 안 또는 밖에 경량골재를 주재료로 하여 만든 단열 모르타르를 바탕 또는 마감재로 흙손바름, 뿜칠 등에 의하여 미장하는 공사에 적용한다.

⑤ 바름두께는 별도의 시방이 없는 한 1회에 10mm 이하로 하고, 총바름두께는 24mm 이상으로 한다.

제1편 건축구조

제8장

정답 및 해설

07 ① 시멘트 모르타르 바름은 '바탕처리 및 청소 ⇨ 재료비빔 ⇨ 초벌바름 및 라스먹임 ⇨ 고름질 ⇨ 재벌바름 ⇨ 정벌바름 ⇨ 마무리 ⇨ 보양' 순으로 시공한다.

08 ④ ㉡㉢㉤은 수경성 미장재료이다.

09 ② 미장재의 균열을 방지하는 철물은 메탈라스, 와이어라스, 익스팬디드메탈이다.

10 ⑤ 바름두께는 별도의 시방이 없는 한 1회 10mm 이하로 하고, 총바름두께는 소요 열관류율을 만족하는 두께로서 공사시방서에 따른다.

11 미장공사에 관한 설명으로 옳지 않은 것은?

① 고름질은 요철이 심할 때 초벌바름 위에 발라 붙여주는 작업이다.
② 마감두께는 손질바름을 포함한 바름층 전체의 바름두께를 말한다.
③ 미장두께는 각 미장층에 발라 붙인 면적의 평균 바름두께를 말한다.
④ 라스먹임은 메탈라스, 와이어라스 등의 바탕에 모르타르 등을 최초로 발라 붙이는 것이다.
⑤ 덧먹임은 바르기 접합부 또는 균열 틈새 등에 반죽된 재료를 밀어넣어 때워 주는 것이다.

12 미장재료 및 시공방법에 대한 설명으로 옳지 않은 것은?

① 콘크리트는 충분히 건조시킨 후 바탕을 잘 청소하고 물축이기를 한 뒤 미장공사를 한다.
② 바탕을 거칠게 하고 모르타르를 한번에 두껍게 발라 접착력을 높이는 것이 좋다.
③ 벽, 기둥 등의 모서리를 보호하기 위하여 보호용 철물인 코너비드를 사용한다.
④ 실내미장은 '천장 – 벽 – 바닥'의 순서로 하고, 실외미장은 '옥상난간 – 지상층'의 순서로 한다.
⑤ 석고 플라스터는 회반죽에 비하여 경화가 빠르고 단단하다.

13 미장공사 중 모르타르 바름의 균열이나 들뜸현상의 방지대책으로 가장 옳은 것은?

① 줄눈대나 혼화제를 사용한다.
② 통풍을 좋게 하여 빨리 건조시킨다.
③ 되도록 가는 모래를 사용한다.
④ 부배합의 모르타르를 사용한다.
⑤ 두껍게 한번에 끝낸다.

14 미장 바탕바름 재료로 옳은 것은?

① 인서트
② 논슬립
③ 코너비드
④ 메탈라스
⑤ 줄눈대

정답 및 해설

11 ② 마감두께는 손질바름을 포함하지 않은 바름층 전체의 바름두께를 말한다.

12 ② 미장공사 시공시 주의사항
- 바탕면은 거칠게 하고 바름면은 평활하게 한다.
- 바름두께는 일정하게 하되 얇게 여러 번 바른다.
- 초벌바름 후 균열이 충분히 진행된 다음 재벌바름을 한다.
- 초벌, 재벌, 정벌 순으로 한다.
- 가는 모래는 균열발생 우려가 있으므로 굵은 모래를 사용한다.
- 시공시 온도는 5℃ 이상에서 하는 것이 좋다.
- 바름면은 서서히 건조시킨다.
- 미장공사는 위에서 아래로 한다(외벽은 옥상난간에서 지층으로 하고, 실내는 '천장 – 벽 – 바닥' 순으로 한다).
- 계단, 디딤판 끝부분의 보강 및 미끄럼 방지를 위해 논슬립을 댄다.
- 벽, 기둥 등의 모서리를 보호하기 위하여 미장바르기를 할 때 보호용 철물인 코너비드(coner bead)를 사용하고, 미장바탕용 철물로는 메탈라스(metal lath)를 사용한다.
- 초벌, 재벌바름의 모래는 거친 모래를 사용하고 정벌바름은 고운 모래를 사용한다.

13 ① 모르타르 바름의 균열 및 들뜸 방지대책
1. 되도록이면 급격한 건조를 피해야 한다.
2. 되도록이면 굵은 모래를 사용한다.
   - 가는 모래: 마감성 ⇨ 정벌에 사용
   - 굵은 모래: 균열 방지, 강도 증가 ⇨ 초벌 · 재벌에 사용
3. 빈배합의 모르타르를 사용한다.

14 ④ ④ 메탈라스: 얇은 철판에 눈금을 내어 당겨 만든 것으로 벽, 천장 등의 미장공사 바탕에 사용된다.
① 인서트: 행거볼트를 매달기 위한 수장철물로, 콘크리트 바닥판에 미리 묻어 놓는다.
② 논슬립: 계단의 디딤판 끝에 설치하여 미끄럼 방지 및 끝부분을 보강하는 철물이다.
③ 코너비드: 기둥, 벽 등의 모서리에 대어 미장바름을 보호하는 철물이다.
⑤ 줄눈대: 균열방지, 보수용이, 바름구획 등의 목적으로 설치한다.

대표예제 30 타일공사★★

타일공사에 관한 설명으로 옳지 않은 것은? 제26회

① 치장줄눈은 타일 부착 3시간 정도 경과 후 줄눈파기를 실시한다.
② 타일붙임용 모르타르의 배합비는 용적비로 계상한다.
③ 타일제품의 흡수성이 높은 순서는 토기질, 도기질, 석기질, 자기질의 순이다.
④ 타일붙이기는 벽타일, 바닥타일의 순서로 실시한다.
⑤ 모르타르로 부착하는 타일공법의 붙임시간(open time)은 모두 동일하게 관리한다.

해설 | 모르타르로 부착하는 타일공법의 붙임시간(open time)은 각각 다르다.
보충 | 타일공법의 붙임시간(open time)
- 압착붙이기: 15분 이내
- 개량압착붙이기: 30분 이내
- 동시줄눈붙이기(밀착붙임공법): 15분 이내

기본서 p.278~282

정답 ⑤

15 타일공사에 관한 설명으로 옳은 것을 모두 고른 것은? 제22회

㉠ 모르타르는 건비빔한 후 3시간 이내에 사용하며, 물을 부어 반죽한 후 1시간 이내에 사용한다.
㉡ 타일 1장의 기준치수는 타일치수와 줄눈치수를 합한 것으로 한다.
㉢ 타일을 붙이는 모르타르에 시멘트가루를 뿌리면 타일의 접착력이 좋아진다.
㉣ 벽타일압착붙이기에서 타일의 1회 붙임면적은 모르타르의 경화속도 및 작업성을 고려하여 $1.2m^2$ 이하로 한다.

① ㉠, ㉡
② ㉠, ㉢
③ ㉢, ㉣
④ ㉠, ㉡, ㉣
⑤ ㉡, ㉢, ㉣

16 다음에서 설명하는 타일붙임공법은? 제23회

> 전용 전동공구(vibrator)를 사용해 타일을 눌러 붙여 면을 고르고, 줄눈부분의 배어나온 모르타르(mortar)를 줄눈봉으로 눌러서 마감하는 공법

① 밀착공법
② 떠붙임공법
③ 접착제공법
④ 개량압착붙임공법
⑤ 개량떠붙임공법

17 타일공사에서 일반적인 벽타일붙임공법이 아닌 것은? 제19회

① 떠붙임공법
② 온통사춤공법
③ 압착공법
④ 접착붙임공법
⑤ 동시줄눈붙임공법

18 타일에 관한 설명으로 옳지 않은 것은? 제15회

① 타일의 흡수율은 자기질이 석기질보다 작다.
② 도기질 타일은 불투명하며, 두드리면 탁음이 난다.
③ 타일의 최종 소성온도는 자기질이 도기질보다 높다.
④ 바닥용 미끄럼방지 타일에는 주로 시유타일을 사용한다.
⑤ 폴리싱 타일은 고온고압으로 소성한 자기질 무유타일의 표면을 연마 처리한 것이다.

정답 및 해설

15 ④ ⓒ 타일을 붙이는 모르타르에 시멘트가루를 뿌리면 강도가 저하되며 타일의 접착력은 떨어진다.
16 ① 밀착공법에 대한 설명이다.
17 ② 온통사춤공법은 타일공사에서 일반적인 벽타일붙임공법이 아니다.
18 ④ 바닥용 미끄럼방지 타일에는 주로 무유타일을 사용한다.

19 다음에서 설명하는 공법은?

제18회

> 붙임 모르타르를 바탕면에 도포 후 진동공구를 이용하여 타일에 진동을 주어 매입에 의해 벽타일을 붙이는 공법

① MCR공법
② 개량압착붙임공법
③ 밀착붙임공법
④ 마스크붙임공법
⑤ 모자이크타일붙임공법

20 바탕면에 붙임 모르타르를 바르고 타일 뒷면에도 붙임 모르타르를 발라 눌러 붙이는 타일 벽붙임공법은?

① 떠붙임공법
② 개량떠붙임공법
③ 압착공법
④ 개량압착공법
⑤ 밀착공법

21 타일공사에 관한 설명으로 옳지 않은 것은?

① 도기질 타일은 자기질 타일에 비하여 흡수율이 높으며, 내장용으로 사용한다.
② 벽타일붙이기에서 내장타일붙임공법에는 압착붙이기, 개량압착붙이기, 동시줄눈붙이기가 있다.
③ 모자이크타일붙이기를 할 경우 붙임 모르타르를 바탕면에 초벌과 재벌로 두 번 바르고, 총두께는 4~6mm를 표준으로 한다.
④ 타일에서 동해란, 타일 자체가 흡수한 수분이 동결하면서 생기는 균열과 타일 뒷면에 스며든 물이 얼어 타일 전체를 박리시킨 것이다.
⑤ 타일붙임면의 모르타르 바탕 바닥면은 물고임이 없도록 구배를 유지하되 100분의 1을 넘지 않게 한다.

22 타일공사에 관한 설명으로 옳지 않은 것은? 제25회

① 클링커타일은 바닥용으로 적합하다.
② 붙임용 모르타르에 접착력 향상을 위해 시멘트가루를 뿌린다.
③ 흡수성이 있는 타일의 경우 물을 축여 사용한다.
④ 벽타일붙임공법에서 접착제붙임공법은 내장공사에 주로 적용한다.
⑤ 벽타일붙임공법에서 개량압착붙임공법은 바탕면과 타일 뒷면에 붙임 모르타르를 발라 붙이는 공법이다.

정답 및 해설

19 ③ ③ 밀착붙임공법(동시줄눈공법)은 붙임 모르타르를 바탕면에 도포 후 진동공구를 이용해 타일에 진동을 주어 매입으로 벽타일을 붙이는 공법을 말한다.
① MCR공법: 거푸집에 전용 시트를 붙이고 콘크리트 표면에 요철을 부여하여 모르타르가 파고들어가는 것을 이용해 박리를 방지하는 공법을 말한다.
② 개량압착붙임공법: 바탕면에 붙임 모르타르를 바르고 타일 뒷면에도 붙임 모르타르를 발라 눌러 붙이는 공법을 말한다.
④ 마스크붙임공법: 유닛화된 50mm 이상의 타일 표면에 모르타르 도포용 마스크를 덧대어 붙임 모르타르를 바르고 마스크를 바깥에서부터 바탕면에 타일을 바닥면에 누름하여 붙이는 공법을 말한다.
⑤ 모자이크타일붙임공법: 붙임 모르타르를 바탕면에 도포하여 직접 표면 붙임의 유닛화된 모자이크타일을 시멘트 바닥면에 누름하여 벽 또는 바닥에 붙이는 공법을 말한다.

20 ④ 재벌바름면에 붙임 모르타르를 바르고 타일 뒷면에도 붙임 모르타르를 발라 눌러 붙이는 공법은 개량압착공법이다.

▶ 타일붙임공법
- 떠붙임공법: 타일 뒷면에 모르타르를 얹어서 초벌바름면에 밀어 붙이는 공법
- 개량떠붙임공법: 초벌바름을 바르고 타일 뒷면에 모르타르를 얹어 초벌바름에 밀어 붙이는 공법
- 압착공법: 재벌바름면에 붙임 모르타르를 바르고 타일을 눌러 붙이는 공법(나무망치로 면을 고름)
- 개량압착공법: 재벌바름면에 붙임 모르타르를 바르고 타일 뒷면에도 붙임 모르타르를 발라 눌러 붙이는 공법(나무망치로 면을 고름)
- 밀착공법: 압착공법의 단점을 보완한 것으로, 충격공구(Hand vibrator)를 사용하여 타일을 부착하는 공법
- 접착제공법: 유기질 계통의 접착제를 바탕면에 바르고 타일을 눌러 붙이는 공법
- 직접붙임공법: 바탕콘크리트면에 붙임 모르타르를 직접 바르고 타일을 붙이는 공법

21 ② 개량압착붙이기는 외장타일붙임에 사용한다.

22 ② 타일을 붙이는 모르타르에 시멘트가루를 뿌리면 시멘트가루가 물을 흡수하여 강도가 떨어진다.

23 타일붙임공법 중 압착공법에 관한 설명으로 적절하지 않은 것은?

① 바탕체 정리 후 밑바름 모르타르를 바르고, 붙임 모르타르를 다시 바른 후 나무망치로 타일을 두드리며 붙인다.

② 타일은 위에서 아래로 붙여 나간다.

③ 한 장씩 붙이고, 나무망치 등으로 두들겨 타일이 붙임 모르타르 속에 박히도록 하고 타일의 줄눈부위에 모르타르가 올라오도록 한다.

④ 떠붙임공법에 비해 공극발생이 적다.

⑤ 타일 1회 붙임면적은 1.5m^2 이하, 붙임시간은 12분 이내로 한다.

정답 및 해설

23 ⑤ 타일 1회 붙임면적은 1.2m^2 이하, 붙임시간은 15분 이내로 한다.

구분	붙임 모르타르 두께	타일 두께 대비 모르타르가 올라오는 치수	붙임면적(1회)	붙임시간(1회)
떠붙임공법	12~24mm 표준	–	–	–
압착공법	타일 두께 2분의 1 이상, 5~7mm 표준	3분의 1 이상	1.2m^2 이하	15분 이내
개량압착공법	붙임 모르타르 바탕면에 3(4)~6mm, 타일 뒷면에 붙임 모르타르를 3~4mm 평탄하게 바르고 즉시 타일 붙임	2분의 1 이상	1.5m^2 이하	배합 후 30분 이내
줄눈동시공법	5~8mm, 3점(좌우, 중앙) 타격	3분의 2 이상	1.5m^2 이하	20분 이내

▶ KCS 41 48 01 [표 3. 2-1]에서의 개량압착공법 붙임 모르타르의 두께는 바탕면에 3~6mm, KCS 41 48 01 [표 3. 2-3]에서의 개량압착공법 붙임 모르타르의 두께는 바탕면에 4~6mm로 같은 기준에서도 다른 치수로 규정하고 있다.

제9장 수장공사

대표예제 31 벽공사★★★

다음의 용어에 관한 설명 중 옳지 않은 것은?

① 코너비드: 기둥과 벽의 모서리 등을 보호하기 위해 설치하는 것
② 코펜하겐리브: 음향조절을 하기 위해 오림목을 특수한 형태로 다듬어 벽에 붙여 대는 것
③ 걸레받이: 바닥과 접한 벽체 하부의 보호 및 오염방지를 위하여 높이 10~20cm 정도로 설치하는 것
④ 고막이: 벽면 상부와 천장이 접하는 곳에 설치하는 수평가로재로, 경계를 구획하고 디자인이나 장식을 목적으로 하는 것
⑤ 멀리온(mullion): 창의 면적이 클 경우 창의 개폐시 진동으로 유리가 파손될 우려가 있으므로 창의 면적을 분할하기 위하여 설치하는 것

해설 | **고막이**
- 바깥벽의 지면에서 50cm 정도의 높이로 벽면보다 1~3cm 정도 내밀거나 들어가게 처리한 부분이다.
- 외부 벽의 더러워지기 쉬운 밑부분을 윗부분과 구분하여 오염을 방지하고, 의장적인 안정감을 주기 위해 설치한다.

기본서 p.321~324

정답 ④

01 코펜하겐리브(copenhagen rib)에 관한 설명이다. 옳지 않은 것은?

① 보통 두께 5cm, 너비 10cm 정도로 만든 건축 내장재이다.
② 표면을 자유곡면으로 깎아 수직, 평행선이 되게 리브(rib)를 만든 것이다.
③ 음향조절효과도 있고 장식효과도 있다.
④ 면적이 넓은 강당, 극장 등의 바닥재로 많이 사용된다.
⑤ 목재 루버라고도 한다.

02 공동주택의 소음방지공사에 관한 설명으로 옳지 않은 것은?

① 흡음성능이 우수한 재료는 대부분 차음성능도 우수하다.
② 이중벽을 설치하거나 건물의 기밀성을 높이면 차음성능은 향상된다.
③ 공기전송음, 고체전송음 등을 감소 또는 차단시키기 위한 공사이다.
④ 천장이나 바닥, 벽에 사용되는 재료의 면밀도가 클수록 차음성능은 향상된다.
⑤ 칸막이벽을 상층 바닥까지 높이고 방음재로 벽면을 시공하면, 내부 발생음에 대한 차단성능이 향상된다.

03 차음에 관한 설명 중 옳지 않은 것은?

① 차음재료는 보통 재질이 밀실하고 무거우며 단단하다.
② 차음재료는 차음성이 높은 재료로 투과음이 작은 재료를 지칭한다.
③ 중간에 공기층을 두어 이중벽이나 음의 공명진동으로 인한 음의 투과를 막기 위하여 복합재료를 겹친 합성벽으로 할 수도 있다.
④ 보통 차음이 필요한 장소에는 차음재료뿐 아니라 흡음재료를 같이 복합적으로 사용하여 음의 전달을 막는 것을 필요로 한다.
⑤ 차음이 필요한 곳에서 음원 가까이에 장애물을 설치하면, 뒷부분은 음영이 져서 소리를 차단할 수 있다.

04 **수장공사에 관한 설명 중 옳지 않은 것은?**

① 턴버클은 경량철골 천장틀이나 배관 등을 매달기 위하여 설치하는 철물이다.
② 코펜하겐리브는 음향효과를 내기 위하여 붙이는데, 의장 겸용으로 많이 사용한다.
③ 구성반자는 응접실, 다실 등의 천장을 장식 겸 음향효과를 줄 수 있도록 층단으로 구성하고 전기조명장치도 간접조명으로 만들어 천장에 은폐하는 식으로 한다.
④ 살대, 달대, 인서트, 반자돌림대는 반자틀과 관계되는 용어이다.
⑤ 걸레받이는 벽과 바닥이 닿는 곳에 높이 10~20cm 정도로 벽면에서 1~2cm 정도 내밀거나 들이밀어서 청소시 벽면의 오염을 보호한다.

05 **징두리 판벽에 사용하지 않는 부재는?**

① 두겁대
② 장선
③ 띠장
④ 걸레받이
⑤ 나무벽돌

정답 및 해설

01 ④ 코펜하겐리브는 방송국, 극장 등에서 음향조절효과, 장식효과를 위하여 벽에 사용한다(바닥사용 ×).

02 ① 흡음성능이 우수한 재료는 대부분 차음성능이 우수하지 않다. 흡음과 차음은 일반적으로 반비례 관계가 있다.

03 ⑤ 음원 가까이에 장애물을 설치하면 뒷부분에서 소리가 반사되어 소리의 울림현상이 발생한다. 따라서 음원 가까이에 있는 장애물을 제거하여 울림현상을 차단하여야 한다.

04 ① 경량철골 천장틀이나 배관 등을 매달기 위하여 설치하는 철물은 인서트이다.

05 ② 멍에, 장선은 마루에 사용하는 부재이다.

06 다음 설명 중 옳지 않은 것은?

① 미끄럼막이(non-slip)는 계단의 디딤판의 미끄럼 방지용으로 사용한다.
② 코너비드(coner beed)는 기둥, 벽 등의 모서리에 설치하여 미장바름 보호용으로 사용된다.
③ 줄눈대는 인조석 갈기, 테라조 현장 갈기에서 바닥의 균열방지를 목적으로 사용한다.
④ 와이어라스는 주로 콘크리트 바닥면에 반자틀, 기타 구조물을 달아맬 때 쓰이는 철물이다.
⑤ 익스펜디드메탈은 얇은 철판에 눈금을 내고 당겨서 만든 것으로 벽, 천장의 미장바름에 사용된다.

대표예제 32 바닥공사★★

경량철골 천장틀이나 배관 등을 매달기 위하여 콘크리트에 미리 묻어 넣은 철물은? 제23회

① 익스팬션볼트(expansion bolt)
② 코펜하겐리브(copenhagen rib)
③ 드라이브핀(drive pin)
④ 멀리온(mullion)
⑤ 인서트(insert)

해설 | 인서트(insert)에 대한 설명이다.

기본서 p.328~329

정답 ⑤

07 인텔리전트 빌딩 및 전자계산실에서 배선, 배관 등이 복잡한 공간의 바닥 구성재료로 적합한 것은?

① 복합바닥
② 와플바닥
③ 액세스플로어
④ 장선바닥
⑤ 플라스틱바름바닥

08 에너지를 절약하기 위한 방법으로 가장 관계가 먼 것은?

① 동일한 재료인 경우 두께가 두꺼운 것을 사용한다.
② 열관류율이 낮은 재료를 사용한다.
③ 열전도율이 낮은 재료를 사용한다.
④ 함수율이 높은 재료를 사용한다.
⑤ 다공질계 단열재는 기포가 미세하고 균일한 것을 사용한다.

대표예제 33 도배공사 ★★

도배공사에 관한 설명으로 옳지 않은 것은? 제14회 수정

① 도배지 보관장소의 온도는 5℃ 이상으로 유지되도록 한다.
② 창호지는 갓둘레 풀칠을 하여 붙이는 것을 원칙으로 한다.
③ 도배지를 완전하게 접착시키기 위하여 접착과 동시에 롤링을 하거나 솔질을 해야 한다.
④ 두꺼운 종이, 장판지 등은 물을 뿌려두거나 풀칠하여 2시간 정도 방치한 다음 풀칠을 고르게 하여 붙인다.
⑤ 도배공사를 시작하기 72시간 전부터 시공 후 48시간이 경과할 때까지는 시공장소의 온도가 16°C 이상으로 유지되도록 한다.

해설 | 창호지는 온통붙임 풀칠을 하여 붙이는 것을 원칙으로 한다.

기본서 p.324

정답 ②

제1편 건축구조 제9장

정답 및 해설

06 ④ 인서트는 주로 콘크리트 바닥면에 반자틀, 기타 구조물을 달아맬 때 쓰이는 철물이다. 와이어라스는 철선을 꼬아서 만든 것으로 미장바름에 사용된다.

07 ③ 액세스플로어(access floor)는 정방형의 바닥 판넬을 받침대로 지지하여 만든 이중 바닥구조로서, 배관설비 등이 편리하여 전자계산실 및 인텔리전트 빌딩의 바닥면에 적합한 구조이다.

08 ④ 함수율이 증가할수록 열전도율이 높아져 에너지는 절약되지 않는다.

대표예제 34 계단★★

계단 각부에 관한 명칭으로 옳은 것을 모두 고른 것은? 제25회

㉠ 디딤판	㉡ 챌판
㉢ 논슬립	㉣ 코너비드
㉤ 엔드탭	

① ㉠, ㉡, ㉢　　② ㉠, ㉡, ㉤
③ ㉠, ㉢, ㉣　　④ ㉡, ㉣, ㉤
⑤ ㉢, ㉣, ㉤

해설 | ㉣ 코너비드는 기둥 · 벽 등의 모서리를 보호하기 위하여 부착하는 보호용 철물이다.
㉤ 엔드탭은 용접의 시작점과 끝점에 용접 불량을 방지하기 위해 설치하는 금속판이다.

기본서 p.329~330

정답 ①

09 다음 중 서로 관계가 없는 것은?

① 챌판 – 계단　　② 살대 – 천장
③ 달대 – 기둥　　④ 문선 – 문
⑤ 미서기창 – 크리센트

정답 및 해설

09 ③ ③ 달대는 반자틀을 구성하는 부재로, 4.5cm 정도의 각재를 120cm 정도 간격으로 반자틀 사이에 주먹턱 맞춤을 하고 위는 달대받이에 못을 박아 댄다.
① 정식계단은 디딤판, 챌판, 옆판, 멍에, 엄지기둥, 난간두겁, 난간동자 등으로 구성된다.
② 살대는 천장의 하나로 반자틀 밑에 널이나 합판을 대고 그 밑에 살대를 박는다.
④ 문선은 개구부의 미관과 벽체와의 접합면에 마무리를 좋게 하기 위하여 댄다.
⑤ 크리센트는 미서기창의 잠금철물을 가리킨다.

제10장 창호 및 유리공사

대표예제 35 창호의 분류 ★★

문틀을 짜고 문틀 양면에 합판을 붙여서 평평하게 제작한 문은? 제25회

① 플러시문 ② 양판문
③ 도듬문 ④ 널문
⑤ 합판문

해설 | 문틀을 짜고 문틀 양면에 합판을 붙여서 평평하게 제작한 문은 플러시문이다.

종류	내용
양판문(넓은 문)	울거미(틀)를 짜고 그 안쪽에 양판을 끼워 넣은 문이다.
플러시문	• 울거미(틀)를 짜고 그 안쪽에 중간살을 25cm 간격으로 배치하여 양면에 합판을 붙인 문이다. • 비틀림, 변형이 적고 경쾌한 감을 준다.
비늘살문 (갤러리문)	• 울거미를 짜고 그 안쪽에 얇고 넓은 살을 60° 방향으로 빗대어 댄 문으로 차양과 통풍이 되게 한 문이다. • 비늘살 길이가 600mm 이상일 때는 세로살을 넣는다.

기본서 p.293~298

정답 ①

01 목재문에 관한 설명 중 가장 옳지 않은 것은?

① 플러시문은 건물 내부 문에 많이 사용되며, 고급문을 만들 경우에는 일반합판 대신에 티크판이나 미장합판 등을 사용하기도 한다.
② 문짝의 뼈대가 되는 울거미를 문짝의 외부선을 따라 조립한다.
③ 조립된 울거미틀 내부에 가로로 중간대를 30cm 간격으로 설치하여 울거미틀의 변형을 방지하도록 한다.
④ 플러시문은 울거미의 중간에 넓은 판을 끼워 넣는 방법으로 제작한다.
⑤ 울거미는 보통 일반목재를 많이 사용하지만, 뒤틀림 등의 우려가 있는 경우에는 집성목재를 사용하기도 한다.

종합

02 창호공사에 관한 설명으로 옳은 것을 모두 고른 것은? 제19회

㉠ 알루미늄창호는 알칼리에 약해서 시멘트 모르타르나 콘크리트에 부식되기 쉽다.
㉡ 스테인리스 강재창호는 일반 알루미늄창호에 비해 강도가 약하다.
㉢ 합성수지(PVC)창호는 열손실이 많아 보온성이 떨어진다.
㉣ 크레센트(crescent)는 여닫이 창호철물에 사용된다.
㉤ 목재의 함수율은 공사시방서에 정한 바가 없는 경우 18% 이하로 한다.

① ㉠, ㉡
② ㉠, ㉤
③ ㉡, ㉢, ㉣
④ ㉢, ㉣, ㉤
⑤ ㉡, ㉢, ㉣, ㉤

03 창호에 관한 설명으로 옳은 것은? 제16회

① 플러시문은 울거미를 짜고 합판 등으로 양면을 덮은 문이다.
② 무테문은 방충 및 환기를 목적으로 울거미에 망사를 설치한 문이다.
③ 홀딩도어는 일광과 시선을 차단하고 통풍을 목적으로 설치하는 문이다.
④ 루버는 문을 닫았을 때 창살처럼 되고 도난방지를 위해 사용하는 문이다.
⑤ 주름문은 울거미 없이 강화 판유리 등을 접착제나 볼트로 설치한 문이다.

04 창호의 종류 중 개폐방식에 따른 분류에 해당하는 것은?

제18회

① 자재문
② 비늘살문
③ 플러시문
④ 양판문
⑤ 도듬문

05 창호의 용도를 짝지어 놓은 것으로 옳지 않은 것은?

① 셔터 – 방도용
② 회전문 – 출입인원 통제 및 방풍용
③ 아코디언도어 – 방풍용
④ 무테문 – 현관용
⑤ 주름문 – 방도용

정답 및 해설

01 ④ 울거미의 중간에 넓은 판을 끼워 넣는 방법으로 제작하는 것은 양판문이다.

02 ② ㉡ 스테인리스 강재창호는 일반 알루미늄창호에 비해 강도가 강하다.
㉢ 합성수지(PVC)창호는 열손실이 적어 보온성이 좋다.
㉣ 크레센트(crescent)는 미서기 창호철물에 사용된다.

03 ① ② 망사문은 방충 및 환기를 목적으로 울거미에 망사를 설치한 문이다.
③ 비늘살문은 일광과 시선을 차단하고 통풍을 목적으로 설치하는 문이다.
④ 주름문은 문을 닫았을 때 창살처럼 되고 도난방지를 위해 사용하는 문이다.
⑤ 무테문은 울거미 없이 강화 판유리 등을 접착제나 볼트로 설치한 문이다.

04 ① 창호의 종류
- 개폐방식: 미닫이, 미서기, 여닫이, 자재문 등
- 구성방식: 비늘살문, 플러시문, 양판문, 도듬문 등

05 ③ 아코디언도어는 칸막이용으로 회의실 등에 사용된다.

종합

06 창호 및 유리공사에 관한 설명으로 옳지 않은 것은?

제12회

① 자재문은 자유경첩이 달려 있어 안팎으로 자유롭게 열리고 저절로 닫힌다.
② 도어체크는 여닫이문의 문 위틀과 문짝에 설치하여 자동으로 문이 닫히게 하는 장치다.
③ 가스켓(gasket)은 유리 끼우기에 사용되는 탄성재로 방수성, 기밀성을 갖는 밀봉재이다.
④ 스팬드럴유리는 유리 내부에 철, 알루미늄 등의 망을 넣어 압착성형한 유리로, 파손을 방지하고 도난 및 화재예방에 쓰인다.
⑤ 플러시문은 울거미를 짜고 중간에 살을 배치하여 양면에 합판을 교착한 문이다.

대표예제 36 창호철물 ★★★

창호철물에서 경첩(hinge)에 관한 설명으로 옳지 않은 것은?

제25회

① 경첩은 문짝을 문틀에 달 때, 여닫는 축이 되는 역할을 한다.
② 경첩의 축이 되는 것은 핀(pin)이고, 핀을 보호하기 위해 둘러 감은 것이 행거(hanger)이다.
③ 자유경첩(spring hinge)은 경첩에 스프링을 장치하여 안팎으로 자유롭게 여닫게 해주는 철물이다.
④ 플로어힌지(floor hinge)는 바닥에 설치하여 한쪽에서 열고 나면 저절로 닫혀지는 철물로 중량이 큰 자재문에 사용된다.
⑤ 피벗힌지(pivot hinge)는 암수 돌쩌귀를 서로 끼워 회전으로 여닫게 해주는 철물이다.

해설 | 경첩의 축이 되는 것은 핀(pin)이고, 핀을 보호하기 위해 둘러 감은 것은 너클(knuckle)조인트이다.

기본서 p.299~302

정답 ②

07 **창호공사에 관한 설명으로 옳지 않은 것은?** 제26회

① 피벗힌지(pivot hinge)는 문을 자동으로 닫히게 하는 경첩으로 중량의 자재문에 사용한다.

② 알루미늄창호는 콘크리트나 모르타르에 직접적인 접촉을 피하는 것이 좋다.

③ 도어스톱(door stop)은 벽 또는 문을 파손으로부터 보호하기 위하여 사용한다.

④ 크레센트(crescent)는 미서기창과 오르내리창의 잠금장치이다.

⑤ 도어체크(door check)는 문짝과 문 위틀에 설치하여 자동으로 문을 닫히게 하는 장치이다.

정답 및 해설

06 ④ 망입유리
- 유리 안에 철망이 봉입되어 있는 유리로 파손방지, 도난이나 화재방지의 용도로 쓰이는 유리이다.
- 화재시 조각이 날리지 않는다.
- 을종 방화문에 사용한다.
- 안전유리에 쓰인다.

07 ① 문을 자동으로 닫히게 하는 경첩으로 중량의 자재문에 사용하는 것은 플로어힌지(Floor Hinge; 바닥지도리)이다. 피벗힌지(pivot hinge)는 암수 돌쩌귀를 서로 끼워 회전해 여닫게 하는 경첩으로 무거운 문(여닫이문, 자재문)에 사용된다.

08 외부에서는 열쇠로, 내부에서는 작은 손잡이를 돌려서 열 수 있는 창호철물은? 제23회

① 도어체크(door check)
② 크레센트(crescent)
③ 패스너(fastener)
④ 나이트래치(night latch)
⑤ 레버토리힌지(lavatory hinge)

09 문 위틀과 문짝에 설치하여 문을 열면 자동적으로 조용히 닫히게 하는 장치로 피스톤장치가 있어 개폐속도를 조절할 수 있는 창호철물은? 제22회

① 도어체크
② 플로어힌지
③ 레버토리힌지
④ 도어스톱
⑤ 크레센트

10 창호철물의 용도에 대한 설명 중 옳지 못한 것은?

① 도어볼트(door bolt)는 미서기문 등을 꽂아 잠그게 하는 것이다.
② 도어행거(door hanger)는 접문의 이동장치에 쓰이는 것이다.
③ 도어스톱(door stop)은 열린 여닫이문을 저절로 닫히게 하는 장치이다.
④ 나이트래치(night latch)는 외부에서는 열쇠로, 내부에서는 손잡이를 틀어 열 수 있는 실린더장치의 자물쇠이다.
⑤ 플로어힌지(floor hinge)는 바닥에 힌지장치를 한 철틀함을 설치하고 상부는 돌쩌귀식으로 하여 자동적으로 닫히게 하는 것이다.

11 다음 재료 중에서 창호철물이 아닌 것은?

① 실린더록　　② 쇠시리
③ 크레센트　　④ 피벗힌지
⑤ 경첩

정답 및 해설

08 ④ 창호철물의 종류

구분	내용
도어볼트	미서기창 · 문의 잠금장치
도어행거	접문 이동장치
도어체크	도어클로저, 문 위틀과 문짝에 설치해 여닫이문이 자동으로 닫히게 함, 개폐조정기
도어스톱	여닫이문 벽보호(벽용, 바닥용), 개폐조정기
도어홀더	여닫이문 문받이, 개폐조정기
나이트래치	외부 열쇠, 내부 손잡이, 잠금장치
실린더록	내부 손잡이 위의 버튼을 누르면 외부에서 안 열림, 잠금장치
크레센트	오르내리창 · 미서기창의 잠금장치
창개폐조정기	바람에 의한 창문보호 및 개폐조정
정첩	여닫이문의 지지철물
스프링힌지	안팎 가능, 자동, 경량자재문의 지지철물(도서관 열람실)
플로어힌지	바닥지도리, 안팎 가능, 자동, 중량자재문의 지지철물
피벗힌지	문지도리(암수 돌쩌귀), 중량여닫이문 · 중량자재문의 지지철물
레버토리힌지	문을 자동으로 닫되 10~15cm 정도만 열려 있게 하는 정첩의 지지철물(공중전화박스, 공중화장실)

▶ 패스너(fastener): 커튼월을 구조체에 긴결시키는 부품으로 외력에 대응할 수 있는 강도를 가져야 하며 설치가 용이하고 내구성, 내화성 및 층간변위에 대한 추종성이 있어야 한다.

09 ① 도어체크에 관한 설명이다.

10 ③ 도어스톱(door stop)은 열리는 문을 받아 충돌에 의한 벽의 파손을 방지하는 장치이다. 열린 여닫이문을 저절로 닫히게 하는 장치는 도어체크이다.

11 ② 쇠시리(moulding)는 부분장식에 쓰이는 띠돌림 또는 나무의 모서리나 면을 깎아 밀어서 오목하게 하여 여러 모양으로 나타나게 하는 것이다.

대표예제 37 유리공사★★

다음 (　　) 안에 들어갈 유리 명칭으로 옳은 것은? 제25회

- (㉠)유리는 판유리에 소량의 금속산화물을 첨가하여 제작한 유리로서 적외선이 잘 투과되지 않는 성질을 갖는다.
- (㉡)유리는 판유리 표면에 금속산화물의 얇은 막을 코팅하여 입힌 유리로서 경면효과가 발생하는 성질을 갖는다.
- (㉢)유리는 판유리의 한쪽 면에 세라믹질 도료를 코팅하여 불투명하게 제작한 유리이다.

① ㉠: 열선흡수, ㉡: 열선반사, ㉢: 스팬드럴
② ㉠: 열선흡수, ㉡: 스팬드럴, ㉢: 복층유리
③ ㉠: 스팬드럴, ㉡: 열선흡수, ㉢: 복층유리
④ ㉠: 스팬드럴, ㉡: 열선반사, ㉢: 열선흡수
⑤ ㉠: 복층유리, ㉡: 열선흡수, ㉢: 스팬드럴

해설 | ㉠은 열선흡수유리, ㉡은 열선반사유리, ㉢은 스팬드럴유리에 대한 설명이다.

기본서 p.303~309

정답 ①

12 유리에 관한 설명으로 옳지 않은 것은? 제26회

① 강화유리는 판유리를 연화점 이상으로 열처리한 후 급랭한 것이다.
② 복층유리는 단열, 보온, 방음, 결로방지 효과가 우수하다.
③ 로이(Low-E)유리는 열적외선을 반사하는 은소재 도막을 코팅하여 단열효과를 극대화한 것이다.
④ 접합유리는 유리 사이에 접합필름을 삽입하여 파손시 유리 파편의 비산을 방지한다.
⑤ 열선반사유리는 소량의 금속산화물을 첨가하여 적외선이 잘 투과되지 않는 성질을 갖는다.

13 유리공사에 관한 설명으로 옳지 않은 것은? 제18회

① 그레이징 개스킷은 염화비닐 등으로 압출성형에 의해 제조된 유리끼움용 부자재이다.
② 로이유리는 열응력에 의한 파손방지를 위하여 배강도유리로 사용된다.
③ 유리블록은 도면에 따라 줄눈나누기를 하고, 방수재가 혼합된 시멘트 모르타르로 쌓는다.
④ 세팅블록은 새시 하단부의 유리끼움용 부자재로서 유리의 자중을 지지하는 고임재이다.
⑤ 열선반사유리는 판유리의 한쪽 면에 열선반사막을 코팅하여 일사열의 차폐성능을 높인 유리이다.

14 유리공사와 관련된 용어의 설명으로 옳지 않은 것은? 제21회

① 구조 개스킷: 클로로프렌 고무 등으로 압출성형에 의해 제조되어 유리의 보호 및 지지기능과 수밀기능을 지닌 개스킷
② 그레이징 개스킷: 염화비닐 등으로 압출성형에 의해 제조된 유리끼움용 개스킷
③ 로이유리(low-e glass): 은소재 도막으로 코팅하여 방사율과 열관류율을 낮추고, 가시광선 투과율을 높인 유리
④ 핀홀(pin hole): 유리를 프레임에 고정하기 위해 유리와 프레임에 설치하는 작은 구멍
⑤ 클린컷: 유리의 절단면에 구멍흠집, 단면결손, 경사단면 등이 없도록 절단된 상태

정답 및 해설

12 ⑤ 소량의 금속산화물을 첨가하여 적외선이 잘 투과되지 않는 성질을 갖는 것은 열선흡수유리이다.
열선반사유리는 판유리의 한쪽 면에 금속 · 금속산화물인 열선반사막을 표면 코팅하여 얇은 막을 형성함으로써, 태양열의 반사성능을 높인 유리이다.

13 ② 1. **로이유리**
- 로이유리란 일반유리 내부에 적외선 반사율이 높은 특수금속막(일반적으로 은을 사용)을 코팅한 유리로 건축물의 단열성능을 높인다.
- 특수금속막은 가시광선을 투과시켜 실내의 채광성을 높여주고, 적외선은 반사하므로 실내외의 이동을 극소화시켜 실내의 온도 변화를 적게 만들어주는 에너지 절약형 유리이다.
- 로이복층유리는 판유리에 단열효과가 뛰어난 특수금속막을 코팅하므로 고단열 복층유리가 된다.

2. **배강도유리**: 열처리와 급랭처리를 하는 것은 강화유리와 비슷하나, 표면압축응력이 일반유리보다 강하고 강화유리보다 약하다는 특성이 있다.

14 ④ 핀홀(pin hole)은 도막방수 작업시 불량으로 발생하는 기포현상이다.

15 **재료의 특성상 장식을 목적으로 사용하는 유리는?** 제17회

① 에칭글라스(샌드블라스트글라스)
② 액정조광유리
③ 저방사(Low-E)유리
④ 스팬드럴유리
⑤ 망입 · 선입유리

16 **일반유리를 연화점 이하의 온도에서 가열하고 찬 공기를 약하게 불어주어 냉각하여 만든 유리로 내풍압 강도가 우수하여 건축물의 외벽, 개구부 등에 사용되는 유리는?** 제22회

① 배강도유리
② 강화유리
③ 망입유리
④ 접합유리
⑤ 로이유리

17 **반사유리나 컬러유리의 한쪽 면을 은으로 코팅한 것으로 열의 이동을 최소화시켜 주는 에너지 절약형 유리는?** 제23회

① 망입유리
② 로이유리
③ 스팬드럴유리
④ 복층유리
⑤ 프리즘유리

18 **유리가 파괴되어도 중간막(합성수지)에 의해 파편이 비산되지 않도록 한 안전유리는?** 제20회

① 강화유리
② 배강도유리
③ 복층유리
④ 접합유리
⑤ 망입유리

정답 및 해설

15 ① ① 에칭글라스는 유리면의 표면을 가공하여 장식모양을 둔 유리이다.
④ 스팬드럴유리는 판유리의 한쪽 면에 판유리와 성분이 거의 같은 세라믹질의 특수도료를 코팅한 뒤에 고온에서의 융착과 반강화를 거쳐 생산한 유리로, 불투명한 색상을 지니고 있다.

16 ① 배강도유리
- 플로트판유리를 연화점 부근(약 700℃)까지 가열 후 양 표면에 냉각공기를 흡착시켜 유리의 표면에 20N/mm^2 이상 60N/mm^2 이하의 압축응력층을 갖도록 한 가공유리이다.
- 내풍압 강도, 열깨짐 강도 등은 동일한 두께의 플로트판유리의 2배 이상의 성능을 가진다.

17 ② 유리의 종류

구분	내용
보통유리 (소다석회유리, 크라운유리)	• 가시광선 통과, 적외선 통과 • 자외선 통과 ×, 살균효과 ×
강화유리	• 내충격 및 하중강도가 보통 판유리의 3~5배 • 휨강도 6배 정도 • 무테문, 자동차, 선박용
배강도유리	• 플로트판유리를 연화점 부근(약 700℃)까지 가열 후 양 표면에 냉각공기를 흡착시켜 유리의 표면에 20N/mm^2 이상 60N/mm^2 이하의 압축응력층을 갖도록 한 가공유리 • 내풍압 강도, 열깨짐 강도 등은 동일한 두께의 플로트 판유리의 2배 이상의 성능을 가진다.
망입유리	유리 안에 철망 봉입, 방범용이나 화재방지용, 현장절단 가능
복층유리 (2중 유리, Pair glass)	• 2장의 유리판 사이에 건조공기를 봉입한 유리 • 단열, 방음, 결로방지(방습 ×)
접합유리 (겹친 유리)	• 2매 이상의 유리를 합성수지로 접착한 것 • 고층건물 방탄유리로 사용
유리블록	벽의 채광 겸용 구조용 블록, 환기 안 됨
로이유리 (Low-E glass)	• 에너지 절약형 유리 • 유리의 한쪽 면을 은으로 코팅하여 반사율을 높인 유리 • 가시광선 투과율과 열적외선 반사율 ⇧, 방사율과 열관류율 ⇩
포도유리 (Prism glass)	지하실 채광용
스팬드럴유리	세라믹으로 열처리 · 코팅한 불투명한 강화유리, 커튼월의 스팬드럴 부분(기둥, 보) 등을 감추기 위해 커튼월에 끼워 넣는 유리
열선반사유리	판유리의 한쪽 면에 금속 · 금속산화물인 열선 반사막을 표면 코팅하여 얇은 막을 형성함으로써 태양열의 반사성능을 높인 유리
열선흡수판유리 (색유리)	태양광의 적외선 성분 및 가시광선 일부가 흡수되도록 하기 위해 원료의 투입과정에서 금속산화물이 배합된 원료를 첨가하여 착색한 판유리
액정조광유리 (Smart window)	액정이 있는 조광유리는 일반유리를 통해 실내로 유입되는 태양광을 인위적으로 조절하여 실내분위기를 유지할 수 있는 고기능성의 유리이다.

18 ④ 접합유리에 관한 설명이다.

19 유리공사에 관한 설명으로 옳은 것은?

제19회

① 알루미늄 간봉은 단열에 우수하다.
② 로이유리는 열적외선을 반사하는 은(silver) 소재로 코팅하여 가시광선 투과율을 낮춘 유리이다.
③ 동일한 두께일 때, 강화유리 강도는 판유리의 10배 이상이다.
④ 강화유리는 일반적으로 현장에서 절단이 가능하다.
⑤ 세팅블록은 새시 하단부에 유리끼움용 부재로써 유리의 자중을 지지하는 고임재이다.

20 창호 및 유리공사와 관련된 재료의 설명으로 옳지 않은 것은?

제15회

① 접합유리는 2장 이상의 판유리 사이에 접합필름을 삽입하여 가열 압착한 것이다.
② 백업재는 실링 시공시 부재와 유리면 사이에 충전하여 유리고정 등을 하는 자재이다.
③ 구조 개스킷(gasket)은 건(gun) 형태의 도구로 유리 사이에 시공하는 자재이며, 정형과 부정형으로 나눈다.
④ 로이(Low-E)유리는 일반유리에 얇은 금속막을 코팅하여 열의 이동을 극소화시켜 에너지의 절약을 도모한 것이다.
⑤ 열선반사유리는 판유리 한쪽 면에 열선반사를 위한 얇은 금속산화물 코팅막을 형성시켜 반사성능을 높인 것이다.

21 유리공사에 관한 설명으로 옳지 않은 것은?

① 샌드블라스트 가공은 유리면에 기계적으로 모래를 뿌려서 미세한 흠집을 만들어 빛을 산란시키기 위한 목적의 가공을 말한다.
② 면 클리어런스는 유리를 프레임에 고정할 때 유리와 프레임 사이에 여유를 주는 것을 말한다.
③ 창호의 주문치수는 도면에 기입된 치수보다 3mm 정도 크게 주문해야 한다.
④ 유리는 이동시 압축기를 사용하여야 하며, 단부 손상 방지를 위해 지렛대로 유리를 들어올리거나 옮기지 않는다.
⑤ 유리는 먼지가 끼지 않게 무늬가 돋은 면 또는 흐림 갈기면은 외부에 두고 끼운다.

22 보통 창유리의 특성 중 투과에 관한 설명으로 옳지 않은 것은?

① 투시각 0도일 때 투명하고 청결한 유리는 약 90%의 광선을 투과한다.
② 보통의 창유리는 많은 양의 자외선을 투과시키는 편이다.
③ 보통 창유리라도 먼지가 부착되거나 오염되면 투과율이 현저하게 감소한다.
④ 광선의 파장이 길고 짧음에 따라 투과율이 다르게 된다.
⑤ 보통의 창유리는 많은 양의 적외선을 투과시키는 편이다.

23 각종 유리에 대한 설명으로 옳지 않은 것은?

① 폼글라스(발포유리)는 가루로 만든 유리에 발포제를 넣어 가열한 흑갈색 유리판으로 단열, 흡음효과가 우수하여 건축물의 벽이나 천장에 사용된다.
② 유리섬유(울글라스)는 용융된 유리액을 미세한 구멍으로 통과시킨 다음 냉각시킨 것으로 암면과 같이 단열, 흡음재로 사용하며 불연성 직물로도 사용된다.
③ 외부에 접하는 부분의 유리는 미장공사 후에 끼우도록 한다.
④ 유리의 보관은 알칼리 및 암모니아가 있는 곳에서 멀리 두도록 한다.
⑤ 보통 창유리의 강도는 휨강도를 말한다.

정답 및 해설

19 ⑤ ① 알루미늄 간봉은 단열에 우수하지 않다.
② 로이유리는 열적외선을 반사하는 은(silver) 소재로 코팅하여 가시광선 투과율을 높게 한 유리이다.
③ 동일한 두께일 때, 강화유리 강도는 판유리의 5~6배 이상이다.
④ 강화유리는 일반적으로 현장에서 절단이 불가능하다.

20 ③ 구조 개스킷(gasket)은 단면 형상이 일정한 정형 실링재이다.

21 ⑤ 유리는 먼지가 끼지 않게 무늬가 돋은 면 또는 흐림 갈기면은 각각 실내에 두고 끼운다.

22 ② 보통의 창유리는 많은 양의 적외선을 투과시키는 편이고, 자외선은 투과시키지 못한다.

23 ③ 외부에 접하는 부분의 유리는 미장공사 전에 끼우도록 한다. 미장공사 전에 외부유리를 끼우지 않는 경우에는 미장표면이 급격히 건조하여 균열, 박락 등이 발생한다.

24 유리공사에 관한 설명으로 옳지 않은 것은?

① 배수구멍은 일반적으로 5mm 이상의 직경으로 2개 이상이어야 한다.

② 복층유리는 15매 이상 겹쳐서 적치하여서는 안 되며, 각각의 판유리 사이는 완충재를 두어 보관한다.

③ 세팅 블록은 유리 폭의 4분의 1 지점에 각각 1개씩 설치하여 유리의 하단부가 하부 프레임에 닿지 않도록 해야 한다.

④ 4℃ 이상의 기온에서 시공하여야 하며, 더 낮은 온도에서 시공해야 할 경우 담당원의 승인을 받은 후 시공한다.

⑤ 습도가 높은 날이나 우천시에는 담당원의 승인을 받은 후 시공하며, 실란트 작업의 경우 상대습도 90% 이상이면 작업을 하여서는 안 된다.

정답 및 해설

24 ② 복층유리는 20매 이상 겹쳐서 적치하여서는 안 되며, 각각의 판유리 사이는 완충재를 두어 보관한다.

▶ 유리공사 시공일반

- 항상 4℃ 이상의 기온에서 시공하여야 하며, 더 낮은 온도에서 시공해야 할 경우, 실란트 시공시 피접착 표면은 반드시 용제로 닦은 후 마른걸레로 닦아 내고 담당원의 승인을 받은 후에 시공해야 한다.
- 시공 도중 김이 서리지 않도록 환기를 잘 해야 하며, 습도가 높은 날이나 우천시에는 담당원의 승인을 받은 후 시공해야 한다. 실란트 작업의 경우 상대습도 90% 이상이면 작업을 하여서는 안 된다.
- 유리면에 습기, 먼지, 기름 등의 해로운 물질이 묻지 않도록 한다.
- 시공 전에 유리와 부자재 제조업자의 제품사양에 대한 검토를 진행해야 한다.
- 계획, 시방 및 도면의 요구에 따라 프레임 시공자의 작업을 검토하고 프레임의 수직, 수평, 직각, 규격, 코너접합 등의 허용오차를 검사한다.
- 나사, 볼트, 리벳, 용접시의 요철 등으로 유리의 면 클리어런스 및 단부 클리어런스는 최솟값 이하가 되지 않도록 한다.
- 모든 접합, 연결철물, 나사와 볼트, 리벳 등이 효과적으로 밀폐되도록 한다.
- 유리의 규격이 허용오차 내에 있는지 정확히 검사한다.
- 유리를 끼우는 새시 내에 부스러기나 기타 장애물을 제거한다.
- 배수구멍은 막히지 않도록 한다. 배수구멍은 일반적으로 5mm 이상의 직경으로 2개 이상이어야 하며 색유리, 반사유리, 접합유리, 망유리 등은 단부가 물에 닿지 않도록 한다.
- 세팅 블록을 유리 폭의 4분의 1 지점에 각각 1개씩 설치하여 유리의 하단부가 하부 프레임에 닿지 않도록 해야 한다.
- 복층유리는 20매 이상 겹쳐서 적치하여서는 안 되며, 각각의 판유리 사이는 완충재를 두어 보관한다.

제11장 도장공사

대표예제 38 **도장공사★★**

도료의 사용목적이 아닌 것은? 제26회

① 단면증가 ② 내화
③ 방수 ④ 방청
⑤ 광택

해설 | **도장의 목적**
- 물체의 보호: 도장은 물체를 부식이나 노후로부터 보호한다.
- 의장적 효과: 무늬와 광택으로 표면을 아름답게 하여 의장의 효과와 형상의 변화를 준다.
- 특수목적: 방충, 방부, 방수, 방습, 전기전도율의 조절, 음의 난반사 및 흡수조절, 방사선 차폐 등을 한다.

기본서 p.337~344 정답 ①

01 도장공사에 관한 설명으로 옳지 않은 것은? 제23회

① 녹막이 도장의 첫 번째 녹막이 칠은 공장에서 조립 후에 도장함을 원칙으로 한다.
② 뿜칠공사에서 건(spray gun)은 도장면에서 300mm 정도 거리를 두어서 시공하고, 도장면과 평행이동하여 뿜칠한다.
③ 롤러칠은 평활하고 큰 면을 칠할 때 사용한다.
④ 뿜칠은 압력이 낮으면 거칠고, 높으면 칠의 유실이 많다.
⑤ 솔질은 일반적으로 위에서 아래로, 왼쪽에서 오른쪽으로 칠한다.

정답 및 해설

01 ① 녹막이 도장의 첫 번째 녹막이 칠은 공장에서 조립 전에 도장함을 원칙으로 한다.

02 도장공사에 관한 설명으로 옳은 것은?

제22회

① 유성페인트는 내화학성이 우수하여 콘크리트용 도료로 널리 사용된다.
② 철재면 바탕만들기는 일반적으로 가공장소에서 바탕재 조립 전에 한다.
③ 기온이 10℃ 미만이거나 상대습도가 80%를 초과할 때는 도장작업을 피한다.
④ 뿜칠 시공시 약 40cm 정도의 거리를 두고 뿜칠너비의 4분의 1 정도가 겹치도록 한다.
⑤ 롤러도장은 붓도장보다 도장속도가 빠르며 일정한 도막두께를 유지할 수 있다.

03 도장공사에 관한 설명으로 옳지 않은 것은?

제21회

① 불투명한 도장일 때 하도, 중도, 상도의 색깔은 가능한 달리한다.
② 스프레이건은 뿜칠면에 직각으로 평행운행하며 뿜칠너비의 3분의 1 정도가 겹치도록 시공한다.
③ 롤러칠은 붓칠보다 속도가 빠르나 일정한 도막두께를 유지하기 어렵다.
④ 징크로메이트 도료는 철재 녹막이용으로 철재의 내구연한을 증대시킨다.
⑤ 처음 1회 방청도장은 가공장소에서 조립 전 도장을 원칙으로 한다.

04 도장공사에 관한 설명으로 옳지 않은 것은?

① 롤러도장은 붓도장보다 도장속도가 빠르며, 붓도장과 같이 일정한 도막두께를 유지할 수 있다는 장점이 있다.
② 방청도장에서 처음 1회째의 녹막이 도장은 가공장에서 조립 전에 도장함이 원칙이다.
③ 주위의 기온이 5°C 미만이거나 상대습도가 85%를 초과할 때는 도장작업을 피한다.
④ 스프레이 도장에서 도장거리는 스프레이 도장면에서 300mm를 표준으로 하고 압력에 따라 가감한다.
⑤ 불투명한 도장일 때에는 하도, 중도, 상도 공정의 각 도막 층별로 색깔을 가능한 달리 한다.

05 도장공사에 관한 설명으로 옳지 않은 것은? 제18회

① 목재면 바탕만들기에서 목재의 연마는 바탕연마와 도막마무리연마 2단계로 행한다.
② 철재면 바탕만들기는 일반적으로 가공장소에서 바탕재 조립 후에 한다.
③ 아연도금면 바탕만들기에서 인산염 피막처리를 하면 밀착이 우수하다.
④ 플라스터면은 도장하기 전 충분히 건조시켜야 한다.
⑤ 5℃ 이하의 온도에서 수성도료 도장공사는 피한다.

06 철골구조의 도장 및 도금에 관한 설명으로 옳지 않은 것은? 제18회

① 도료의 배합비율은 용적비로 표시한다.
② 철재 바탕일 경우, 도장 도료 견본크기는 300 × 300mm로 한다.
③ 가연성 도료는 전용창고에 보관하는 것을 원칙으로 한다.
④ 운전부품 및 라벨에는 도장하지 않는다.
⑤ 볼트는 형상에 요철이 많고 부식이 쉬우므로 도장하기 전에 방식대책을 수립하여야 한다.

정답 및 해설

02 ② ① 유성페인트는 알칼리에 약하므로 콘크리트용 도료로 사용할 수 없다.
③ 기온이 5℃ 미만이거나 상대습도가 85%를 초과할 때는 도장작업을 피한다.
④ 뿜칠 시공시 약 30cm 정도의 거리를 두고 뿜칠너비의 3분의 1 정도가 겹치도록 한다.
⑤ 롤러도장은 붓도장보다 도장속도가 빠르며 일정한 도막두께를 유지할 수 없다.

03 ④ 징크로메이트 도료는 알루미늄 녹막이용으로 알루미늄의 내구연한을 증대시킨다.

04 ① 롤러도장은 붓도장보다 도장속도가 빠르지만, 붓도장과 같이 일정한 도막두께를 유지할 수 없다.

05 ② 철재면 바탕만들기는 일반적으로 가공장소에서 바탕재 조립 전에 한다.

06 ① 도료의 배합비율은 질량비로 표시한다.

07 도장공사 및 재료에 관한 설명으로 옳지 않은 것은? 제13회

① 도장공사의 목적은 방부, 방습, 방청 등의 특수목적의 달성, 물체의 보호, 외관의 미화 등이다.
② 도료를 사용하기 위해 개봉할 때에는 담당원의 입회하에 개봉하는 것을 원칙으로 한다.
③ 별도의 지시가 없을 경우 스테인리스강, 크롬판, 동, 주석 또는 이와 같은 금속으로 마감된 재료는 도장하지 않는다.
④ 가소제는 건조된 도막의 내구력을 증가시키는 데 사용된다.
⑤ 안료는 분산제로서 도장의 색상을 내며 햇빛으로부터 결합재의 손상을 방지한다.

08 도료에 관한 설명 중 옳은 것은?

① 유성페인트는 회반죽의 바탕에 칠할 수 있다.
② 수성페인트는 옥외용으로 사용된다.
③ 에나멜 래커는 유성에나멜페인트보다 도막은 얇으나 견고하고 기계적 성질도 우수하며 닦으면 윤이 난다.
④ 바니시는 내후성이 크므로 옥외에 사용하는 것이 좋다.
⑤ 안료에 대한 유성분의 비율이 높을 때 도막의 균열원인이 된다.

09 도장공사에 관한 설명으로 옳지 않은 것은? 제14회

① 도료의 배합비율 및 시너의 희석비율은 용적비로 표시한다.
② 녹, 유해한 부착물 및 노화가 심한 기존의 도막은 완전히 제거한다.
③ 가연성 도료는 전용창고에 보관하는 것을 원칙으로 하며, 적절한 보관온도를 유지하도록 한다.
④ 도료는 바탕면의 조밀, 흡수성 및 기온의 상승 등에 따라 배합 규정의 범위 내에서 도장하기에 적당하도록 조절한다.
⑤ 도금된 표면, 스테인리스강, 크롬판, 동, 주석 또는 이와 같은 금속으로 마감된 재료는 별도의 지시가 없으면 도장하지 않는다.

10 유성페인트에 대한 설명으로 옳지 않은 것은?

① 건성유, 안료, 건조제, 희석제 등을 혼합 반죽한 도료이다.
② 경도가 크나 내후성, 내수성이 떨어져 옥내용으로 널리 사용한다.
③ 기름량이 많으면 광택과 내구력은 증대되나 건조가 늦어진다.
④ 희석제는 기름의 점도를 작게 하여 솔질이 잘되도록 한다.
⑤ 건조제를 많이 넣으면 도막에 균열이 생길 수 있다.

정답 및 해설

07 ⑤ 안료는 착색제로서 도막의 색 부여, 내구력 증가, 녹 방지, 도막강도 증가, 햇빛으로부터 결합재의 손상을 방지하는 등의 역할을 한다.

08 ③ ① 유성페인트는 회반죽(알칼리성)의 바탕에 칠하기에는 부적합하다.
② 수성페인트는 옥외용으로 부적합하다.
④ 바니시는 내후성이 작으므로 옥외 사용에 부적합하다.
⑤ 안료에 대한 유성분의 비율이 낮을 때 도막의 균열원인이 된다.

09 ① 도료의 배합비율 및 시너의 희석비율은 무게비로 표시한다.
▶ 도장공사 일반사항
- 가연성 도료는 전용창고에 보관하는 것을 원칙으로 한다.
- 도료는 바탕면의 조밀, 흡수성 및 기온의 상승 등에 따라 배합 규정의 범위 내에서 도장하기에 적당하도록 조절한다.
- 녹, 유해한 부착물(먼지, 기름, 타르분, 회반죽, 플라스터, 시멘트 모르타르) 및 노화가 심한 구 도막은 완전히 제거한다.
- 마감된 금속표면에 별도의 지시가 없으면 도금된 표면, 스테인리스강, 크롬판, 동, 주석 또는 이와 같은 금속으로 마감된 재료는 도장하지 않는다.

10 ② 유성페인트
- 건성유, 안료, 건조제, 희석제 등을 혼합한 도료이다.
- 경도가 크고 내후성, 내수성이 양호하여 옥내외용으로 널리 사용된다.
- 콘크리트, 모르타르, 회반죽 등에는 원칙적으로 사용하지 않는다.
- 바탕에 산성 염류의 수용액을 도포하여 표면을 중성화하고 내알칼리성이 우수한 합성수지 에멀전 등을 사용한다.

11 다음은 미장공사와 도장공사에 대한 설명이다. 올바르게 설명한 것은?

① 모르타르나 콘크리트 같은 알칼리성에는 유성페인트를 사용할 수 있다.
② 래커는 투명도료로 목재면 바탕에 사용되며, 칠공법은 롤러칠을 한다.
③ 수경성 미장재료는 습식공법이어서 시공이 용이하나 경화가 느리고 강도가 적다.
④ 에나멜페인트는 유성바니시에 안료를 첨가한 것으로, 광택이 우수하고 주로 금속면에 사용된다.
⑤ 미장 바름면은 빠른 건조를 위하여 직사광선을 쪼이고 통풍을 방지한다.

12 유성바니시(유성니스)에 페인트용 안료를 섞은 것으로 일반 유성페인트보다 도막이 두껍고 광택이 좋은 도료는?

제19회

① 수성페인트(water paint)
② 멜라민 수지도료(melamine resin paint)
③ 래커(lacquer)
④ 에나멜페인트(enamel paint)
⑤ 에멀션페인트(emulsion paint)

13 건축재료에 대한 설명으로 옳지 않은 것은?

① 합성수지 에멀션페인트는 실내 모르타르 마감면 도장에 사용해도 된다.
② 알루미늄은 가공성이 풍부하고 연성이 크다.
③ 아크릴계 수지의 도막은 무색투명하고 내약품성이 크다.
④ 페놀수지는 전기절연재로 부적당하다.
⑤ 내수합판 접착제로는 주로 페놀수지 접착제가 쓰인다.

14 도장공사시 잔금 및 균열의 원인으로 옳지 않은 것은? 제13회

① 기온차가 심한 경우
② 초벌칠 건조가 불충분할 경우
③ 건조제를 과다 사용할 경우
④ 초벌칠과 재벌칠의 재질이 다를 경우
⑤ 초벌칠과 재벌칠의 색상을 다르게 했을 경우

15 가연성 도료의 보관 및 취급에 관한 설명으로 옳지 않은 것은? 제12회

① 사용하는 도료는 될 수 있는 대로 밀봉하여 새거나 엎지르지 않게 다루고, 샌 것 또는 엎지른 것은 발화의 위험이 없도록 닦아낸다.
② 건물 내의 일부를 도료의 저장장소로 이용할 때는 내화구조 또는 방화구조로 된 구획된 장소를 선택한다.
③ 지붕과 천장은 불에 잘 타지 않는 난연재로 한다.
④ 바닥에는 침투성이 없는 재료를 깐다.
⑤ 도료가 묻은 헝겊 등 자연발화의 우려가 있는 것을 도료보관창고 안에 두어서는 안 되며, 반드시 소각시켜야 한다.

정답 및 해설

11 ④ ① 모르타르나 콘크리트 같은 알칼리성에는 유성페인트를 사용할 수 없다.
② 래커는 투명도료로 목재면, 금속면 바탕에 사용되며, 칠공법은 뿜칠을 한다.
③ 기경성 미장재료는 시공이 용이하나 경화가 느리고 강도가 적다.
⑤ 미장 바름면은 빠른 건조를 위하여 직사광선을 피하고 통풍을 주어 서서히 건조시킨다.

12 ④ 유성바니시(유성니스)에 페인트용 안료를 섞은 것으로 일반 유성페인트보다 도막이 두껍고 광택이 좋은 도료는 에나멜페인트(enamel paint)이다.

13 ④ 페놀수지는 전기절연성, 내수성이 뛰어나 전기통신자재, 내수합판의 접착제로 사용된다.

14 ⑤ 도장공사에서는 원칙적으로 칠과정의 파악을 위하여 색상을 달리 칠하는데, 그것이 균열의 원인은 아니다.

15 ③ 도료보관창고의 지붕은 불연재료로 하고, 천장은 설치하지 않는다.

제12장 적산

대표예제 39 적산과 견적★★★

건축적산 및 견적에 관한 설명으로 옳지 않은 것은? 제25회

① 적산은 공사에 필요한 재료 및 품의 수량을 산출하는 것이다.
② 명세견적은 완성된 설계도서, 현장설명, 질의응답 등에 의해 정밀한 공사비를 산출하는 것이다.
③ 개산견적은 설계도서가 미비하거나 정밀한 적산을 할 수 없을 때 공사비를 산출하는 것이다.
④ 품셈은 단위공사량에 소요되는 재료, 인력 및 기계력 등을 단가로 표시한 것이다.
⑤ 일의 대가는 재료비에 가공 및 설치비 등을 가산하여 단위단가로 작성한 것이다.

해설 | 품셈은 단위공사량에 소요되는 재료, 인력 및 기계력 등을 수량으로 표시한 것이다.

기본서 p.351~352

정답 ④

01 **적산 및 견적과 관련된 용어의 설명으로 옳지 않은 것은?**

① 일반관리비는 기업 유지를 위한 관리활동 부문의 비용이다.
② 직접재료비는 당해 공사목적물의 실체를 형성하는 데 소요되는 재료비이다.
③ 재료의 정미량은 설계도서에 표시된 치수에 의해 산출된 수량이다.
④ 품셈은 어떤 물체를 인력이나 기계로 만드는 데 들어가는 단위당 노력 및 재료의 수량이다.
⑤ 견적은 공사에 필요한 재료 및 품을 구하는 기술활동이며, 적산은 공사량에 단가를 곱하여 공사비를 구하는 기술활동이다.

고난도

02 적산 및 견적에 관한 설명으로 옳지 않은 것은? 제26회

① 할증률은 판재, 각재, 붉은 벽돌, 유리의 순으로 작아진다.
② 본사 및 현장의 여비, 교통비, 통신비는 일반관리비에 포함된다.
③ 이윤은 공사원가 중 노무비, 경비, 일반관리비 합계액의 15%를 초과 계상할 수 없다.
④ $10m^2$ 이하의 소단위 건축공사에서는 최대 50%까지 품을 할증할 수 있다.
⑤ 품셈이란 공사의 기본단위에 소요되는 재료, 노무 등의 수량으로 단가와는 무관하다.

03 견적 및 적산에 대한 설명 중 옳지 않은 것은?

① 견적은 재료비에 공임 등을 계산한 수리적 행위를 뜻한다.
② 적산은 재료의 수량, 시공면적 및 부피를 산출하는 것이다.
③ 견적에는 명세견적과 개산견적이 있다.
④ 명세견적은 공사의 정확도를 높이기 위한 산출방법이다.
⑤ 개산견적에는 정밀견적과 단위기준에 의한 견적이 있다.

정답 및 해설

01 ⑤ 적산은 공사에 필요한 재료 및 품을 구하는 기술활동이며, 견적은 공사량에 단가를 곱하여 공사비를 구하는 기술활동이다.

02 ② • 일반관리비: 임직원 급료, 본사직원 급료 등 기업유지를 위한 관리활동에 사용되는 비용을 말한다.
• 경비: 전력비, 운반비, 기계경비, 가설비, 특허권사용료, 기술료, 시험검사비, 지급임차료, 보험료, 보관비, 외주가공비, 안전관리비, 기타의 현장에 사용되는 비용을 말한다.
• 할증률: 판재(10%), 각재(5%), 붉은 벽돌(3%), 유리(1%)

03 ⑤ 개산견적은 대략적으로 산출하는 방법으로, 단위기준과 비례기준에 의한 견적이 있다.

04 표준품셈의 적용에 관한 설명으로 옳지 않은 것은?

① 일일 작업시간은 8시간을 기준으로 한다.
② 건설공사의 예정가격 산정시 공사규모, 공사기간 및 현장조건 등을 감안하여 가장 합리적인 공법을 채택한다.
③ 볼트의 구멍은 구조물의 수량에서 공제한다.
④ 수량의 단위는 C.G.S 단위를 원칙으로 한다.
⑤ 철근콘크리트의 일반적인 추정 단위중량은 2.4ton/m^3이다.

대표예제 40 할증률 ★★★

소요수량 산출시 할증률이 가장 작은 재료는? 제23회

① 도료
② 이형철근
③ 유리
④ 일반용 합판
⑤ 석고보드

해설 | 재료의 할증률

부재명	할증률	종류	할증률
유리	1%	시멘트 벽돌, 시멘트 기와, 원형철근, 경량형강, 소형형강, 봉강, 강관, 볼트, 리벳, 목재(각재), 합판(수장용)	5%
도료, 시멘트	2%		
붉은 벽돌, 내화벽돌, 치장벽돌, 슬레이트, 타일, 고장력볼트, 이형철근, 합판(일반용)	3%	대형형강	7%
		강판, 단열재, 목재(판재)	10%
블록	4%	석재	30%

기본서 p.352~354

정답 ③

05 표준품셈에서 재료의 할증률로 옳은 것은? 제21회

① 이형철근 - 3%
② 시멘트 벽돌 - 3%
③ 목재(각재) - 3%
④ 고장력볼트 - 5%
⑤ 유리 - 5%

06 건축 표준품셈의 설명으로 옳지 않은 것은? 제18회

① 이형철근의 할증률은 3%이다.
② 비닐타일의 할증률은 5%이다.
③ 상시 일반적으로 사용하는 일반공구 및 시험용 계측기구류의 공구손료는 인력품의 3%까지 계상한다.
④ 20층 이하 건물 품의 할증률은 7%이다.
⑤ 소음, 진동 등의 사유로 작업능력 저하가 현저할 때 품의 할증시 50%까지 가산할 수 있다.

07 건설공사 표준품셈의 적용기준에 관한 설명으로 옳은 것은?

① 시멘트 벽돌의 할증은 3%로 한다.
② 철근콘크리트의 단위중량은 2,300kg/m^{3}이다.
③ 수량의 계산은 지정소수위 이하 1위까지 구하고 끝수는 버린다.
④ 콘크리트 체적 계산시 콘크리트에 배근된 철근의 체적은 제외한다.
⑤ 재료 및 자재단가에 운반비가 포함되어 있지 않은 경우 구입장소로부터 현장까지의 운반비를 계상할 수 있다.

정답 및 해설

04 ③ 볼트의 구멍은 구조물의 수량에서 공제하지 않는다.
▶ 재료량 산출시 공제하지 않는 것
- 철근콘크리트 중의 철근의 체적
- 콘크리트 구조물의 지정인 말뚝머리
- 볼트 및 리벳의 구멍
- 모따기
- 이음줄눈의 간격

05 ① ② 시멘트 벽돌 – 5% ③ 목재 – 10%
④ 고장력볼트 – 3% ⑤ 유리 – 1%

06 ④ 20층 이하 건물 품의 할증률은 5%이다.

07 ⑤ ① 시멘트 벽돌의 할증은 5%로 한다.
② 철근콘크리트의 단위중량은 2,400kg/m^{3}이다.
③ 수량의 계산은 지정소수위 이하 1위까지 구하고 끝수는 사사오입한다.
④ 콘크리트 체적 계산시 콘크리트에 배근된 철근의 체적은 제외하지 않는다.

대표예제 41 조적 적산★★★

벽돌 담장의 크기를 길이 8m, 높이 2.5m, 두께 2.0B[콘크리트(시멘트) 벽돌 1.5B + 붉은 벽돌 0.5B]로 할 때 콘크리트(시멘트) 벽돌과 붉은 벽돌의 정미량은? (단, 사용 벽돌은 모두 표준형 190mm × 90mm × 57mm로 하고, 줄눈은 10mm로 하며, 소수점 이하는 무조건 올림한다)

제25회

① 콘크리트(시멘트) 벽돌: 1,500매, 붉은 벽돌: 4,704매
② 콘크리트(시멘트) 벽돌: 1,545매, 붉은 벽돌: 4,480매
③ 콘크리트(시멘트) 벽돌: 4,480매, 붉은 벽돌: 1,500매
④ 콘크리트(시멘트) 벽돌: 4,480매, 붉은 벽돌: 1,545매
⑤ 콘크리트(시멘트) 벽돌: 4,704매, 붉은 벽돌: 1,545매

해설 | • 콘크리트(시멘트) 벽돌의 정미량 = 8m × 2.5m × 224매 = 4,480매
• 붉은 벽돌의 정미량 = 8m × 2.5m × 75매 = 1,500매

기본서 p.355~356

정답 ③

08 화단벽체를 조적으로 시공하고자 한다. 길이 12m, 높이 1m, 두께 1.5B[내부 콘크리트(시멘트) 벽돌 1.0B, 외부 붉은 벽돌 0.5B]로 쌓을 때 콘크리트(시멘트) 벽돌과 붉은 벽돌의 소요량은? [단, 벽돌의 크기는 표준형(190 × 90 × 57mm)으로 하고, 줄눈은 10mm로 하며, 소수점 이하는 무조건 올림으로 한다]

제22회

① 콘크리트(시멘트) 벽돌: 945매, 붉은 벽돌 : 1,842매
② 콘크리트(시멘트) 벽돌: 1,842매, 붉은 벽돌 : 927매
③ 콘크리트(시멘트) 벽돌: 1,842매, 붉은 벽돌 : 945매
④ 콘크리트(시멘트) 벽돌: 1,878매, 붉은 벽돌 : 927매
⑤ 콘크리트(시멘트) 벽돌: 1,878매, 붉은 벽돌 : 945매

09 길이 10m, 높이 4m, 두께 1.0B인 벽체를 표준형 콘크리트(시멘트) 벽돌(190 × 90 × 57mm)로 쌓을 때의 소요량은? (단, 줄눈은 10mm로 한다)

제20회

① 3,000매 ② 3,150매 ③ 5,960매
④ 6,258매 ⑤ 8,960매

10 길이 15m, 높이 3m의 내벽을 바름두께 20mm 모르타르 미장을 할 때, 재료할증이 포함된 시멘트와 모래의 양은 약 얼마인가? (단, 모르타르 $1m^3$당 재료의 양은 아래 표를 참조하며, 재료의 할증이 포함되어 있다)

제18회

시멘트(kg)	모래(m^3)
510	11.1

① 시멘트 359kg, 모래 $0.79m^3$
② 시멘트 359kg, 모래 $0.89m^3$
③ 시멘트 359kg, 모래 $0.99m^3$
④ 시멘트 459kg, 모래 $0.89m^3$
⑤ 시멘트 459kg, 모래 $0.99m^3$

11 길이 5m, 높이 3m의 벽돌벽을 두께 1.0B로 쌓을 때 요구되는 벽돌의 정미량은? (단, 벽돌은 표준형을 사용하며, 줄눈의 너비는 10mm로 한다)

제14회

① 1,735매
② 2,235매
③ 2,735매
④ 3,235매
⑤ 3,735매

정답 및 해설

08 ④
- 콘크리트(시멘트) 벽돌의 소요량 = (12,000 × 1,000 × 149) × 1.05 = 1,877.4 = 1,878매
- 붉은 벽돌의 소요량 = (12,000 × 1,000 × 75) × 1.03 = 927매

09 ④ 콘크리트(시멘트) 벽돌의 소요량 = 10 × 4 × 149 × 1.05 = 6,258매

10 ⑤
- 시멘트의 양 = (15 × 3 × 0.02) × 510 = 459kg
- 모래의 양 = (15 × 3 × 0.02) × 1.1 = $0.99m^3$

11 ② 벽돌의 정미량 = 149 × (3 × 5) = 2,235매

12 길이 12.0m, 높이 3.0m인 벽체를 1.5B(내부 1.0B 시멘트 벽돌, 외부 0.5B 붉은 벽돌)로 쌓을 때 외부에 쌓는 0.5B 붉은 벽돌(190mm × 90mm × 57mm)의 소요량은? (단, 줄눈은 10mm로 한다) 제21회

① 2,700매
② 2,781매
③ 2,800매
④ 2,888매
⑤ 2,991매

13 한 층의 높이가 3m인 철근콘크리트 건물에서 바닥판 두께가 100mm, 단면의 크기가 가로(300mm) × 세로(200mm)인 장방형기둥이 10개 배치된 경우 한 층 기둥의 거푸집 면적으로 맞는 것은?

① $22m^2$
② $29m^2$
③ $32m^2$
④ $35m^2$
⑤ $42m^2$

14 가로(40cm) × 세로(50cm) × 높이(500cm)인 철근콘크리트 기둥이 20개일 때, 기둥의 전체 중량은?

① 32ton
② 40ton
③ 48ton
④ 56ton
⑤ 60ton

15 거푸집 면적의 산출방법에 대한 설명으로 옳지 않은 것은?

① 콘크리트 $1m^3$당 거푸집 면적은 대략 $5\sim8m^2$ 정도이다.
② 기둥 거푸집 면적 산정시 기둥 높이는 상하층 바닥 안목간의 높이를 적용한다.
③ 기초 경사부의 경우 경사도 30° 미만이면 거푸집 면적을 계상한다.
④ 기초와 지중보, 기둥과 벽체의 접합부 면적은 거푸집 면적에서 공제하지 않는다.
⑤ $1m^2$ 이하의 개구부는 주위의 사용재를 고려하여 거푸집 면적에서 공제하지 않는다.

16 **다음 조건에서 벽면적 150m²에 소요되는 콘크리트(시멘트) 벽돌의 정미량(매)은? (단, 재료의 할증은 없으며, 소수점 첫째자리에서 반올림한다)** 제19회

> 조건: 표준형 벽돌(190 × 90 × 57mm), 벽두께 1.0B, 줄눈너비 10mm

① 11,250매
② 11,813매
③ 22,350매
④ 23,468매
⑤ 33,600매

17 **시멘트 600포대를 저장할 수 있는 시멘트 창고의 최소필요면적으로 옳은 것은?**

① $18.46m^2$
② $21.64m^2$
③ $23.25m^2$
④ $25.84m^2$
⑤ $28.31m^2$

정답 및 해설

12 ② 붉은 벽돌의 소요량 = 12 × 3 × 75 × 1.03 = 2,781매

13 ② 기둥의 거푸집 면적 = 기둥 둘레길이 × (층높이 − 슬래브 두께) × 기둥 개수
= 1 × (3 − 0.1) × 10 = $29m^2$

14 ③ 중량 = 단위중량 × 부피 = 2.4 × (0.4 × 0.5 × 5) × 20개 = 48ton

15 ③ 기초 경사부의 경우 경사도 30° 이상이면 거푸집 면적을 계상한다.

16 ③ 정미량 = 150 × 149 = 22,350매

17 ① 시멘트 창고 면적 산출식

$$A = 0.4 \times \frac{N}{n} (m^2)$$

여기서, N : 쌓아야 할 포대 수
(1) $N \leq 600$포 : N = 총량
(2) $600 < N \leq 1{,}800$포 : $N = 600$
(3) $1{,}800 < N$: $N = \text{총량} \times \frac{1}{3}$

n : 쌓기 단수(13단)
단, 저장일수가 3개월 이상일 때 n = 7포

$$\therefore A = 0.4 \times \frac{600}{13} = 18.46m^2$$

제1편 건축구조

제12장

18 옥상 평슬래브(가로 18m, 세로 10m)에 8층(3겹) 아스팔트 방수시 방수면적은? [단, 4면의 수직 파라펫(parapet)의 방수높이는 30cm로 한다]

① $180.0m^2$　　② $188.4m^2$
③ $196.8m^2$　　④ $200.0m^2$
⑤ $209.2m^2$

19 벽돌공사 적산에 대한 설명으로 옳지 않은 것은?

① 벽돌의 정미수량은 벽체 두께별로 벽돌쌓기 면적에 단위면적당 벽돌 기준량을 곱하여 산출한다.
② 벽돌의 소요수량 산정시 적용되는 할증률은 시멘트 벽돌이 붉은 벽돌의 경우보다 크다.
③ 벽돌쌓기 면적산출에서 개구부의 면적은 공제하나 인방보의 면적은 포함한다.
④ 헌치보에 접한 부분의 벽돌쌓기 면적은 헌치부분의 면적을 공제하지 않고 산출한다.
⑤ 치장쌓기용 모르타르 배합비는 1 : 3이고, 치장줄눈용 모르타르 배합비는 1 : 1이다.

20 벽면적 $4.8m^2$ 크기에 1.5B 두께로 시멘트 벽돌을 쌓고자 할 때 소요매수는? (단, 표준형 벽돌을 사용하며 손실률은 4%로 한다)

① 1,118매　　② 1,215매
③ 1,198매　　④ 1,168매
⑤ 1,235매

21 콘크리트 블록 벽체 길이가 4m, 높이가 7m인 벽을 기본형 블록으로 쌓을 경우 블록 매수로 맞는 것은? (할증률 4%를 포함한다)

① 145매　　② 195매
③ 265매　　④ 364매
⑤ 390매

대표예제 42 타일 적산★★★

다음 조건으로 산출한 타일의 정미수량은?

- 바닥크기: 11.2m × 6.4m
- 개소: 2개소
- 타일크기: 150mm × 150mm
- 줄눈간격: 10mm

① 2,600매
② 2,800매
③ 5,200매
④ 5,600매
⑤ 6,800매

해설 |

$$타일의\ 정미수량 = \frac{타일면적}{(타일\ 한\ 변\ 길이 + 줄눈두께) \times (타일\ 다른\ 변\ 길이 + 줄눈두께)}$$

$$= \frac{(11.2 \times 6.4) \times 2}{(0.15 + 0.01) \times (0.15 + 0.01)}$$

$$= 5{,}600매$$

기본서 p.356~357

정답 ④

정답 및 해설

18 ③ (1) 바닥 방수면적 = 18 × 10 = 180
(2) 가로 파라펫 방수면적 = (18 × 0.3) × 2 = 10.8
(3) 세로 파라펫 방수면적 = (10 × 0.3) × 2 = 6
(4) 총방수면적 = 180 + 10.8 + 6 = 196.8m^2

19 ③ 인방보의 면적도 <u>공제된다</u>.

20 ① (1) 벽체의 두께별로 벽면을 산출하고 여기에 단위면적당($1m^2$) 장수를 곱하여 벽돌의 정미량을 산출한다.

＊단위수량($1m^2$당), 단위(장)

구분	0.5B	1.0B	1.5B	2.0B
표준형	75	149	224	298
기존형	65	130	195	260
내화벽돌	59	118	177	236

(2) 벽돌의 소요량은 정미량에서 시멘트 벽돌 5%, 붉은 벽돌 3%, 내화벽돌 3%의 할증을 가산하여 구한다.
∴ 소요량 = 정미량 + 할증률 = 224 × 4.8 × 1.04 = 1,118.2매

21 ④ 4m × 7m × 13매 = 364매

▶ $1m^2$당 블록매수(할증률 4% 포함)

구분	치수	소요량
기본형	390 × 190 × 100 / 150 / 190	13매/m^2
장려형	290 × 190 × 100 / 150 / 190	17매/m^2

22 타일 108mm, 각 줄눈 5mm로 타일 $6m^2$를 붙일 때 타일 장수는? (단, 정미량으로 한다)

① 350장
② 400장
③ 470장
④ 520장
⑤ 550장

23 건물 층수별 할증률이 옳지 않은 것을 모두 고른 것은?

㉠ 2층에서 5층 이하: 1%
㉡ 10층 이하: 2%
㉢ 15층 이하: 3%
㉣ 20층 이하: 4%
㉤ 25층 이하: 5%

① ㉠, ㉡
② ㉠, ㉢, ㉣, ㉤
③ ㉢, ㉤
④ ㉠, ㉡, ㉤
⑤ ㉡, ㉢, ㉣, ㉤

정답 및 해설

22 ③

$$\text{타일 장수} = \frac{\text{타일면적}}{(\text{타일 한 변 길이} + \text{줄눈두께}) \times (\text{타일 다른 변 길이} + \text{줄눈두께})}$$

$$= \frac{6}{(0.108 + 0.005) \times (0.108 + 0.005)} = 469.8880 \cdots$$

∴ 470장

23 ⑤ ㉡ 10층 이하: 3%
㉢ 15층 이하: 4%
㉣ 20층 이하: 5%
㉤ 25층 이하: 6%

▶ 건물 층수별 할증률

2~5층 이하	1%
10층 이하	3%
15층 이하	4%
20층 이하	5%
25층 이하	6%
30층 이하	7%
30층 초과하는 경우	매 5층 증가시마다 1% 증가
지하 1층	1%
지하 2~5층	2%
지하 6층 이하	상황에 따라 별도 계상

10개년 출제비중분석

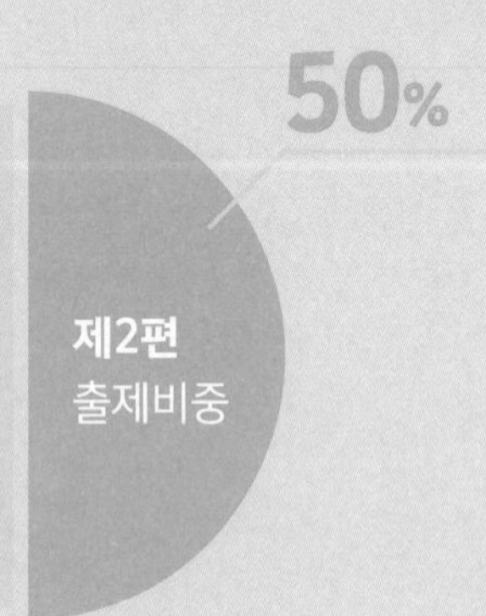

장별 출제비중

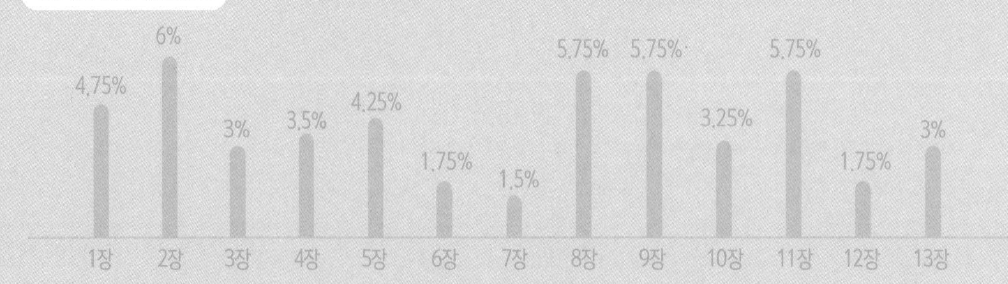

제2편

건축설비

제1장 총론

대표예제 43 물, 열의 기초이론 ★★★

건축설비의 기초사항에 관한 내용으로 옳은 것은? 제25회

① 순수한 물은 1기압하에서 4℃일 때 가장 무겁고 부피는 최대가 된다.
② 섭씨 절대온도는 섭씨온도에 459.7을 더한 값이다.
③ 비체적이란 체적을 질량으로 나눈 것이다.
④ 물체의 상태변화 없이 온도가 변화할 때 필요한 열량은 잠열이다.
⑤ 열용량은 단위 중량 물체의 온도를 1℃ 올리는 데 필요한 열량이다.

오답체크
① 순수한 물은 1기압하에서 4℃일 때 가장 무겁고 부피는 최소가 된다.
② 섭씨 절대온도는 섭씨온도에 273을 더한 값이다.
④ 물체의 상태변화 없이 온도가 변화할 때 필요한 열량은 현열이다.
⑤ 비열은 단위 중량 물체의 온도를 1℃ 올리는 데 필요한 열량이다.

기본서 p.371~375

정답 ③

종합

01 건축설비의 기초사항에 관한 내용으로 옳은 것을 모두 고른 것은? 제26회

㉠ 순수한 물은 1기압하에서 4℃일 때 밀도가 가장 작다.
㉡ 정지해 있는 물에서 임의의 점의 압력은 모든 방향으로 같고 수면으로부터 깊이에 비례한다.
㉢ 배관에 흐르는 물의 마찰손실수두는 관의 길이와 마찰계수에 비례하고 유속의 제곱에 비례한다.
㉣ 관경이 달라지는 수평관 속에서 물이 정상흐름을 할 때, 관경이 클수록 유속이 느려진다.

① ㉠, ㉡
② ㉢, ㉣
③ ㉠, ㉡, ㉢
④ ㉡, ㉢, ㉣
⑤ ㉠, ㉡, ㉢, ㉣

종합

02 건축설비에 관한 내용으로 옳은 것은?

제22회

① 배관 내를 흐르는 물과 배관 표면과의 마찰력은 물의 속도에 반비례한다.
② 물체의 열전도율은 그 물체 1kg을 1℃ 올리는 데 필요한 열량을 말한다.
③ 공기가 가지고 있는 열량 중, 공기의 온도에 관한 것이 잠열, 습도에 관한 것이 현열이다.
④ 동일한 양의 물이 배관 내를 흐를 때 배관의 단면적이 2배가 되면 물의 속도는 4분의 1배가 된다.
⑤ 실외의 동일한 장소에서 기압을 측정하면 절대압력이 게이지압력보다 큰 값을 나타낸다.

03 건축설비의 기본사항으로 옳지 않은 것은?

① 순수한 물은 1기압하에서 4℃일 때 가장 무겁고, 그 부피는 최소가 된다.
② 액체의 압력은 임의의 면에 대하여 수직으로 작용하며, 액체 내 임의의 점에서 압력세기는 어느 방향이나 동일하게 작용한다.
③ 일정량의 기체 체적과 압력의 곱은 기체의 절대온도에 비례한다.
④ 유체의 마찰력은 접촉하는 고체 표면의 크기, 거칠기, 속도의 제곱에 반비례한다.
⑤ 열은 고온물체에서 저온물체로 자연적으로 이동하지만, 저온물체에서 고온물체로는 그 자체만으로는 이동할 수 없다.

정답 및 해설

01 ④ ㉠ 순수한 물은 1기압하에서 4℃일 때 밀도(질량/체적)가 가장 크다.

02 ⑤ ① 배관 내를 흐르는 물과 배관 표면과의 마찰력은 물의 속도의 제곱에 비례한다.
② 물체의 비열은 그 물체 1kg을 1℃ 올리는 데 필요한 열량을 말한다.
③ 공기가 가지고 있는 열량 중, 공기의 온도에 관한 것이 현열, 습도에 관한 것이 잠열이다.
④ 동일한 양의 물이 배관 내를 흐를 때 배관의 단면적이 2배가 되면 물의 속도는 2분의 1배가 된다.

03 ④ 유체의 마찰력은 접촉하는 고체 표면의 크기, 거칠기, 속도의 제곱에 비례한다.

종합

04 다음의 용어에 관한 설명으로 옳은 것은?

제19회

① 열용량은 어떤 물질 1kg을 1°C 올리기 위하여 필요한 열량을 의미하며, 단위는 kJ/kg · K이다.
② ppm은 농도를 나타내는 단위로 1ppm은 1g/L와 같다.
③ 엔탈피는 어떤 물질이 가지고 있는 열량을 나타내는 것으로, 현열량과 잠열량의 합이다.
④ 노점온도는 어떤 공기의 상대습도가 100%가 되는 온도로, 공기의 절대습도가 낮을수록 노점온도는 높아진다.
⑤ 크로스커넥션(cross connection)은 급수, 급탕배관을 함께 묶어 필요에 따라 급수와 급탕을 동시에 공급할 목적으로 하는 배관이다.

05 다음 설명 중 옳지 않은 것은?

① 물의 높이 1m는 압력으로 나타낼 때 약 9.8kPa이다.
② 절대압력은 게이지압력과 그때의 대기압의 합이다.
③ 베르누이 정리에 의하면, 유속이 빠른 곳이 정압이 작다.
④ 먹는물의 수소이온농도 범위는 pH 2.5 이상, pH 5.7 이하이다.
⑤ 마찰손실은 관의 길이, 손실계수(마찰계수)에 비례하고 관경에 반비례한다.

06 단위의 조합으로 옳지 않은 것은?

① 비열: kJ/kg · K
② 절대습도: kg/kg
③ 상대습도: %
④ 엔탈피: W/K
⑤ 열관류: W/m^2K

대표예제 44 마찰손실수두 ★★★

배관의 마찰손실수두 계산시 고려해야 할 사항으로 옳은 것을 모두 고른 것은? 제25회

㉠ 배관의 관경
㉡ 배관의 길이
㉢ 배관 내 유속
㉣ 배관의 마찰계수

① ㉠, ㉢
② ㉡, ㉣
③ ㉠, ㉡, ㉣
④ ㉡, ㉢, ㉣
⑤ ㉠, ㉡, ㉢, ㉣

해설 | 배관의 마찰손실수두(h) = $f \cdot \frac{l}{d} \cdot \frac{v^2}{2g}$

f: 배관의 마찰계수, l: 배관의 길이, d: 배관의 관경
v: 배관 내 유속, g: 중력가속도

기본서 p.372~373

정답 ⑤

07 급수배관 내부의 압력손실에 관한 설명으로 옳지 않은 것은? 제18회

① 유체의 점성이 커질수록 증가한다.
② 직관보다 곡관의 경우가 증가한다.
③ 배관의 관지름이 작아질수록 증가한다.
④ 배관 길이가 길어질수록 증가한다.
⑤ 배관 내 유속이 느릴수록 증가한다.

정답 및 해설

04 ③ ① 비열은 어떤 물질 1kg을 1°C 올리기 위하여 필요한 열량을 의미하며 단위는 kJ/kg · K이다.
② ppm은 농도를 나타내는 단위로 1ppm은 1mg/L와 같다.
④ 노점온도는 어떤 공기의 상대습도가 100%가 되는 온도로, 공기의 절대습도가 낮을수록 노점온도는 낮아진다.
⑤ 크로스커넥션(cross connection)은 플러시밸브식 대변기에서 오수가 역류해서 오염시키는 현상이다.

05 ④ 먹는물의 수소이온농도 범위는 pH 5.8 이상, pH 8.5 이하이다.

06 ④ 엔탈피: W/kg

07 ⑤ 배관 내 유속이 느릴수록 감소한다.

$$H = f \cdot \frac{l}{d} \cdot \frac{v^2}{2g}$$

08 배관의 직경이 100mm인 관내에 유체가 2.0m/s로 흐르고 있는 경우, 배관 길이 1m에 작용하는 마찰손실수두는 얼마인가? (단, 마찰계수는 0.01로 한다)

① 약 0.01mAq
② 약 0.02mAq
③ 약 0.03mAq
④ 약 0.04mAq
⑤ 약 0.05mAq

대표예제 45 **전열★★**

열관류율 계산시 직접 관계가 없는 것은?

① 실내 열전달률
② 벽체의 온도
③ 벽체의 두께
④ 벽체의 열전도율
⑤ 실외 열전달률

해설 | 열관류율 = $\dfrac{1}{\dfrac{1}{a_1} + \sum\dfrac{d}{\lambda} + \dfrac{1}{a_2}}$

a_1, a_2: 실내 · 외 열전달률, d: 벽체의 두께, λ: 벽체의 열전도율
그러므로 벽체의 온도와 열관류율과는 관계가 없다.

기본서 p.375~379

정답 ②

고난도

09 기존 벽체의 열관류율을 0.25W/m² · K에서 0.16W/m² · K로 낮추고자 할 때, 추가해야 할 단열재의 최소두께(mm)는 얼마인가? (단, 단열재의 열전도율은 0.04W/m · K이다)

제26회

① 25
② 30
③ 60
④ 90
⑤ 120

고난도

10 기존 열관류저항이 3.0m² · K/W인 벽체에 열전도율 0.04W/m · K인 단열재 40mm를 보강하였다. 이때 단열이 보강된 벽체의 열관류율(W/m² · K)은 약 얼마인가? 제23회

① 0.10
② 0.15
③ 0.20
④ 0.25
⑤ 0.30

정답 및 해설

08 ②

$$\text{마찰손실수두} = \frac{f \times l \times v^2}{d \times 2g} = \frac{0.01 \times 1 \times 2^2}{0.1 \times 2 \times 9.8} = 0.020408\text{mAq}$$

09 ④

$$\text{열관류율(K)} = \frac{1}{\frac{1}{a_1} + \Sigma\frac{d}{\lambda} + \frac{1}{a_2}}$$

a_1, a_2: 실내 · 외 열전달률, d: 벽체의 두께(m), λ: 벽체의 열전도율

$$\text{열관류율(K)} = \frac{1}{\frac{\text{벽두께}}{\text{열전도율}}} = \frac{\text{열전도율}}{\text{벽두께(단열재두께)}}$$

(1) $0.25 = \frac{0.04}{x}$

$x = \frac{0.04}{0.25} = 0.16(\text{m})$

(2) $0.16 = \frac{0.04}{x}$

$x = \frac{0.04}{0.16} = 0.25(\text{m})$

(3) (2) − (1) = 0.25 − 0.16 = 0.09(m) = 90(mm)

10 ④

(1) $\text{열관류율} = \frac{1}{\text{열관류저항}}$

(2) $\text{열관류저항} = \frac{\text{단열재두께}}{\text{열전도율}} = \frac{0.04}{0.04} = 1$

(3) 전체 열관류저항 = 3 + 1 = 4

$\therefore\ \text{열관류율} = \frac{1}{\text{열관류저항}} = \frac{1}{4} = 0.25(\text{W/m}^2 \cdot \text{K})$

고난도

11 **습공기에 관한 설명으로 옳지 않은 것은?** 제18회

① 현열비는 전열량에 대한 현열량의 비율이다.
② 습공기의 엔탈피는 습공기의 현열량이다.
③ 건구온도가 일정한 경우, 상대습도가 높을수록 노점온도는 높아진다.
④ 절대습도가 커질수록 수증기분압은 커진다.
⑤ 습공기의 비용적은 건구온도가 높을수록 커진다.

12 **겨울철 벽체의 표면결로 방지대책으로 옳지 않은 것은?** 제21회

① 실내에서 발생하는 수증기량을 줄인다.
② 환기를 통해 실내의 절대습도를 낮춘다.
③ 벽체의 단열강화를 통해 실내측 표면온도를 높인다.
④ 실내측 표면온도를 주변공기의 노점온도보다 낮춘다.
⑤ 난방기기를 이용하여 벽체의 실내측 표면온도를 높인다.

13 **도일에 대한 설명으로 옳지 않은 것은?**

① 난방도일은 실내온도가 같으면 실외온도가 달라도 어느 지역에서나 그 값이 일정하다.
② 난방도일이 작을수록 연료의 소비량이 적어진다.
③ 난방도일의 단위는 ℃ · day이다.
④ 난방도일은 추운 정도를 나타내는 지표가 될 수 있다.
⑤ 실내의 평균기온과 외기의 평균기온과의 차에 일(days)을 곱한 것을 말한다.

14 벽체의 전열에 관한 설명으로 옳지 않은 것은?

① 재료에 습기가 차거나 함수량이 큰 경우 열전도율은 커진다.
② 벽체 내의 공기층의 단열효과는 공기층의 기밀성이나 두께에 큰 관계가 있다.
③ 외벽의 모서리 부분의 열관류율은 다른 부분의 열관류율보다 크다.
④ 벽체의 열전도저항은 벽체에 닿는 풍속이 클수록 작다.
⑤ 공기층이 있는 경우 공기층이 증가한다면 단열효과는 항상 증가한다.

고난도

15 온도에 대한 설명으로 옳은 것은?

① 습구온도는 반드시 건구온도보다 높다.
② 습구온도는 공기 중에 수분이 많을수록 낮다.
③ 포화공기상태에서 건구온도와 습구온도가 같다.
④ 건구온도와 습구온도 차이가 클수록 공기 중의 습도는 높은 것이다.
⑤ 공기 중의 수분을 제거하면 노점온도는 높아진다.

정답 및 해설

11 ② 습공기의 엔탈피는 습공기의 현열량에 잠열량을 합한 것이다.

12 ④ 실내측 표면온도를 주변공기의 노점온도보다 높인다.

13 ① 난방도일의 역할
- 난방도일은 연료소비량을 추정 · 평가하는 데 사용된다.
- 어느 지방의 추운 정도를 나타내는 지표이다.
- 그 지방의 연료소비량 추정에 이용된다(연료소비량을 산정할 수는 없다).
- 실내의 평균기온과 외기의 평균기온과의 차에 일수를 곱한 것으로 난방도일의 단위는 ℃ · day를 사용한다.
- 난방도일 값이 클수록 연료소비량이 많다.

14 ⑤ 공기층이 있는 경우 공기층이 증가한다면 단열효과는 항상 증가하는 것은 아니다.

15 ③ ① 습구온도는 반드시 건구온도보다 낮다.
② 습구온도는 공기 중에 수분이 많을수록 높다.
④ 건구온도와 습구온도 차이가 클수록 공기 중의 습도는 낮은 것이다.
⑤ 공기 중의 수분을 제거하면 노점온도는 낮아진다.

고난도

16 건축물의 에너지절약설계기준에 따른 기계설비부문에 대한 설명으로 옳지 않은 것은?

① 위험률은 냉(난)방기간 동안 또는 연간 총시간에 대한 온도출현분포 중에서 가장 높은(낮은) 온도쪽으로부터 총시간의 일정 비율에 해당하는 온도를 포함시키는 비율을 말한다.

② 효율은 설비기기에 공급된 에너지에 대하여 출력된 유효에너지의 비율을 말한다.

③ 열원설비는 에너지를 이용하여 열을 발생시키는 설비를 말한다.

④ 대수분할운전은 기기를 여러 대 설치하여 부하상태에 따라 최적 운전상태를 유지할 수 있도록 기기를 조합하여 운전하는 방식을 말한다.

⑤ 비례제어운전은 기기의 출력값과 목표값의 편차에 비례하여 입력량을 조절하여 최적 운전상태를 유지할 수 있도록 운전하는 방식을 말한다.

17 인체의 쾌적상태에 영향을 미치는 물리적 요소 4가지를 조합하여 만든 쾌적지표는?

① 수정유효온도
② 유효온도
③ 흑구온도
④ 작용온도
⑤ 합성온도

18 건축물의 에너지절약설계기준에 따른 기밀 및 결로방지에 관한 설명으로 옳지 않은 것은?

① 단열재의 이음부는 최대한 밀착하여 시공하거나 2장을 엇갈리게 시공한다.

② 벽체 내부의 결로를 방지하기 위하여 단열재의 실외측에 방습층을 설치한다.

③ 건축물 외피 단열부위의 접합부, 틈 등은 밀폐될 수 있도록 코킹과 가스켓 등을 사용하여 기밀하게 처리한다.

④ 단열부위가 만나는 모서리 부위는 알루미늄박 또는 플라스틱계 필름 등을 사용할 경우에는 150mm 이상 중첩되게 시공한다.

⑤ 알루미늄박 또는 플라스틱계 필름 등을 사용하는 방습층의 이음부는 100mm 이상 중첩하고 내습성 테이프 등으로 기밀하게 마감한다.

대표예제 46 연속의 법칙 ★★★

유량 280L/min, 유속 3m/sec일 때 관의 규격으로 가장 적합한 것은?

① 2A ② 25A
③ 32A ④ 50A
⑤ 65A

해설 | $d = \sqrt{\dfrac{4Q}{\pi V}} = 1.13\sqrt{\dfrac{Q}{V}} = 1.13\sqrt{\dfrac{280}{3}} = 1.13\sqrt{\dfrac{0.0046m^3/s}{3m/s}} = 0.0445 = 50A$

기본서 p.372

정답 ④

고난도

19 관경 50mm로 시간당 3,000kg의 물을 공급하고자 할 때, 배관 내 유속(m/s)은 약 얼마인가? (단, 배관 속의 물은 비압축성, 정상류로 가정하며, 원주율은 3.14로 한다)

제20회

① 0.15 ② 0.42
③ 1.32 ④ 4.14
⑤ 13.0

정답 및 해설

16 ① 위험률은 냉(난)방기간 동안 또는 연간 총시간에 대한 온도출현분포 중에서 가장 높은(낮은) 온도쪽으로부터 총시간의 일정 비율에 해당하는 온도를 제외시키는 비율을 말한다.

17 ① 수정유효온도(Corrected Effective Temperature)는 건구온도 대신 글로브온도를 사용하여 복사열을 고려한 쾌적지표로서 온도, 습도, 기류, 복사열로 나타낸다.

18 ② 벽체 내부의 결로를 방지하기 위하여 단열재의 실내측에 방습층을 설치한다.

19 ②

$$Q = A \times V = \frac{\pi d^2}{4} V$$

$$V = \frac{4Q}{\pi d^2} = \frac{\dfrac{4 \times 3}{3,600}}{3.14 \times (0.05)^2} = \frac{0.0033}{0.00785} = 0.42(m/s)$$

20 물이 흐르고 있는 원형 배관에서 관지름이 2분의 1로 감소된다면, 이때 배관의 물의 속도는 몇 배로 증가하는가? (단, 배관 속의 물은 비압축성, 정상류로 가정한다)

① 2배
② 4배
③ 8배
④ 16배
⑤ 32배

고난도

21 내경이 20cm인 관내를 유속 1.2m/s의 물이 흐르고 있을 때 유량은 얼마인가?

① $0.028m^3/s$
② $0.038m^3/s$
③ $0.048m^3/s$
④ $0.058m^3/s$
⑤ $0.068m^3/s$

대표예제 47 흡음과 차음 ★★★

흡음 및 차음에 관한 설명으로 옳지 않은 것은?

① 벽의 차음성능은 투과손실이 클수록 높다.
② 차음성능이 높은 재료는 흡음성도 높다.
③ 벽의 차음성능은 사용재료의 면밀도에 크게 영향을 받는다.
④ 벽의 차음성능은 동일 재료에서도 두께와 시공법에 따라 다르다.
⑤ 차음성능이 높은 재료는 비중이 크다.

해설 | 차음성능이 높은 재료는 흡음성이 낮다.

기본서 p.323

정답 ②

종합

22 설비시스템의 소음방지에 관한 설명으로 옳지 않은 것은?

① 급수계통 배관은 유속과 급수압력을 적정하게 조절한다.
② 덕트계통에서는 마찰저항을 최소로 하여 송풍기정압을 감소시킨다.
③ 벽체를 관통하는 배관은 구조체와 직접 접촉하지 않도록 완충재를 사용하여 전달소음을 저감시키도록 한다.
④ 진동발생장비는 장비 하부에 방진재(防振材)를 설치하거나, 바닥 또는 실 전체를 뜬바닥(floating floor)구조로 한다.
⑤ 소음이 공기전달음인 경우에는 제진재를, 구조체를 통한 고체전달음의 경우에는 흡음재 및 차단재를 설치하는 것이 소음방지에 가장 효과적이다.

정답 및 해설

20 ② $Q = A \times V$

$$V = \frac{Q}{A}\left(A = \frac{\pi d^2}{4}\right)$$

$$V = \frac{1}{\left(\frac{1}{2}\right)^2}$$ = 4배(유속은 관경의 제곱에 반비례한다)

21 ② 유량은 관 속을 흐르는 물의 양을 말하며, 계산식은 다음과 같다.

$Q = A \times V$

$$Q = \frac{\pi d^2}{4} \times V$$

$Q(m^3/sec)$: 유량, $V(m/sec)$: 유속, $d(m)$: 관경, A: 관의 단면적$\left(\frac{\pi d^2}{4}\right)$

$$\therefore \frac{3.14 \times 0.2^2}{4} \times 1.2 = 0.03768 m^3/s$$

22 ⑤ 소음이 공기전달음인 경우에는 차음재·방음재를, 구조체를 통한 고체전달음의 경우에는 제진재를 설치하는 것이 소음방지에 가장 효과적이다.

제2장 급수설비

대표예제 48 급수일반 ★★★

수질 및 그 용도에 관한 설명으로 옳지 않은 것은?

① 일반적으로 경수를 끓이면 연수가 된다.
② 연수는 경수에 비해 세탁용으로 적합하다.
③ 먹는물의 색도는 5도를 넘지 않아야 한다.
④ 보일러 용수로는 연수에 비해 경수가 적합하다.
⑤ 먹는물의 수소이온농도는 pH 5.8 이상 pH 8.5 이하이어야 한다.

해설 | 보일러 용수로는 연수가 적합하다.

기본서 p.393~401

정답 ④

고난도

01 **먹는물 수질기준 및 검사 등에 관한 규칙상 음료수 중 수돗물의 수질기준으로 옳지 않은 것은?**

제19회

① 경도(硬度)는 1,000mg/L를 넘지 아니할 것
② 납은 0.01mg/L를 넘지 아니할 것
③ 수은은 0.001mg/L를 넘지 아니할 것
④ 동은 1mg/L를 넘지 아니할 것
⑤ 아연은 3mg/L를 넘지 아니할 것

02 수도법령상 절수설비와 절수기기의 종류 및 기준에 관한 일부 내용이다. (   ) 안에 들어갈 내용으로 옳은 것은? 제26회

> 가. 수도꼭지
> 1) 공급수압 98kPa에서 최대토수유량이 1분당 (㉠)L 이하인 것. 다만, 공중용 화장실에 설치하는 수도꼭지는 1분당 (㉡)L 이하의 것이어야 한다.
> 2) 샤워용은 공급수압 98kPa에서 해당 수도꼭지에 샤워 호스(hose)를 부착한 상태로 측정한 최대토수유량이 1분당 (㉢)L 이하인 것

① ㉠: 5, ㉡: 5, ㉢: 8.5
② ㉠: 6, ㉡: 5, ㉢: 7.5
③ ㉠: 6, ㉡: 6, ㉢: 7.5
④ ㉠: 6, ㉡: 6, ㉢: 8.5
⑤ ㉠: 7, ㉡: 7, ㉢: 9.5

03 수도법령상 절수설비와 절수기기에 관한 내용으로 옳은 것을 모두 고른 것은? 제23회

> ㉠ 별도의 부속이나 기기를 추가로 장착하지 아니하고도 일반 제품에 비하여 물을 적게 사용하도록 생산된 수도꼭지 및 변기를 절수설비라고 한다.
> ㉡ 절수형 수도꼭지는 공급수압 98kPa에서 최대토수유량이 1분당 6.0L 이하인 것. 다만, 공중용 화장실에 설치하는 수도꼭지는 1분당 5L 이하인 것이어야 한다.
> ㉢ 절수형 대변기는 공급수압 98kPa에서 사용수량이 8L 이하인 것이어야 한다.
> ㉣ 절수형 소변기는 물을 사용하지 않는 것이거나, 공급수압 98kPa에서 사용수량이 3L 이하인 것이어야 한다.

① ㉢
② ㉣
③ ㉠, ㉡
④ ㉠, ㉢
⑤ ㉡, ㉢, ㉣

정답 및 해설

01 ① 경도(硬度)는 300mg/L를 넘지 아니할 것

02 ② 1) 공급수압 98kPa에서 최대토수유량이 1분당 6L 이하인 것. 다만, 공중용 화장실에 설치하는 수도꼭지는 1분당 5L 이하의 것이어야 한다.
2) 샤워용은 공급수압 98kPa에서 해당 수도꼭지에 샤워 호스(hose)를 부착한 상태로 측정한 최대토수유량이 1분당 7.5L 이하인 것

03 ③ ㉢ 절수형 대변기는 공급수압 98kPa에서 사용수량이 6L 이하인 것이어야 한다.
㉣ 절수형 소변기는 물을 사용하지 않는 것이거나, 공급수압 98kPa에서 사용수량이 2L 이하인 것이어야 한다.

대표예제 49 급수설비 ★★★

급수방식에 관한 내용으로 옳지 않은 것은? 제26회

① 고가수조방식은 건물 내 모든 층의 위생기구에서 압력이 동일하다.
② 펌프직송방식은 단수시에도 저수조에 남은 양만큼 급수가 가능하다.
③ 펌프직송방식은 급수설비로 인한 옥상층의 하중을 고려할 필요가 없다.
④ 고가수조방식은 타 급수방식에 비해 수질오염 가능성이 높다.
⑤ 수도직결방식은 수도 본관의 압력에 따라 급수압이 변한다.

해설 | 고가수조방식은 건물 내 모든 층의 위생기구에서 압력이 동일하지 않다.

기본서 p.402~415

정답 ①

04 **고층건물에서 급수조닝을 하는 이유와 관련 있는 것은?** 제22회

① 엔탈피
② 쇼트서킷
③ 캐비테이션
④ 수격작용
⑤ 유인작용

05 **급수배관의 관경결정법으로 옳은 것을 모두 고른 것은?** 제21회

㉠ 기간부하계산에 의한 방법
㉡ 관 균등표에 의한 방법
㉢ 마찰저항선도에 의한 방법
㉣ 기구배수부하단위에 의한 방법

① ㉠, ㉡
② ㉠, ㉢
③ ㉡, ㉢
④ ㉡, ㉣
⑤ ㉢, ㉣

06 고가탱크방식에서 수도꼭지로 가는 급수관의 관지름을 결정하기 위해 이용하는 마찰저항 선도법과 관계가 없는 것은?

제18회

① 국부저항
② 권장유속
③ 동시사용유량
④ 시수본관의 최저압력
⑤ 기구급수부하단위

07 급수설비에 관한 내용으로 옳은 것은?

제19회

① 주택용 급수배관 내 유속은 4m/s 이상으로 하는 것이 바람직하다.
② 지하층 저수조에서 옥상층 고가수조로 양수할 때 펌프의 실양정(m)은 0이 된다.
③ 배관계 구성이 동일할 경우, 배관 내 물의 온도가 높을수록 캐비테이션의 발생 가능성이 커진다.
④ 고가수조방식은 압력수조방식에 비해 수압변동이 심하다.
⑤ 수도직결방식은 해당 주택이 정전되었을 때 물공급이 불가능하다.

정답 및 해설

04 ④ 수격작용(water hammering)이란 급수관 내의 유속의 급변에 의해 배관을 망치로 치는 듯한 이상소음이 발생하는 현상을 말한다. 이 수격작용으로 소음, 진동, 기구류 파손이 발생한다.

▶ 급수조닝을 하는 이유
- 배관 내 적정수압 유지
- 수격작용에 의한 소음 및 진동 방지
- 기구의 부속품 파손 방지

05 ③ 급수관의 관경결정법
- 기구연결관경에 의한 방법
- 급수부하단위에 의한 방법
- 관 균등표에 의한 방법
- 마찰저항선도에 의한 방법

06 ④ 시수본관의 최저압력은 고가탱크방식에서 수도꼭지로 가는 급수관의 관지름을 결정하기 위해 이용하는 요소와 관계가 없다.

07 ③ ① 주택용 급수배관 내 유속은 2m/s 이하로 하는 것이 바람직하다.
② 지하층 저수조에서 옥상층 고가수조로 양수할 때 펌프의 실양정(m)은 흡입양정에 토출양정을 더한 것이다.
④ 고가수조방식은 압력수조방식에 비해 수압변동이 일정하다.
⑤ 수도직결방식은 해당 주택이 정전되었을 때 물공급이 가능하다.

08 고가수조방식에 관한 일반적인 사항 중에서 옳지 않은 것은?

① 저수조를 상수용으로 사용할 때는 넘침관과 배수관을 간접배수방식으로 배관해야 한다.
② 단수시에도 일정량의 급수를 계속할 수 있다.
③ 수압이 0.4MPa을 초과하는 층이나 구간에는 감압밸브를 설치하여 적정압력으로 감압이 이루어지도록 하여야 한다.
④ 고가수조의 필요높이를 산정할 때는 가장 수압이 높은 지점을 기준으로 최소필요높이를 산정하여야 한다.
⑤ 스위치 고장으로 고가수조에 양수가 계속될 경우 수조에서 넘쳐흐르는 물을 배수하는 넘침관은 양수관 직경의 2배 크기이다.

09 급수설비에 관한 설명으로 옳지 않은 것은?

제20회

① 관경을 결정하기 위하여 기구급수부하단위를 이용하여 동시사용유량을 산정한다.
② 초고층건물에서는 급수압이 최고사용압력을 넘지 않도록 급수조닝을 한다.
③ 급수배관이 벽이나 바닥을 통과하는 부위에는 콘크리트 타설 전 슬리브를 설치한다.
④ 기구로부터 고가수조까지의 높이가 25m일 때, 기구에 발생하는 수압은 2.5MPa이다.
⑤ 토수구 공간이 확보되지 않을 경우에는 버큠브레이커(vacuum breaker)를 설치한다.

10 급수설비의 시공에 대한 설명으로 옳지 않은 것은?

① 양수관은 고가탱크를 향하여 적당한 상향구배로 배관한다.
② 흡입수평관은 될 수 있는 한 짧게 하고 펌프를 향하여 적당한 상향구배로 배관하며, 필요에 따라 게이트밸브를 설치한다.
③ 배관의 최소구배는 200분의 1 이상이어야 한다.
④ 필요한 구배를 줄 수 없는 곳에도 역구배가 되어서는 안 되며, 적어도 수평을 유지하도록 배관한다.
⑤ 음료수 계통은 염소소독을 행하고 탱크 내의 물 및 관말수도꼭지에서 나오는 물의 잔류염류는 유리잔류염소 0.2mg/L(결합잔류염소의 경우 1.5mg/L) 이상 검출되지 않아야 한다.

11 공동주택(아파트)의 급수설비에 대한 설명으로 틀린 것은?

① 1일 평균사용수량은 160~250L/day인 정도이다.
② 급수설계시에는 최상층을 기준으로 최소필요압력을 결정한다.
③ 세대 내 급수압력은 0.6~0.7MPa 정도이다.
④ 고층건물에서 급수계통을 적절하게 조닝하지 않으면 낮은 층일수록 수격작용이 발생하기 쉽다.
⑤ 저수조 재질은 위생적 측면에서 FRP 또는 스테인리스 강판 등이 사용된다.

12 급수설비에 관한 설명으로 옳지 않은 것은? 제20회

① 경도가 높은 물은 기기 내 스케일 생성 및 부식 등의 원인이 된다.
② 수주분리가 일어나기 쉬운 배관 부분에 수격작용이 발생할 수 있다.
③ 급수설비는 기구의 사용목적에 적절한 수압을 확보해야 한다.
④ 고가수조방식에 비해 수도직결방식이 수질오염 가능성이 낮고 설비비가 저렴하다.
⑤ 펌프를 병렬로 연결하여 운전대수를 변화시켜 양수량 및 토출압력을 조절하는 것을 변속운전방식이라 한다.

정답 및 해설

08 ④ 고가수조의 필요높이를 산정할 때는 최고층의 급수관을 기준으로 최소필요높이를 산정하여야 한다.

09 ④ 높이 25m의 수압은 0.25MPa이다.

10 ① 양수관은 고가탱크를 향하여 적당한 하향구배로 배관한다.

11 ③ 건물의 최고압력은 용도에 따라 다르나 일반적으로 0.3~0.5MPa 정도가 적당하다.

12 ⑤ 펌프를 병렬로 연결하여 운전대수를 변화시켜 양수량 및 토출압력을 조절하는 것을 대수제어방식이라고 한다. 변속운전방식은 회전수 제어에 의한 방식이다.

고난도

13 샤워기 5개가 설치되어 있는 급수배관의 주 배관경은 얼마인가? (단, 샤워기의 접속배관경은 20A, 동시사용률은 70%이다)

관경균등표

관경(A)	15	20	25
15	1		
20	2	1	
25	3.7	1.8	1
32	7.2	3.6	2
40	11	5.3	2.9

① 15A
② 20A
③ 25A
④ 32A
⑤ 40A

14 수도 본관에서 수직 높이 8m 위치의 화장실에 플러시밸브(flush valve)를 사용하고자 할 때 수도 본관의 최저필요수압은? (단, 관내 마찰손실수두는 0.03MPa이다)

① 0.12MPa
② 0.14MPa
③ 0.16MPa
④ 0.18MPa
⑤ 0.21MPa

15 고가수조 급수법에 관한 설명 중 옳지 않은 것은?

① 양수펌프의 전동기 기동 정지에는 마그네트 스위치가 주로 사용된다.
② 비교적 일정한 수압을 유지할 수 있다.
③ 고가수조의 용량은 대규모 급수설비에서 1시간 최대사용수량의 2분의 1 이상으로 한다.
④ 양수펌프의 양수량은 고가수조용량의 수량을 30분 이내에 양수할 수 있는 것이어야 한다.
⑤ 지하저수조의 용량은 보통 고가수조와 같거나 더 크게 한다.

16 급수배관 시공상의 주의사항을 열거한 것으로 옳지 않은 것은?

① 각 층의 수평주관은 선상향구배로 설치한다.
② 수평주관에서의 분기점, 각 층 수평관의 분기점 등에는 지수밸브를 설치한다.
③ 수압시험의 압력은 공공수도직결방식에서는 1.75MPa, 탱크 및 급수배관에서는 1.05MPa 이다.
④ 수격작용 방지를 위해서는 기구류 가까이에 통기관을 설치함으로써 완화한다.
⑤ 겨울철 동파나 결로를 방지하기 위해서 관의 외부를 보온재(단열재)로 피복한다.

17 급수탱크에 대한 다음 설명 중 옳지 않은 것은?

① 고가수조의 높이는 건축물 최상단의 급수전으로부터 상부 5m 이상의 위치를 수조의 저수위로 해야 한다.
② 고가수조 및 배관은 동결방지시설을 해야 한다.
③ 부득이한 경우를 제외하고는 급수관 이외에는 연결해서는 안 된다.
④ 압력탱크방식의 급수방법을 쓸 때, 가능한 건축물의 최상단에 압력탱크를 시설하여 하향식으로 급수해야 한다.
⑤ 청소 및 보수를 위하여 1개보다 2개 이상으로 구획하거나 설치하는 것이 바람직하다.

정답 및 해설

13 ④ 20A관 상당개수 = 5 × 0.7 = 3.5개
관경균등표에서 20A관 3.5개는 관경이 32A이다.

14 ⑤ $P = P_1 + P_2 + P_3$
P_1 = 수전고, P_2 = 관내 마찰손실수두, P_3 = 기구별 최저소요압력
$\therefore P = P_1 + P_2 + P_3 = (8m \times 1/100) + 0.03 + 0.1$(플러시밸브의 소요압력)
$= 0.08 + 0.03 + 0.1 = 0.21MPa$

15 ③ 용량
- 지하저수조용량 = 1일 사용수량 × (0.5~1배)
- 옥상탱크용량(V) = 1시간 최대사용수량 × (1~3시간)
- 양수펌프용량(Q): 옥상탱크용량의 수량을 30분 이내에 양수할 수 있는 용량 (옥상탱크용량의 2배) − Q = 2V/h

16 ④ 수격작용 방지를 위해서는 기구류 가까이에 공기실(air chamber)을 설치함으로써 완화한다.

17 ④ 압력탱크방식은 건축물의 최하단에 압력탱크를 시설하여 상향식으로 급수한다.

18 급수배관의 설계 및 시공상의 주의사항을 열거한 것으로 옳지 않은 것은?

① 배관 계통의 수압시험은 모든 피복공사를 한 후에 행한다.
② 바닥 또는 벽을 관통하는 배관은 슬리브배관을 한다.
③ 초고층건물은 과대한 급수압으로 인한 피해를 줄이기 위해 급수조닝을 행한다.
④ 급수관의 적절한 관 내 유속은 1~2m/sec 정도로 한다.
⑤ 배관 굴곡부에는 공기빼기밸브를 단다.

대표예제 50 급수오염 ★★★

급수설비의 수질오염 방지대책으로 옳지 않은 것은? 제26회

① 수조의 급수 유입구와 유출구 사이의 거리는 가능한 한 짧게 하여 정체에 의한 오염이 발생하지 않도록 한다.
② 크로스커넥션이 발생하지 않도록 급수배관을 한다.
③ 수조 및 배관류와 같은 자재는 내식성 재료를 사용한다.
④ 건축물의 땅 밑에 저수조를 설치하는 경우에는 분뇨 · 쓰레기 등의 유해물질로부터 5m 이상 띄워서 설치한다.
⑤ 일시적인 부압으로 역류가 발생하지 않도록 세면기에는 토수구 공간을 둔다.

해설 | 수조의 급수 유입구와 유출구 사이의 거리는 가능한 한 길게 하여(대각선) 정체에 의한 오염이 발생하지 않도록 한다.

기본서 p.413~414

정답 ①

19 급수설비의 수질오염에 관한 설명으로 옳지 않은 것은? 제22회

① 저수조에 설치된 넘침관 말단에는 철망을 씌워 벌레 등의 침입을 막는다.
② 물탱크에 물이 오래 있으면 잔류염소가 증가하면서 오염 가능성이 커진다.
③ 크로스커넥션이 이루어지면 오염 가능성이 있다.
④ 세면기에는 토수구 공간을 확보하여 배수의 역류를 방지한다.
⑤ 대변기에는 버큠브레이커(vacuum breaker)를 설치하여 배수의 역류를 방지한다.

20 급수설비의 수질오염 방지대책에 관한 설명으로 옳지 않은 것은?

① 수조는 부식이 적은 스테인리스 재질을 사용하여 수질에 영향을 주지 않도록 한다.
② 음료수 배관과 음료수 이외의 배관은 접속시켜 설비배관의 효율성을 높이도록 한다.
③ 단수 등이 발생시 일시적인 부압에 의한 배수의 역류가 발생하지 않도록 토수구 공간을 두거나 역류방지기 등을 설치한다.
④ 배관 내에 장시간 물이 흐르면 용존산소의 영향으로 부식이 진행되므로 배관류는 부식에 강한 재료를 사용하도록 한다.
⑤ 저수탱크는 필요 이상의 물이 저장되지 않도록 하고, 주기적으로 청소하고 관리하도록 한다.

21 급수설비의 오염원인으로 옳지 않은 것은?

① 배관의 부식
② 급수설비로의 배수 역류
③ 저수탱크로의 유해물질 침입
④ 크로스커넥션(cross connection)
⑤ 수격작용(water hammering) 발생

정답 및 해설

18 ① 수압시험은 피복공사 전에 먼저 행한다.
19 ② 물탱크에 물이 오래 있으면 잔류염소가 감소하면서 오염 가능성이 커진다.
20 ② 음료수 배관과 음료수 이외의 배관은 접속시켜서는 안 된다.
21 ⑤ 수격작용(water hammering)은 급수관 내 유속이 급변하면서 배관을 망치로 치는 듯한 이상소음이 발생하는 현상이다. 이 수격작용으로 소음, 진동, 기구류 파손이 발생한다.

22 크로스커넥션(cross connection)에 대한 설명으로 옳은 것은?

① 상수로부터의 급수계통(배관)과 그 외의 계통이 직접 접속되어 있는 것을 말한다.
② 관로 내의 유체가 급격히 변화하여 압력변화를 일으키는 것을 말한다.
③ 겨울철 난방을 하고 있는 실내에서 창을 타고 차가운 공기가 하부로 내려오는 현상이다.
④ 급탕 · 반탕관의 순환거리를 각 계통에 있어서 거의 같게 하여 전 계통의 탕의 순환을 촉진하는 방식이다.
⑤ 관로의 관성력과 중력이 작용하여 물흐름이 끊기는 현상을 말한다.

23 급수설비의 수질오염 방지대책으로 옳지 않은 것은?

① 수조의 급수 유입구와 유출구의 거리는 가능한 한 짧게 하여 정체에 의한 오염이 발생하지 않도록 한다.
② 크로스커넥션(cross connection)이 발생하지 않도록 급수배관을 한다.
③ 용존산소에 의한 부식방지를 위하여 배관류는 부식에 강한 재료를 사용토록 한다.
④ 음용수용 수조 내면에 칠하는 도료는 수질에 영향을 주지 않는 것으로 하고, 수조 및 부속품은 내식성 자재로 한다.
⑤ 단수 발생시 일시적인 부압으로 인한 배수의 역류가 발생하지 않도록 토수구에 공간을 두거나 버큠브레이커(vacuum breaker)를 설치토록 한다.

대표예제 51 펌프 ★★★

급수설비의 양수펌프에 관한 설명으로 옳은 것은? 제23회

① 용적형 펌프에는 벌(볼)류트펌프와 터빈펌프가 있다.
② 동일 특성을 갖는 펌프를 직렬로 연결하면 유량은 2배로 증가한다.
③ 펌프의 회전수를 변화시켜 양수량을 조절하는 것을 변속운전방식이라 한다.
④ 펌프의 양수량은 펌프의 회전수에 반비례한다.
⑤ 공동현상을 방지하기 위해 흡입양정을 높인다.

오답체크
① 비용적형 펌프에는 벌(볼)류트펌프와 터빈펌프가 있다.
② 동일 특성을 갖는 펌프를 직렬로 연결하면 양정은 2배로 증가한다.
④ 펌프의 양수량은 펌프의 회전수에 비례한다.
⑤ 공동현상을 방지하기 위해 흡입양정을 낮춘다.

기본서 p.416~424

정답 ③

24 **펌프의 실양정 산정시 필요한 요소에 해당하는 것을 모두 고른 것은?** 제23회

> ㉠ 마찰손실수두
> ㉡ 압력수두
> ㉢ 흡입양정
> ㉣ 속도수두
> ㉤ 토출양정

① ㉠, ㉢
② ㉢, ㉤
③ ㉠, ㉡, ㉣
④ ㉡, ㉢, ㉣, ㉤
⑤ ㉠, ㉡, ㉢, ㉣, ㉤

정답 및 해설

22 ① ②는 수격작용, ③은 열관류, ④는 리버스리턴방식, ⑤는 수주분리현상에 대한 설명이다.

23 ① 수조의 급수 유입구와 유출구는 대각선으로 멀리 설치한다.

24 ② • 실양정 = 흡입양정 + 토출양정
• 전양정 = 실양정 + 마찰손실수두

25 급수설비의 펌프에 관한 내용으로 옳은 것은?

제26회

① 흡입양정을 크게 할수록 공동현상(cavitation) 방지에 유리하다.
② 펌프의 실양정은 흡입양정, 토출양정, 배관손실수두의 합이다.
③ 서징현상(surging)을 방지하기 위해 관로에 있는 불필요한 잔류공기를 제거한다.
④ 펌프의 전양정은 펌프의 회전수에 반비례한다.
⑤ 펌프의 회전수를 2배로 하면 펌프의 축동력은 4배가 된다.

종합

26 급수설비에서 펌프에 관한 설명으로 옳지 않은 것은?

제25회

① 펌프의 양수량은 펌프의 회전수에 비례한다.
② 볼류트펌프와 터빈펌프는 원심식 펌프이다.
③ 서징(surginr)이 발생하면 배관 내의 유량과 압력에 변동이 생긴다.
④ 펌프의 성능곡선은 양수량, 관경, 유속, 비체적 등의 관계를 나타낸 것이다.
⑤ 공동현상(cavitation)을 방지하기 위해 흡입양정을 낮춘다.

27 급수설비에서 펌프에 관한 설명으로 옳은 것은?

제21회

① 공동현상을 방지하기 위해 흡입양정을 낮춘다.
② 펌프의 전양정은 회전수에 반비례한다.
③ 펌프의 양수량은 회전수의 제곱에 비례한다.
④ 동일 특성을 갖는 펌프를 직렬로 연결하면 유량은 2배로 증가한다.
⑤ 동일 특성을 갖는 펌프를 병렬로 연결하면 양정은 2배로 증가한다.

정답 및 해설

25 ③ ① 흡입양정을 작게 할수록 공동현상(cavitation) 방지에 유리하다.
② 펌프의 실양정은 흡입양정, 토출양정의 합이다.
④ 펌프의 전양정은 펌프의 회전수의 제곱에 비례한다.
⑤ 펌프의 회전수를 2배로 하면 펌프의 축동력은 8배가 된다.

26 ④ 펌프의 성능곡선은 펌프가 운전되는 체절운전점, 정격운전점, 최대운전점에서의 성능기준을 나타낸 것이다.
▶ 펌프성능시험 곡선
- 체절운전시 정격토출압력의 140%를 초과하지 않아야 한다.
- 정격토출량의 150%로 운전시 정격토출압력의 65% 이상이 되어야 한다.

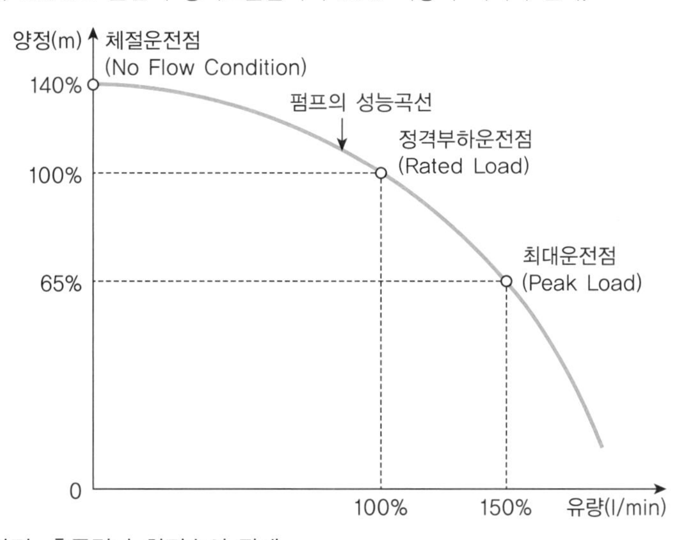

27 ① • 펌프의 유량, 양정, 축동력과 회전수의 관계

유량(Q)은 회전수(rpm)에 비례	Q ∝ rpm
양정(H)은 회전수(rpm)의 제곱에 비례	$H \propto (rpm)^2$
축동력(kW)은 회전수(rpm)의 세제곱에 비례	$kW \propto (rpm)^3$

• 펌프의 직렬 · 병렬 연결에 따른 유량과 양정의 변화

구분	펌프 직렬로 연결시	펌프 병렬로 연결시
유량	일정	증가
양정	증가	일정

28 **펌프에 관한 설명으로 옳은 것은?**

① 펌프의 토출량은 펌프 회전수에 비례한다.
② 펌프의 양정은 펌프 회전수에 반비례한다.
③ 터보형 펌프 중 비속도가 큰 펌프는 양정변화가 큰 용도에 사용할 수 없다.
④ 건축설비 분야에서는 피스톤 펌프와 같은 왕복식 펌프가 주로 사용된다.
⑤ 펌프의 공동현상(cavitation)을 방지하기 위한 대책으로 동일한 양수량일 경우 회전수를 높여서 운전한다.

29 **펌프의 공동현상(cavitation)을 방지하기 위한 대책으로 옳지 않은 것은?**

① 펌프의 흡입양정을 작게 한다.
② 펌프의 설치위치를 가능한 낮춘다.
③ 배관 내 공기가 체류하지 않도록 한다.
④ 흡입배관의 지름을 크게 하고 부속류를 적게 하여 손실수두를 줄인다.
⑤ 동일한 양수량일 경우 회전수를 높여서 운전한다.

30 **지하저수조의 물 양수능력 800L/min의 펌프로 양정 54m인 고가수조에 양수하고자 한다. 펌프의 효율이 80%라면 이 펌프의 소요마력은?**

① 9.6마력
② 12마력
③ 17마력
④ 22마력
⑤ 27마력

고난도

31 고가수조방식에서 양수펌프의 전양정이 50m이고, 시간당 30m^3를 양수할 경우 펌프의 축동력은 약 몇 kW인가? (단, 펌프의 효율은 60%로 한다) 제22회

① 5.2
② 6.8
③ 8.6
④ 10.5
⑤ 12.3

정답 및 해설

28 ① ② 펌프의 양정은 펌프 회전수의 제곱에 비례한다.
③ 터보형 펌프 중 비속도가 큰 펌프는 양정변화가 큰 용도에 사용할 수 있다.
④ 건축설비 분야에서는 회전식 펌프가 주로 사용된다.
⑤ 동일한 양수량일 경우 회전수를 낮추어 운전한다.

29 ⑤ 동일한 양수량일 경우 회전수를 낮추어 운전한다.

30 ②
- 펌프의 축마력 = $\frac{W \cdot H \cdot Q}{4{,}500E}$

  E: 펌프의 효율, W: 물의 단위용적중량(1,000kg/m^3)
  H: 펌프의 양정(m), Q: 양수량(m^3/min) ⇨ 단위 조심할 것(L를 m^3로 고칠 것)
- 펌프의 효율 80% ⇨ 계산에서는 0.8
- 양수량 800L ⇨ 계산에서는 0.8m^3

∴ 축마력 = $\frac{1{,}000 \times 0.8 \times 54}{4{,}500 \times 0.8}$ = 12마력

31 ②
펌프의 축동력(kW) = $\frac{W \cdot H \cdot Q}{6{,}120E} = \frac{1{,}000 \times 50 \times \frac{30}{60}}{6{,}120 \times 0.6}$ = 6.8(kW)

종합

32 다음 설명에 해당하는 용어가 옳게 나열된 것은?

> ㉠ (　　) : 증기가 배관 내에서 응축되어 배관의 곡관부 등에 부딪치면서 소음과 진동을 유발하는 현상이다.
> ㉡ (　　) : 배관을 급격하게 열 때 배관 내 수압의 변동으로 인해 배관에 소음이 발생하는 현상이다.
> ㉢ (　　) : 산형 특성의 양정곡선을 갖는 펌프의 산형 왼쪽 부분에서 유량과 양정이 주기적으로 변동하는 현상이다.
> ㉣ (　　) : 관로에 관성력과 중력이 작용하여 물흐름이 끊기는 현상이다.
> ㉤ (　　) : 유체 속에서 압력이 낮은 곳이 생기면 물속에 포함되어 있는 기체가 물에서 빠져나와 저압부에 기포가 발생되어 빈 공간을 형성하는 현상이다.
> ㉥ (　　) : 최하층 수직배수관과 접한 수평배수관에서 발생하는 현상이다. 수직배수관에 배수가 만수가 되면서 떨어질 때 수평배수관의 배수 흐름이 원활하지 않으면서 급격한 물의 흐름이 상하로 요동치는 현상을 말한다.

	㉠	㉡	㉢	㉣	㉤	㉥
①	스팀해머	수격작용	서징현상	수주분리	공동현상	도수작용
②	도수작용	스팀해머	수격작용	서징현상	수주분리	공동현상
③	서징현상	스팀해머	수격작용	수주분리	공동현상	도수작용
④	수주분리	스팀해머	수격작용	서징현상	공동현상	도수작용
⑤	수격작용	스팀해머	서징현상	수주분리	공동현상	도수작용

정답 및 해설

32 ① ㉠은 스팀해머, ㉡은 수격작용, ㉢은 서징현상, ㉣은 수주분리, ㉤은 공동현상, ㉥은 도수작용에 대한 설명이다.

제3장 급탕설비

대표예제 52 **급탕설비** ★★★

01 급탕설비에 관한 내용으로 옳지 않은 것은? 제25회

① 저탕탱크의 온수온도를 설정온도로 유지하기 위하여 서모스탯을 설치한다.
② 기수혼합식 탕비기는 소음이 발생하지 않는 장점이 있으나 열효율이 좋지 않다.
③ 중앙식 급탕방식은 가열방법에 따라 직접가열식과 간접가열식으로 구분한다.
④ 개별식 급탕방식은 급탕을 필요로 하는 개소마다 가열기를 설치하여 급탕하는 방식이다.
⑤ 수온변화에 의한 배관의 신축을 흡수하기 위하여 신축이음을 설치한다.

해설 | 기수혼합식 탕비기는 소음이 큰 단점이 있으나 열효율이 좋다.

정답 ②

02 급탕설비에 관한 내용으로 옳지 않은 것은? 제23회

① 간접가열식이 직접가열식보다 열효율이 좋다.
② 팽창관의 도중에는 밸브를 설치해서는 안 된다.
③ 일반적으로 급탕관의 관경을 환탕관(반탕관)의 관경보다 크게 한다.
④ 자동온도조절기(Thermostat)는 저탕탱크에서 온수온도를 적절히 유지하기 위해 사용하는 것이다.
⑤ 급탕 배관을 복관식(2관식)으로 하는 이유는 수전을 열었을 때, 바로 온수가 나오게 하기 위해서이다.

해설 | 간접가열식이 직접가열식보다 열효율이 나쁘다.

기본서 p.438~448

정답 ①

01 중앙식 급탕에서 간접가열식에 대한 설명으로 옳지 않은 것은?

① 저탕조 내에 가열코일을 설치하고 이 코일에 증기(또는 고온수)를 통과시켜 저탕조의 물을 가열하는 방식이다.
② 직접가열식과 비교하여 보일러 내면에 스케일이 많이 발생한다.
③ 난방용 보일러의 증기를 사용할 때에는 급탕용 보일러가 필요 없다.
④ 대규모 급탕설비에 적합하다.
⑤ 저탕조에 서모스탯(thermostat)를 설치하여 온도조절을 한다.

02 급탕설비에 관한 내용으로 옳지 않은 것은?

제22회

① 간접가열식은 직접가열식보다 수처리를 더 자주 해야 한다.
② 유량이 균등하게 분배되도록 역환수방식을 적용한다.
③ 동일한 배관재를 사용할 경우 급탕관은 급수관보다 부식이 발생하기 쉽다.
④ 개별식은 중앙식에 비해 배관에서의 열손실이 작다.
⑤ 일반적으로 개별식은 단관식, 중앙식은 복관식 배관을 사용한다.

03 급탕설비에 관한 설명으로 옳지 않은 것은?

제20회

① 유량을 균등하게 분배하기 위하여 역환수방식을 사용한다.
② 배관 내 공기가 머물 우려가 있는 곳에 공기빼기밸브를 설치한다.
③ 팽창관 도중에는 밸브를 설치해서는 안 된다.
④ 일반적으로 급탕관의 관경은 환탕관의 관경보다 크게 한다.
⑤ 수온변화에 의한 배관의 신축을 흡수하기 위하여 팽창탱크를 설치한다.

04 급탕설비에 관한 설명으로 옳은 것은?

① 급탕순환펌프는 급탕사용기구에 필요한 토출압력의 공급을 주목적으로 한다.
② 급탕배관과 팽창탱크 사이의 팽창관에는 차단밸브와 체크밸브를 설치하여야 한다.
③ 직접가열방식은 증기 또는 온수를 열원으로 하여 열교환기를 통해 물을 가열하는 방식이다.
④ 역환수배관방식으로 배관을 구성할 경우 유량이 균등하게 분배되지 않으므로 각 계통마다 차압밸브를 설치한다.
⑤ 헤더공법을 적용할 경우 세대 내에서 사용 중인 급탕기구의 토출압력은 다른 기구의 사용에 따른 영향을 적게 받는다.

정답 및 해설

01 ② 직접가열식과 비교하여 보일러 내면에 스케일이 발생하지 않는다.

02 ① 직접가열식은 간접가열식보다 수처리를 더 자주 해야 한다.

▶ 중앙식 급탕법 비교

구분	직접가열식	간접가열식
가열장소	온수보일러	저탕조
스케일	많이 낀다.	거의 끼지 않는다.
보일러 압력	고압	저압
보일러	급탕, 난방 각각	급탕, 난방 겸용
가열코일	불필요	필요
열효율	높다	낮다
규모	중소규모	대규모

03 ⑤ 수온변화에 의한 온수의 팽창을 흡수하기 위하여 팽창탱크를 설치한다.

04 ⑤ ① 급탕순환펌프는 복관식에서 강제적으로 순환시킬 때 사용하는 펌프이다.
② 급탕배관과 팽창탱크 사이의 팽창관에는 절대로 밸브를 설치하여서는 안 된다.
③ 간접가열방식은 증기 또는 온수를 열원으로 하여 열교환기를 통해 물을 가열하는 방식이다.
④ 역환수배관방식으로 배관을 구성할 경우 유량이 균등하게 분배된다.

고난도

05 **500인이 거주하는 아파트에서 급수온도는 5°C, 급탕온도는 65°C일 때, 급탕가열장치의 용량(kW)은 약 얼마인가? (단, 1인 1일당 급탕량은 100L/d · 인, 물의 비열은 4.2 kJ/kg · K, 1일 사용량에 대한 가열능력 비율은 1/7, 급탕가열장치 효율은 100%, 이외의 조건은 고려하지 않는다)** 제23회

① 50
② 250
③ 500
④ 1,000
⑤ 3,000

06 **급탕시스템에 관한 설명으로 옳지 않은 것은?**

① 배관 지지기구는 배관 시공에 있어서 그 구배를 쉽게 조정할 수 있는 구조로 한다.
② 주택과 아파트에서 공급온도를 60°C로 할 경우, 1일 1인당 급탕량은 75~150L를 기준으로 한다.
③ 배관의 신축을 흡수처리하기 위한 신축이음방법에는 하트포드 접속법과 리프트이음 접속법이 있다.
④ 배관의 구배는 상향공급방식인 경우 급탕수평주관은 선상향구배로 하고, 복귀관은 선하향구배로 한다.
⑤ 배관 도중에 밸브를 설치하는 경우, 글로브밸브(globe valve)는 마찰저항이 크므로 슬루스밸브(sluice valve)를 사용하는 것이 좋다.

07 **급탕설비에 관한 설명 중 옳지 않은 것은?**

① 급탕배관은 급수배관보다 부식이 더 빠르다.
② 개별식 급탕방식은 소규모 건물에 유리하고, 중앙식 급탕방식의 간접가열방식은 대규모 건물에 유리하다.
③ 가열장치는 그 구조에 따라 순간식과 저탕식이 있으며, 대규모 건물인 경우 주로 저탕식이 쓰인다.
④ 신축이음은 관의 신축에 대비하여 직선배관시 강관은 30m마다, 동관은 20m마다 설치한다.
⑤ 간접가열식은 보일러 내면에 스케일이 생겨서 열효율이 저하된다.

08 급탕배관의 설계 및 시공상 주의점에 대한 설명 중 옳지 않은 것은?

① 배관 도중에 글로브밸브는 공기층을 정체시키기 쉬우므로 게이트밸브를 단다.
② 배관은 균등한 구배로 하고 역구배나 공기정체가 일어나기 쉬운 배관 등을 하지 않는다.
③ 하향식 배관의 경우 급탕관은 하향구배로, 반탕관은 상향구배로 한다.
④ 배관 도중에는 관의 신축을 방해받지 않도록 신축이음쇠를 설치한다.
⑤ 상향식 배관의 경우 급탕관은 상향구배로, 반탕관은 하향구배로 한다.

09 급탕설비인 저탕탱크에서 온수온도를 적절히 유지하기 위하여 사용하는 것은? 제19회

① 버킷트랩(bucket trap)
② 서모스탯(thermostat)
③ 볼조인트(ball joint)
④ 스위블조인트(swivel joint)
⑤ 플로트트랩(float trap)

정답 및 해설

05 ③ Q = c × m × Δt

$$= \frac{4.2 \times (100 \times 500) \times (65 - 5) \times 1/7}{3{,}600}$$

= 500(kW)

Q: 급탕부하, c: 물의 비열, m: 급탕량, Δt: 급수 · 급탕 온도차

06 ③ 하트포드 접속법과 리프트이음 접속법은 증기난방의 배관법이다.

▶ 배관의 신축이음(expansion joint)
- 스위블조인트(swivel joint)
- 슬리브형(sleeve type)
- 벨로즈형(bellows type)
- 신축곡관(expansion loop)

07 ⑤ 직접가열식이 보일러 내면에 스케일이 생겨서 열효율이 저하된다.

08 ③ 하향식 배관에서는 급탕관, 반탕관 모두 선하향구배로 한다.

09 ② 서모스탯(thermostat)은 온도조절장치이다.

10 급탕배관의 설계에 관한 설명으로 옳지 않은 것은?

① 급탕관의 관경은 급수배관의 관경결정법에서 정한 관경보다 한 치수 더 큰 관경을 선택한다.
② 급탕관의 최소관경은 32A이다.
③ 순환식 상향 급탕법의 팽창관의 관경은 입주관과 동일한 관경으로 한다.
④ 반탕관의 관경은 급수관보다 크게 한다.
⑤ 팽창관의 배관 도중에는 저항이 생기지 않도록 한다.

11 급탕설비에 관한 설명 중 옳은 것은?

① 배관 도중에 마찰저항을 적게 하기 위하여 글로브밸브보다 슬로우스밸브를 사용하는 것이 좋다.
② 배관재료는 동관보다 아연도금강관이 적당하다.
③ 급탕설비의 순환펌프 구경은 급탕주관의 구경보다 크게 한다.
④ 급탕배관은 급수배관보다 관의 부식이 더 작다.
⑤ 급탕설비의 팽창탱크는 저탕조의 역할을 하기도 한다.

12 급탕설비에 대한 설명으로 옳지 않은 것은?

① 개별식 급탕방식은 소규모 건물에 유리하고, 중앙식 급탕식에서 간접가열방식은 대규모 건물에 유리하다.
② 개별식 급탕방식은 긴 배관이 필요 없으므로 총열손실이 적다.
③ 중앙식 급탕방식은 설비비가 많이 소요되나, 기구의 동시이용률을 고려하여 가열장치의 총용량을 작게 할 수 있다.
④ 급탕배관 방식은 단관식과 순환식으로 구분되며, 단관식은 설비비가 적게 소요되므로 중 · 소규모 급탕에 사용된다.
⑤ 온수보일러나 저탕조에서 15m 이상 떨어져서 급탕전을 설치하는 경우에는 단관식을 채용하는 것이 좋다.

13 급탕배관 설계법에 대한 설명 중 옳지 않은 것은?

① 상향공급방식의 경우 급탕관 및 반탕관은 모두 앞내림구배로 한다.
② 팽창관 도중에는 스톱밸브를 사용해서는 안 된다.
③ 단관식의 경우 급탕관은 급수관경보다 한 치수 크게 한다.
④ 배관의 신축 및 팽창량을 흡수처리하기 위해서는 신축이음쇠를 설치한다.
⑤ 급탕배관은 온도가 10℃ 상승할 때마다 부식정도가 2배 정도 심해진다.

14 다음에서 설명하고 있는 것은? 제22회

급탕배관이 벽이나 바닥을 통과할 경우 온수 온도변화에 따른 배관의 신축이 쉽게 이루어지도록 벽(바닥)과 배관 사이에 설치하여 벽(바닥)과 배관을 분리시킨다.

① 슬리브　② 공기빼기밸브　③ 신축이음
④ 서모스탯　⑤ 열감지기

정답 및 해설

10 ② 급탕관의 최소관경은 일반적으로 20A 정도이다.

11 ① ② 급탕관의 부식이 더 크므로 동관 등의 내식성관을 사용한다.
③ 급탕주관보다 작거나 같게 한다.
④ 급탕배관은 급수배관보다 관의 부식이 더 크다.
⑤ 팽창탱크가 저탕조 역할을 할 수는 없다.

12 ⑤ 급탕배관방식
1. 단관식(one pipe system, 1관식): 온수를 급탕전까지 운반하는 배관을 1관으로만 설치한 방식
   - 급탕관만 있고 반탕관은 없다.
   - 배관이 짧은 주택이나 소규모 건물에 적합하다.
   - 처음에는 찬물이 나온다(배관의 찬물이 모두 나올 때까지).
   - 시설비가 싸다.
   - 보일러에서 탕전까지 15m 이내가 되게 한다.
2. 순환식(two pipe system, 복관식 또는 2관식): 급탕관의 길이가 길 때 관내 온수의 냉각을 방지하기 위하여 보일러에서 급탕전까지의 공급관과 순환관을 배관하는 방식
   - 온수공급관과 환수관이 분리되어 있다.
   - 수전을 열면 즉시 온수가 나온다.
   - 시설비가 비싸다.

13 ① 상향공급방식의 경우 급탕관은 선상향구배, 반탕관은 선하향구배로 한다.

14 ① 슬리브에 관한 설명이다.

15 급탕설비의 가열장치 중 팽창탱크에 대한 설명으로 가장 옳지 않은 것은?

① 팽창탱크에는 개방형과 밀폐형이 있다.
② 개방형 팽창탱크는 급탕배관계통 중 가장 높은 곳에 설치해야 한다.
③ 밀폐형 팽창탱크는 급탕배관계통 중 가장 낮은 곳에 설치해야 한다.
④ 온수순환배관 도중 이상 압력을 흡수하는 도피구인 팽창관의 도중에는 밸브를 설치해서는 아니 된다.
⑤ 팽창탱크의 설치목적은 물의 온도 상승에 따라 팽창하는 체적에 대응하기 위함이다.

고난도

16 냉방부하가 24,000kJ/h인 어느 실에 6℃의 공기를 공급하여 냉방을 하고자 할 때 필요한 송풍량은? (단, 실내온도는 26℃이며, 공기의 비열은 1.0kJ/kg · ℃이다)

① 1,200kg/h
② 1,240kg/h
③ 1,300kg/h
④ 1,440kg/h
⑤ 1,500kg/h

17 보일러의 설계부하계산에서 급탕량 500L/h일 때 급탕부하는? (단, 급탕온도는 60℃, 급수온도는 0℃를 기준으로 한다)

① 14.9kW
② 24.9kW
③ 34.9kW
④ 44.9kW
⑤ 54.9kW

18 급탕배관계통에서 총손실열량이 35kW이고 급탕온도가 80℃, 반탕온도가 70℃라면 순환수량(L/min)은 얼마인가?

① 50(L/min)
② 100(L/min)
③ 1,000(L/min)
④ 2,400(L/min)
⑤ 3,000(L/min)

고난도

19 순간온수기를 이용하여 5°C의 물 50L를 가열하여 70°C로 공급할 경우, 순간온수기의 시간당 소요동력(kW)으로 옳은 것은? (단, 온수기의 효율은 90%로 한다)

① 약 3.2kW
② 약 3.7kW
③ 약 4.2kW
④ 약 4.7kW
⑤ 약 5.2kW

정답 및 해설

15 ③ 밀폐형 팽창탱크는 배관계통과 관계없으며, 설치높이의 제한이 없다.

▶ 팽창탱크(원칙적으로 개방)

- 급탕설비, 온수난방에서 사용
- 물팽창 ⇨ 압력발생 ⇨ 압력도피
- 개방식: 보통온수(80 ~ 90°C)
- 밀폐식: 고온수(100 ~ 150°C) ⇨ 지역난방

16 ① 냉방부하 = 송풍량 × 비열 × 온도차

$$송풍량 = \frac{냉방부하}{비열 \times 온도차} = \frac{24,000}{1.0 \times (26-6)} = 1,200kg/h$$

17 ③ 급탕부하 = 급탕량 × (급탕온도 − 급수온도)

= 500L/h × (60 − 0) = 30,000kcal/h

* 1kW = 860kcal/h

∴ 30,000 ÷ 860 = 34.88kW ≒ 34.9kW

18 ① 총손실열량 = 순환수량 × (급탕온도 − 환수온도) * 1kW = 860kcal/h

35 × 860 = 순환수량 × (80 − 70)

$$순환수량 = \frac{35 \times 860}{10} = 3,010(L/h)$$

∴ 3,010 ÷ 60 = 50.17(L/min)

19 ③ 전기히터 소요동력량 × 효율 = 급탕량 × (급탕온도 − 급수온도)

전기히터 소요동력량 × 0.9 = 50 × (70 − 5)

∴ 전기히터 소요동력량 = 3,611kcal/h ≒ 4.2kW

20 한 시간당 1,000kg의 온수를 65°C로 유지하여 공급하고자 할 때 필요한 가열기 최소 용량(kW)은? (단, 물의 비열은 4.2kJ/kg · K, 급수온도는 5°C, 가열기 효율은 100%로 한다) 제19회

① 40
② 50
③ 60
④ 70
⑤ 80

21 0°C의 물 400kg을 50°C로 올리는 데 30분이 소요되었다면 가열열량은? (단, 물의 비열은 4.2kJ/kg · K이다)

① 42,000kJ/h
② 84,000kJ/h
③ 126,000kJ/h
④ 168,000kJ/h
⑤ 188,000kJ/h

대표예제 53 신축이음 ★★

배관의 신축에 대응하기 위해 설치하는 이음쇠가 아닌 것은? 제26회

① 스위블조인트
② 컨트롤조인트
③ 신축곡관
④ 슬리브형 조인트
⑤ 벨로즈형 조인트

해설 | 컨트롤조인트(Control joint, 조절줄눈)는 지반 또는 옥상 콘크리트 바닥판의 신축에 의한 표면의 균열이 생기는 것을 방지할 목적으로 3~5m 정도마다 설치하는 이음새(줄눈)이다.

기본서 p.449~451

정답 ②

22 배관의 신축이음(expansion joint)으로서의 특징을 갖는 이음방식은?

- 신축곡관에 비해 설치공간이 작아도 된다.
- 고압에 잘 견디는 편이나 개스킷이 열화되는 경우가 있다.

① 벨로즈형
② 볼조인트
③ 슬리브형
④ 스위블조인트
⑤ 루프형

23 급탕배관에 관한 설명으로 옳지 않은 것은?

제21회

① 2개 이상의 엘보를 사용하여 신축을 흡수하는 이음은 스위블조인트이다.
② 배관의 신축을 고려하여 배관이 벽이나 바닥을 관통하는 경우 슬리브를 사용한다.
③ ㄷ자형의 배관시에는 배관 도중에 공기의 정체를 방지하기 위하여 에어챔버를 설치한다.
④ 동일 재질의 관을 사용하였을 경우 급탕배관은 급수배관보다 관의 부식이 발생하기 쉽다.
⑤ 배관방법에서 복관식은 단관식 배관법보다 뜨거운 물이 빨리 나온다.

정답 및 해설

20 ④ $Q = c \times m \times \Delta t$

$= 4.2 \times 1{,}000 \times (65 - 5) = 252{,}000$

Q: 급탕부하, c: 물의 비열, m: 급탕량, Δt: 급수 · 급탕 온도차

$252{,}000 \div 3{,}600 = 70\text{kW}$

21 ④ $Q = c \times m \times \Delta t$

$= 4.2 \times 400 \times 50 \times 2^* = 168{,}000\text{kJ/h}$

* 1시간에 400이므로 30분에는 400 × 2

22 ② 볼조인트(ball joint)에 관한 설명이다.

23 ③ ㄷ자형의 배관시에는 배관 도중에 공기의 정체를 방지하기 위하여 공기빼기밸브를 설치한다.

제4장 위생기구 및 배관설비

대표예제 54 위생기구 ★★★

위생기구에 관한 내용으로 옳은 것을 모두 고른 것은? 제25회

㉠ 세출식 대변기는 오물을 직접 유수부에 낙하시켜 물의 낙차에 의하여 오물을 배출하는 방식이다.
㉡ 위생기구설비의 유닛(unit)화는 공기단축, 시공정밀도 향상 등의 장점이 있다.
㉢ 사이펀식 대변기는 분수구로부터 높은 압력으로 물을 뿜어내어 그 작용으로 유수를 배수관으로 유인하는 방식이다.
㉣ 위생기구는 흡수성이 작고, 내식성 및 내마모성이 우수하여야 한다.

① ㉠, ㉢
② ㉡, ㉣
③ ㉠, ㉡, ㉣
④ ㉡, ㉢, ㉣
⑤ ㉠, ㉡, ㉢, ㉣

해설 | ㉠ 오물을 직접 유수부에 낙하시켜 물의 낙차에 의하여 배출하는 방식은 세락식 대변기이다.
㉢ 분수구로부터 높은 압력으로 물을 뿜어내어 그 작용으로 유수를 배수관으로 유인하는 방식은 블로아웃식 대변기이다.

기본서 p.461~469

정답 ②

01 위생기구의 세정(플러시)밸브에 관한 설명으로 옳지 않은 것은? 제23회

① 플러시밸브의 2차측(하류측)에는 버큠브레이커(vacuum breaker)를 설치한다.
② 버큠브레이커(vacuum breaker)의 역할은 이미 사용한 물의 자기사이펀 작용에 의해 상수계통(급수관)으로 역류하는 것을 방지하기 위한 기구이다.
③ 플러시밸브에는 핸들식, 전자식, 절수형 등이 있다.
④ 소음이 크고, 단시간에 다량의 물을 필요로 하는 문제점 등으로 인해 일반 가정용으로는 거의 사용하지 않는다.
⑤ 급수관의 관경은 25mm 이상 필요하다.

02 위생기구설비에 관한 내용으로 옳지 않은 것은? 제22회

① 위생기구는 청소가 용이하도록 흡수성, 흡습성이 없어야 한다.
② 위생도기는 외부로부터 충격이 가해질 경우 파손 가능성이 있다.
③ 유닛화는 현장공정이 줄어들면서 공기단축이 가능하다.
④ 블로아웃식 대변기는 사이펀볼텍스식 대변기에 비해 세정음이 작아 주택이나 호텔 등에 적합하다.
⑤ 대변기에서 세정밸브방식은 연속사용이 가능하기 때문에 사무소, 학교 등에 적합하다.

정답 및 해설

01 ② 버큠브레이커(vacuum breaker)는 이미 사용한 물의 역사이펀작용에 의해 상수계통(급수관)으로 역류하는 것을 방지하기 위한 기구이다.

02 ④ 블로아웃식 대변기는 사이펀볼텍스식 대변기에 비해 세정음이 커서 주택이나 호텔 등에 적합하지 않다.

03 위생기구설비에 관한 설명으로 옳은 것은?

제21회

① 위생기구로서 도기는 다른 재질들에 비해 흡수성이 큰 장점을 갖고 있어 가장 많이 사용되고 있다.
② 세정밸브식과 세정탱크식의 대변기에서 급수관의 최소관경은 15mm로 동일하다.
③ 세정탱크식 대변기에서 세정시 소음은 로우(low)탱크식이 하이(high)탱크식보다 크다.
④ 세정밸브식 대변기의 최저필요압력은 세면기 수전의 최저필요압력보다 크다.
⑤ 세정탱크식 대변기에는 역류방지를 위해 진공방지기를 설치해야 한다.

04 위생기구에 관한 설명으로 옳지 않은 것은?

① 우수한 대변기의 조건으로는 건조면적이 크고 유수면이 좁아야 한다.
② 위생기구의 재질은 흡수성이 작아야 하며, 내식성, 내마모성 등이 우수해야 한다.
③ 사이펀제트식(syphon-jet type) 대변기는 세출식(wash-out type)에 비하여 유수면을 넓게, 봉수깊이를 깊게 할 수 있다.
④ 세출식(wash-out type) 대변기는 오물을 대변기의 얕은 수면에 받아 대변기 가장자리의 여러 곳에서 분출되는 세정수로 오물을 씻어내리는 방식이다.
⑤ 블로아웃식(blow-out type) 대변기는 오물을 트랩 유수 중에 낙하시켜 주로 분출하는 물의 힘에 의하여 오물을 배수로 방향으로 배출하는 방식이다.

05 위생도기에 관한 특징으로 옳지 않은 것은?

제18회

① 팽창계수가 작다.
② 오수나 악취 등이 흡수되지 않는다.
③ 탄력성이 없고 충격에 약하여 파손되기 쉽다.
④ 산이나 알칼리에 쉽게 침식된다.
⑤ 복잡한 형태의 기구로도 제작이 가능하다.

06 위생기구설비에 관한 설명으로 옳지 않은 것은?

제20회

① 위생기구의 재질은 흡습성이 작아야 한다.
② 로우탱크식 대변기는 탱크에 물이 저장되는 시간이 불필요하므로 연속사용이 많은 화장실에 주로 사용한다.
③ 세출식 대변기는 유수면의 수심이 얕아서 냄새가 발산되기 쉽다.
④ 위생기구설비의 유닛(unit)화는 공기단축, 시공정밀도 향상 등의 장점이 있다.
⑤ 사이펀식 대변기는 세락식에 비해 세정능력이 우수하다.

07 플러시밸브식 대변기를 사용할 경우, 역사이펀작용 때문에 오수가 급수관 내로 역류되는 것을 방지하기 위하여 사용하는 기구는?

① 드렌처(drencher)
② 스트레이너(strainer)
③ 가이드베인(guide vane)
④ 스팀사이렌서(steam silencer)
⑤ 진공브레이커(vacuum breaker)

정답 및 해설

03 ④ ① 위생기구로서 도기는 다른 재질들에 비해 흡수성이 작은 장점을 갖고 있어 가장 많이 사용된다.
② 세정밸브식 대변기 급수관의 최소관경은 25mm이다.
③ 세정탱크식 대변기에서 세정시 소음은 로우(low)탱크식이 하이(high)탱크식보다 작다.
⑤ 세정밸브식 대변기에는 역류방지를 위해 진공방지기를 설치해야 한다.

04 ① 대변기는 건조면적이 크고 유수면이 넓어야 한다.

05 ④ 산이나 알칼리에 침식되지 않아야 한다.

06 ② 로우탱크식 대변기는 탱크에 물이 저장되는 시간이 필요하므로 연속사용이 적은 화장실에 주로 사용한다.

07 ⑤ 플러시밸브식 대변기를 사용하는 경우 역사이펀작용 때문에 오수가 급수관 내로 역류하여 크로스커넥션이 발생하므로 이를 방지하기 위하여 진공브레이커(vacuum breaker)를 설치한다.

08 배관설비에 대한 설명으로 옳지 않은 것은?

① 플랜지이음은 밸브, 펌프 및 각종 기기와 배관을 연결하거나, 교환 · 해체가 자주 발생하는 곳에 사용한다.
② 배관의 보온재는 보온 및 방로효과를 높이기 위하여 사용온도에 견디고 열관류율이 되도록 작은 재료를 사용한다.
③ 스테인리스강관은 철에 크롬 등을 함유하여 만들어지기 때문에 강관에 비해 기계적 강도가 우수하다.
④ 배관 지지철물은 수격작용에 의한 관의 진동이나 충격에 견딜 수 있도록 견고하게 고정한다.
⑤ 강관은 주철관에 비하여 내구성이 좋다.

09 배관재료 및 용도에 관한 설명으로 옳지 않은 것은?

① 플라스틱관은 내식성이 있으며, 경량으로 시공성이 우수하다.
② 폴리부틸렌관은 무독성 재료로서 상수도용으로 사용이 가능하다.
③ 가교화 폴리에틸렌관은 온수 온돌용으로 사용이 가능하다.
④ 배수용 주철관은 건축물의 오배수배관으로 사용이 가능하다.
⑤ 탄소강관은 내식성 및 가공성이 우수하며, 관두께에 따라 K · L · M형으로 구분된다.

10 대변기에 대한 설명으로 옳지 않은 것은?

① 블로아웃식은 소음이 작아 공동주택 등에 적합하다.
② 절수형 변기를 사용하면 1회에 2~3L의 절수가 가능하다.
③ 세락식은 오물을 트랩 내의 유수 중에 직접 낙하시켜 세정하는 방식이다.
④ 사이펀볼텍스식은 사이펀작용과 물의 회전운동에 의한 와류를 이용한 것이다.
⑤ 세정밸브식의 급수관경은 25mm 이상이어야 한다.

11 세정밸브식 대변기에 관한 설명으로 옳지 않은 것은? 제18회

① 소음이 작아서 일반주택에서 많이 사용한다.
② 급수관의 관지름은 25mm 이상으로 한다.
③ 연속사용이 가능한 화장실에 많이 사용된다.
④ 급수관이 부압이 되면 오수가 급수관 내로 역류할 위험이 있어 진공방지기를 설치한다.
⑤ 학교, 사무실 등에 적합하다.

12 버큠브레이커나 역류방지기능을 가지는 것을 설치할 필요가 있는 위생기구는?

① 세면기
② 욕조
③ 대변기(세정밸브형)
④ 소변기
⑤ 대변기(하이탱크형)

13 플러시밸브식 대변기에 대한 설명 중 옳지 않은 것은?

① 급수관경이 25A 이상 필요하다.
② 일반 가정용으로는 거의 사용하지 않는다.
③ 최저필요수압을 0.1MPa 이상 확보할 수 있는 경우에 사용 가능하다.
④ 세정소음이 작으나 대변기의 연속사용이 불가능하다.
⑤ 설치공간이 거의 필요 없고 단시간에 다량의 물을 사용한다.

정답 및 해설

08 ⑤ 강관은 주철관에 비하여 내구성이 떨어진다.

09 ⑤ 관두께에 따라 K · L · M형으로 구분하는 것은 동관이다.

10 ① 블로아웃식은 급수압에 따른 소음이 커서 공동주택 등에는 부적합하다.

11 ① 소음이 커서 공공건물에서 많이 사용한다.

12 ③ 세정밸브식(fush valve)
- 한 번 밸브핸들을 누르면 일정량의 물이 나온 후 자동으로 잠기는 방식으로, 높은 수압을 필요로 한다.
- 급수관이 배수관과 바로 연결되기 때문에 역류방지기(진공방지기, vacuum breaker) 설치가 필요하다.

13 ④ 세정시 소음이 크고, 대변기의 연속사용이 가능하다.

14 대변기에 대한 설명으로 옳지 않은 것은?

① 세정밸브식 대변기는 크로스커넥션을 방지하기 위하여 진공방지기를 사용하여야 하는 것으로, 세정시 소음이 크고 수리하기가 어려운 단점이 있다.
② 하이탱크식 대변기에서 탱크의 하단높이는 변기의 상단에서 1.9m 이상의 높이에 설치하고, 세정관경은 최소 32A 이상으로 하여야 한다.
③ 기압탱크식은 탱크 속의 기압이 상승되어 그 압력으로 세정하는 방식이다.
④ 로우시스턴식 대변기는 설치면적이 크나 소음이 작아 주택이나 호텔 등에 사용하는 것으로, 세정관경은 40A 이상으로 해야 한다.
⑤ 플러시밸브식 대변기의 급수관경은 최소 25A, 급수압은 최소 0.1MPa을 필요로 한다.

대표예제 55 배관설비 ★★★

밸브에 관한 설명으로 옳지 않은 것은?

① 체크밸브는 유체흐름의 역류방지를 목적으로 설치한다.
② 글로브밸브는 유체저항이 비교적 작으며, 슬루스밸브라고도 불린다.
③ 버터플라이밸브는 밸브 몸통 내 중심축에 원판 형태의 디스크를 설치한 것이다.
④ 볼밸브는 핸들 조작에 따라 볼에 있는 구멍의 방향이 바뀌면서 개폐가 이루어진다.
⑤ 게이트밸브는 디스크가 배관의 횡단면과 평행하게 상하로 이동하면서 개폐가 이루어진다.

해설 | 글로브밸브는 유체저항이 비교적 크며, 스톱밸브라고도 불린다.

기본서 p.469~480

정답 ②

15 배관의 부속품에 관한 설명으로 옳지 않은 것은? 제25회

① 볼밸브는 핸들을 90° 돌림으로써 밸브가 완전히 열리는 구조로 되어 있다.
② 스트레이너는 배관 중에 먼지 또는 토사, 쇠부스러기 등을 걸러내기 위해 사용한다.
③ 버터플라이밸브는 밸브 내부에 있는 원판을 회전시킴으로써 유체의 흐름을 조절한다.
④ 체크밸브에는 수평 · 수직배관에 모두 사용할 수 있는 스윙형과 수평배관에만 사용하는 리프트형이 있다.
⑤ 게이트밸브는 주로 유량조절에 사용하며, 글로브밸브에 비해 유체에 대한 저항이 큰 단점을 가지고 있다.

16 다음에서 설명하고 있는 배관의 이음방식은? 제25회

> 배관과 밸브 등을 접속할 때 사용하며, 교체 및 해체가 자주 발생하는 곳에 볼트와 너트 등을 이용하여 접합시키는 방식

① 플랜지이음
② 용접이음
③ 소벤트이음
④ 플러그이음
⑤ 크로스이음

17 배관 내 유체의 역류를 방지하기 위하여 설치하는 배관 부속은? 제26회

① 체크밸브
② 게이트밸브
③ 스트레이너
④ 글로브밸브
⑤ 감압밸브

정답 및 해설

14 ④ 로우시스턴식 대변기의 세정관경은 50A 이상으로 해야 한다.
15 ⑤ 게이트밸브는 주로 유량조절에 사용하며, 글로브밸브에 비해 유체에 대한 저항이 작은 장점을 가지고 있다.
16 ① 배관과 밸브 등을 접속할 때 사용하며, 교체 및 해체가 자주 발생하는 곳에 볼트와 너트 등을 이용하여 접합시키는 방식은 플랜지이음이다.
17 ① 배관 내 유체의 역류를 방지하기 위하여 설치하는 배관 부속은 체크밸브이다.

18 배관 부속의 용도에 관한 설명으로 옳지 않은 것은? 제14회

① 니플: 배관의 방향을 바꿀 때
② 플러그, 캡: 배관 끝을 막을 때
③ 티, 크로스: 배관을 도중에서 분기할 때
④ 이경소켓, 리듀서: 서로 다른 지름의 관을 연결할 때
⑤ 유니언, 플랜지: 같은 지름의 관을 직선으로 연결할 때

19 배관설비계통에 설치하는 부속이 아닌 것은? 제19회

① 흡입베인(suction vane)
② 스트레이너(strainer)
③ 리듀서(reducer)
④ 벨로즈(bellows) 이음
⑤ 캡(cap)

20 다음 설명에 알맞은 밸브의 종류는?

- 관로를 전개하거나 전개할 목적으로 사용된다.
- 밸브를 열면 배관경과 밸브의 구경이 동일하므로 유체의 저항이 작다.

① 체크밸브
② 앵글밸브
③ 글로브밸브
④ 게이트밸브
⑤ 니들밸브

21 위생기구 및 배관재료에 관한 설명으로 옳은 것은?

① 밸브종류 중에서 마찰저항이 작아 주로 배관 도중에 사용되는 것은 게이트밸브의 일종인 앵글밸브이다.
② 배관조립시 막힘 등을 쉽게 수리하기 위하여 유니언과 플랜지를 사용하는데, 유니언은 50A 이하의 배관에 사용한다.
③ 니들밸브는 슬루스밸브의 일종으로 미세한 유량의 조절에 사용된다.
④ 스트레이너는 배관 중에 오물을 제거하기 위한 것으로 난방배관 등의 순환펌프 뒤에 설치한다.
⑤ 경질염화비닐관은 열팽창률은 작으나 열전도율은 매우 크므로 신축이음이 필요하다.

22 동관의 특성에 관한 설명 중 옳지 않은 것은?

① 마찰저항이 비교적 작다.
② 충격강도에 약하다.
③ 내식성이 강하며, 수명이 길다.
④ 열전도율이 낮은 편이다.
⑤ 동결되어도 잘 파손되지 않는다.

정답 및 해설

18 ① 니플은 같은 지름의 관을 직선으로 연결할 때 사용하는 이음쇠이다.
19 ① 흡입베인(suction vane)은 배관설비계통에 설치하는 부속이 아니다.
20 ④ 게이트밸브는 슬루스밸브라고도 하며 마찰저항이 작다.
21 ② ① 밸브류 중에서 마찰저항이 작아 주로 배관 도중에 사용되는 것은 게이트밸브이며, 앵글밸브는 글로브밸브의 일종이다.
③ 니들밸브는 글로브밸브의 일종으로 미세한 유량의 조절에 사용된다.
④ 스트레이너는 배관 속 오물을 제거하기 위한 것으로 난방배관 등의 순환펌프 앞에 설치한다.
⑤ 경질염화비닐관은 열전도율은 작으나 열팽창률이 크므로 신축이음이 필요하다.
22 ④ 동관은 열전도율이 높다.

23 공동주택의 급배수설비의 소음을 방지하는 방법으로서 옳지 않은 것은?

① 급수관은 가능한 노출시키며, 벽이나 바닥의 구조체에 직접 접촉되지 않도록 한다.
② 급수계통의 압력을 조정하고 수전의 위치에서 수압이 너무 높이 올라가지 않도록 한다.
③ 수전 바로 가까이에 고무제 플렉시블조인트를 삽입 설치한다.
④ 급수관은 경질염화비닐관으로 하여 콘크리트벽에 완전히 매설한다.
⑤ 배수관은 노출방식을 피하고 차음성이 있는 재료로 피복을 하거나 또는 파이프샤프트 속을 통과시킨다.

24 배관부식의 원인과 방지대책에 관한 설명으로 옳지 않은 것은?

① 용수의 pH 값이 작을수록 배관부식이 쉽게 발생한다.
② 물의 용존산소와 염류 때문에 배관이 부식된다.
③ 이온화 경향의 차가 큰 배관끼리 연결하여 부식을 방지한다.
④ 인산염을 첨가하여 배관의 부식을 방지한다.
⑤ 보급수를 탈기처리하여 부식을 방지한다.

25 배관재료에 관한 설명으로 옳지 않은 것은?

① 스테인리스강관은 철에 크롬 등을 함유하여 만들어지기 때문에 강관에 비해 기계적 강도가 우수하다.
② 염화비닐관은 선팽창계수가 크므로 온도변화에 따른 신축에 유의해야 한다.
③ 동관은 동일관경에서 K타입의 두께가 가장 얇다.
④ 강관은 주철관에 비하여 부식되기 쉽다.
⑤ 연관은 연성이 풍부하여 가공성이 우수하다.

26 배관식별 표시방법으로 옳지 않은 것은?

① 가스: 검정색
② 공기: 백색
③ 증기: 진한 적색
④ 기름: 진한 황색
⑤ 물: 청색

27 다음 도시기호 중에서 체크밸브(check valve)를 표시한 것은?

① 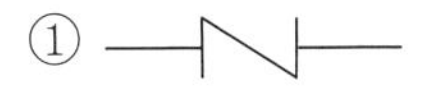

② 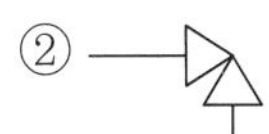

③ 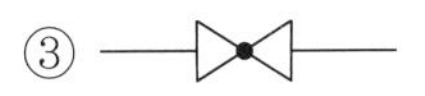

④ 

⑤ 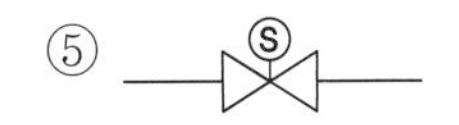

정답 및 해설

23 ④ 경질염화비닐관은 공동주택의 급수관으로 강도가 약해서 좋지 않으며 급수관을 콘크리트 벽에 완전히 매설하면 수리하기가 곤란하므로 매설하지 않는다.

24 ③ 이온화 경향의 차가 작은 배관끼리 연결하여 부식을 방지한다.

25 ③ 배관용 동관의 두께: K형 > L형 > M형 > N형

26 ① 가스배관은 황색으로 표시한다.

27 ① ②는 앵글밸브, ③은 글로브밸브, ④는 슬루스밸브, ⑤는 전자밸브를 표시한 것이다.

제5장 배수 및 통기설비

대표예제 56 **배수설비** ★★★

트랩의 봉수파괴 원인이 아닌 것은? 제25회

① 수격작용 ② 모세관현상
③ 증발작용 ④ 분출작용
⑤ 자기사이펀작용

해설 | 트랩의 봉수파괴 원인은 자기사이펀작용, 유인사이펀작용, 분출작용, 모세관현상, 증발작용, 관성작용 등이다.

기본서 p.491~499 정답 ①

01 하수도법령상 용어의 내용으로 옳지 않은 것은? 제23회

① '하수'라 함은 사람의 생활이나 경제활동으로 인하여 액체성 또는 고체성의 물질이 섞이어 오염된 물(이하 '오수'라 한다)을 말하며, 건물 · 도로, 그 밖의 시설물의 부지로부터 하수도로 유입되는 빗물 · 지하수는 제외한다.
② '하수도'라 함은 하수와 분뇨를 유출 또는 처리하기 위하여 설치되는 하수관로 · 공공하수처리시설 등 공작물 · 시설의 총체를 말한다.
③ '분류식 하수관로'라 함은 오수와 하수도로 유입되는 빗물 · 지하수가 각각 구분되어 흐르도록 하기 위한 하수관로를 말한다.
④ '공공하수도'라 함은 지방자치단체가 설치 또는 관리하는 하수도를 말한다. 다만, 개인하수도는 제외한다.
⑤ '배수설비'라 함은 건물 · 시설 등에서 발생하는 하수를 공공하수도에 유입시키기 위하여 설치하는 배수관과 그 밖의 배수시설을 말한다.

02 **트랩의 봉수파괴 원인 중 건물 상층부의 배수수직관으로부터 일시에 많은 양의 물이 흐를 때, 이 물이 피스톤작용을 일으켜 하류 또는 하층 기구의 트랩봉수를 공기의 압축에 의해 실내측으로 역류시키는 작용은?** 제21회

① 증발작용
② 분출작용
③ 수격작용
④ 유인사이펀작용
⑤ 자기사이펀작용

03 **배수트랩에 관한 설명으로 옳지 않은 것은?**

① 구조상 수봉식이 아니거나 가동부분이 있는 것은 바람직하지 않다.
② 이중트랩은 악취를 효과적으로 차단하고, 배수를 원활하게 하는 효과가 있다.
③ 트랩의 가장자리와 싱크대 또는 바닥 마감부분의 사이는 내수성 충전재로 마무리한다.
④ P트랩에서 봉수 수면이 디프(dip)보다 낮은 위치에 있으면 하수 가스의 침입을 방지할 수 없다.
⑤ 정해진 봉수깊이 및 봉수면에 맞도록 설치하고 필요한 경우 봉수 동결방지 조치를 한다.

정답 및 해설

01 ① '하수'라 함은 사람의 생활이나 경제활동으로 인하여 액체성 또는 고체성의 물질이 섞이어 오염된 물(이하 '오수'라 한다)을 말하며, 건물 · 도로, 그 밖의 시설물의 부지로부터 하수도로 유입되는 빗물 · 지하수도 포함한다.

02 ④ 봉수파괴 원인과 대책

원인	대책
자기사이펀작용(만수상태시)	통기관 설치
유인사이펀작용(유도, 흡인, 흡출작용) – 수직관 상단부	
분출작용(토출, 역압작용) – 수직관 하단부	
모세관현상	고형물질 제거
증발	기름
(운동량에 의한) 관성	격자석쇠 설치

03 ② 이중트랩은 배수의 흐름을 곤란하게 하여 위생기구에 근접하여 1개만 설치한다.

04 배수설비 트랩의 일반적인 용도로 옳지 않은 것은?

제22회

① 기구트랩 - 바닥 배수
② S트랩 - 소변기 배수
③ U트랩 - 가옥 배수
④ P트랩 - 세면기 배수
⑤ 드럼트랩 - 주방싱크 배수

05 배수관 설계시 고려사항으로 옳지 않은 것은?

① 표준구배는 mm로 호칭되는 관경의 역수보다 작게 하며, 관경이 클수록 급구배로 한다.
② 배수관은 급수관이나 급탕관처럼 물이 가득 차서 흐르는 일이 거의 없으며, 유수면의 높이는 관경의 2분의 1~3분의 2 정도로 하여 배수능력이 저하되지 않도록 한다.
③ 옥내배수관의 구배는 배수능력이 저하되지 않을 정도로 가능한 급구배로 하는 것이 좋다.
④ 표준구배는 50분의 1~100분의 1 정도, 표준유속은 0.6~1.2m/s 정도로 한다.
⑤ 배수관의 관경은 단위시간당 최대유량에 대한 배수부하단위로 산정한다.

06 배수설비에 관한 설명으로 옳은 것은?

제20회

① 배수는 기구배수, 배수수평주관, 배수수직주관의 순서로 이루어지며, 이 순서대로 관경은 작아져야 한다.
② 청소구는 배수수평지관의 최하단부에 설치해야만 한다.
③ 배수관 트랩봉수의 유효깊이는 주로 50~100cm 정도로 해야 한다.
④ 기구를 배수관에 직접 연결하지 않고, 도중에 끊어서 대기에 개방시키는 배수방식을 간접배수라 한다.
⑤ 각개통기관은 기구의 넘침선 아래에서 배수수평주관에 접속한다.

07 배수트랩에 대한 설명으로 옳지 않은 것은?

① 위생기구를 장기간 사용하지 않으면 트랩의 봉수가 증발된다.

② 배수관 내 공기의 흐름을 원활하게 하기 위하여 배수트랩을 설치한다.

③ 구조는 간단하고 내표면은 평활하게 하여 오물이 트랩에 체류하지 않도록 한다.

④ 헝겊이나 모발로 인한 모세관현상으로 봉수가 서서히 파괴된다.

⑤ 배수트랩을 이중으로 설치할 경우 배수흐름이 원활하지 않다.

정답 및 해설

04 ① 바닥 배수를 위해 사용하는 트랩은 기구트랩이 아니라 벨트랩이다.

05 ① 표준구배는 mm로 호칭되는 관경의 역수보다 크게 하며, 관경이 작을수록 급구배로 한다.

06 ④ ① 배수는 기구배수, 배수수평주관, 배수수직주관의 순서로 이루어지며, 이 순서대로 관경은 커져야 한다.
② 청소구는 배수수평지관의 최상단부에 설치해야만 한다.
③ 배수관 트랩봉수의 유효깊이는 주로 50~100mm 정도로 해야 한다.
⑤ 각개통기관은 기구의 넘침선보다 150mm 위에서 통기수직관에 접속한다.

07 ② 배수관 내 공기의 흐름을 원활하게 하기 위하여 통기관을 설치한다.
트랩은 배수계통의 일부에 봉수를 고이게 하여 배수관 내 악취, 유독가스, 벌레 등이 실내로 침투하는 것을 방지하기 위해 설치한다.

▶ 통기관의 설치목적

- 트랩의 봉수를 보호한다.
- 신선한 공기를 유통시켜 관내 청결을 유지한다.
- 배수의 흐름을 원활하게 한다.
- 배수관 내 기압을 일정하게 유지한다.

08 **배수트랩에 해당하는 것을 모두 고른 것은?** 제23회

㉠ 벨트랩	㉡ 버킷트랩
㉢ 그리스트랩	㉣ P트랩
㉤ 플로트트랩	㉥ 드럼트랩

① ㉠, ㉡
② ㉠, ㉢, ㉥
③ ㉢, ㉣, ㉥
④ ㉠, ㉢, ㉣, ㉥
⑤ ㉡, ㉢, ㉣, ㉤

09 **배수관의 관경과 구배에 대한 설명 중 옳지 않은 것은?**

① 배수관경을 크게 하면 할수록 배수능력은 향상된다.
② 배관구배를 너무 급하게 하면 흐름이 빨라 고형물이 남는다.
③ 배관구배를 완만하게 하면 세정력이 저하된다.
④ 배수수평관의 구배는 최소 200분의 1 이상으로 한다.
⑤ 배수관경을 너무 작게 하면 자기세정작용이 어려워진다.

종합

10 **배수설비에 관한 기술 중 옳은 것은?**

① 옥내배수관의 유속은 0.6~1.2m/s가 되도록 구배를 잡는 것이 좋으며 관경이 클수록 구배는 크게 한다.
② 배수시 트랩 및 배수관은 사이펀관을 형성하여 만수된 물이 일시에 흐르게 되면, 트랩 내의 물이 자기사이펀작용에 의해 모두 배수관쪽으로 흡인되어 봉수가 파괴된다.
③ 벨트랩은 주방 싱크의 배수용 트랩으로 다량의 물을 고이게 하므로 봉수가 잘 파괴되지 않으며 청소가 가능하다.
④ 드럼트랩은 주방 등에서 나오는 기름기가 많은 배수로부터 기름기를 제거 분리시키는 장치로, 분리된 기름기를 제거 후 다시 사용한다.
⑤ 배수관 속의 악취, 유독가스 및 벌레 등이 실내로 침투하는 것을 방지하기 위하여 배수계통의 일부에 봉수를 고이게 하는 기구를 에어챔버라고 한다.

11 배수수직관을 흘러 내려가는 다량의 배수에 의해 배수수직관 근처에 설치된 기구의 봉수가 파괴되었을 때, 이에 대한 원인과 관계가 깊은 것을 다음에서 모두 고른 것은?

㉠ 자기사이펀작용	㉡ 분출작용
㉢ 모세관현상	㉣ 흡출(흡인)작용
㉤ 증발현상	

① ㉠, ㉡
② ㉡, ㉢
③ ㉡, ㉣
④ ㉠, ㉢, ㉤
⑤ ㉠, ㉣, ㉤

정답 및 해설

08 ④ 버킷트랩, 플로트트랩은 증기난방에서 응축수를 만드는 증기트랩이다.

▶ 배수트랩의 종류

1. 사이펀식(파이프형, 관트랩): 자기세정작용 가능
   - S트랩: 소 · 대변기
   - 4분의 3 S트랩(S트랩 변형): S트랩보다 봉수 안전
   - P트랩: 세면기
   - U트랩(가옥, 메인 트랩): 옥내 배수수평주관 도중이나 끝
2. 비사이펀식(용적형): 자기세정작용 불가능
   - 드럼트랩: 주방싱크대, 가장 안정적인 트랩
   - 벨트랩(플로어트랩): 욕실바닥
3. 저집기형(조집기, 포집기)
   - 트랩 기능 + 찌꺼기 분리
   - 가솔린, 게러지, 그리스, 샌드, 헤어, (석고)플라스터, 런더리

09 ① 배수관의 관경은 너무 크거나 작으면 배수능력이 저하된다.

10 ② ① 옥내배수관의 유속은 0.6~1.2m/s가 되도록 구배를 잡는 것이 좋으며 관경이 클수록 구배는 작게 한다.
③ 드럼트랩은 주방 싱크의 배수용 트랩으로 다량의 물을 고이게 하므로 봉수가 잘 파괴되지 않으며 청소가 가능하다.
④ 그리스트랩은 주방 등에서 나오는 기름기가 많은 배수로부터 기름기를 제거 분리시키는 장치로, 분리된 기름기를 제거 후 다시 사용한다.
⑤ 배수관 속의 악취, 유독가스 및 벌레 등이 실내로 침투하는 것을 방지하기 위하여 배수계통의 일부에 봉수를 고이게 하는 기구를 트랩이라 한다.

11 ③ ㉡ 분출작용(토출작용, 역압작용): 하층부 수직관에 접근하여 설치된 트랩인 경우 기구의 트랩 속 봉수가 공기의 압력에 의해 역으로 실내쪽으로 역류(분출)하는 현상이다.
㉣ 유인사이펀작용(흡인작용, 흡출작용): 수직관에 접근하여 기구를 설치할 경우, 수직관 상부에서 일시에 다량의 물을 배수하면 순간적으로 진공이 생겨 트랩 내의 봉수가 수직관의 배수에 이끌려 배출되는 현상이다.

12 배수용 트랩에 관한 설명으로 옳지 않은 것은?

① S트랩은 주로 대변기에서 사용한다.
② U트랩은 주방용 개수기에서 가장 많이 사용한다.
③ P트랩은 주로 세면기에서 사용한다.
④ 그리스트랩(grease trap)은 지방분을 제거 · 분리하기 때문에 호텔이나 레스토랑 등의 주방에서 사용한다.
⑤ 배수용 트랩은 하수도로부터 역류하는 악취나 유독가스 등을 방지해준다.

13 다음 설명이 의미하는 봉수파괴 원인은?

일반적으로 배수수직관의 상 · 중층부에서는 압력이 부압으로, 그리고 저층부분에서는 정압으로 된다. 이때 배수수직관 내가 부압이 되는 곳에 배수수평지관이 접속되어 있으면 배수수평지관 내의 공기는 수직관쪽으로 유인되며, 이에 따라 봉수가 이동하여 손실된다.

① 증발현상
② 모세관현상
③ 자기사이펀작용
④ 유도사이펀작용
⑤ 토출작용

14 배수설비에 관한 설명으로 옳은 것은?

① 드럼트랩은 싱크 등에 설치하는 트랩으로, 봉수의 안전도가 높은 사이펀식 트랩이다.
② 이중트랩과 가동부분이 있는 트랩은 유지관리상 바람직한 트랩이다.
③ 트랩 내의 실, 머리카락 등이 걸렸을 경우 모세관현상으로 봉수가 유출되는데, 이런 경우에는 통기관을 설치하여 트랩 내의 기압을 안정시켜 봉수파괴를 방지할 수 있다.
④ 통기관은 대기압을 배수관에 형성시켜 주기 위한 것으로, 실내 환기용 덕트에 연결하는 것은 문제없다.
⑤ 배수배관의 최소관경은 32A이나 지중매설배관의 경우 50A 이상으로 한다.

15 트랩의 봉수파괴를 방지할 수 있는 방법으로 틀린 것은?

① 자기사이펀작용으로 인한 봉수의 파괴방지를 위한 방법으로 트랩 상부에 통기관을 설치한다.
② 증발에 의한 봉수파괴는 기름을 떨어뜨려 방지한다.
③ 모세관현상에 의한 봉수는 파괴를 방지하기 위해 천조각 등 부유물질을 제거한다.
④ 유인사이펀작용으로 인한 봉수의 파괴를 방지하기 위한 방법으로 통기관을 세우거나 수직관을 충분히 크게 한다.
⑤ 역압에 의한 분출작용으로 인한 봉수의 파괴를 방지하는 방법으로 격자석쇠를 설치한다.

16 배수설비에서 청소구의 설치에 관한 사항으로 옳지 않은 것은? 제18회

① 배수수평지관의 기점에 설치한다.
② 배수수평주관의 기점에 설치한다.
③ 배수수직관의 최하부에 설치한다.
④ 배수관이 45°를 넘는 각도로 방향을 변경한 개소에 설치한다.
⑤ 배수수평관이 긴 경우, 배수관의 관지름이 100mm 이하인 경우는 30m마다 1개씩 설치한다.

정답 및 해설

12 ② U트랩은 배수수평주관에 사용되며, 주방용 개수기(싱크)에 사용되는 것은 드럼트랩이다.

13 ④ 유도사이펀작용(흡입 · 흡출작용)
- 수직관 상부에서 일시에 다량의 물을 배수할 때 감압에 의한 흡인이 일어난다.
- 대책으로는 통기관을 설치한다.

14 ⑤ ① 드럼트랩은 싱크 등에 설치하는 트랩으로, 봉수의 안전도가 높은 비사이펀식 트랩이다.
② 이중트랩과 가동부분이 있는 트랩, S형 트랩 등은 바람직하지 못한 트랩이다.
③ 트랩 내의 실, 머리카락 등이 걸렸을 경우 모세관현상으로 봉수가 유출되는데, 이런 경우에는 봉수파괴의 원인이 되는 이물질을 제거하여야 한다.
④ 통기관은 실내 환기용 덕트에 연결하여서는 안 된다.

15 ⑤ 역압에 의한 분출작용으로 인한 봉수의 파괴를 방지하는 방법으로 수직관 하단부에 통기관을 설치한다.

16 ⑤ 배수관의 관지름이 100mm 이하인 경우는 15m마다, 100mm 이상인 경우는 30m마다 1개씩 설치한다.

17 배수관의 관경 산정에 대한 설명 중 옳지 않은 것은?

① 배수수직관의 관경은 이것에 접속하는 배수수평지관의 최대관경과 같거나 작게 한다.
② 배수수평지관의 관경은 이것에 접속하는 기구배수관의 최대관경과 같거나 크게 한다.
③ 기구배수관의 관경은 이것에 접속하는 위생기구 트랩의 관경과 같거나 크게 한다.
④ 배수관은 배수의 유하방향으로 관경을 축소해서는 안 된다.
⑤ 우수배수관의 관경은 지붕면적과 최대강우량을 기준으로 결정한다.

대표예제 57 통기설비 ★★★

통기방식에 관한 설명으로 옳지 않은 것은? 제26회

① 외부에 개방되는 통기관의 말단은 인접 건물의 문, 개폐창문과 인접하지 않아야 한다.
② 결합통기관은 배수수직관과 통기수직관을 연결하는 통기관이다.
③ 각개통기관의 수직올림위치는 동수구배선보다 아래에 위치시켜 흐름이 원활하도록 하여야 한다.
④ 통기수직관은 빗물수직관과 연결해서는 안 된다.
⑤ 각개통기방식은 기구의 넘침면보다 15cm 정도 위에서 통기수평지관과 접속시킨다.

해설 | 각개통기관의 수직올림위치는 동수구배선보다 위에 위치시켜 흐름이 원활하도록 하여야 한다.

기본서 p.499~505 정답 ③

종합

18 배수 및 통기설비에 관한 내용으로 옳은 것은? 제22회

① 배수관 내에 유입된 배수가 상층부에서 하층부로 낙하하면서 증가하던 속도가 더 이상 증가하지 않을 때의 속도를 종국유속이라 한다.
② 도피통기관은 배수수직관의 상부를 그대로 연장하여 대기에 개방한 통기관이다.
③ 루프통기관은 고층건물에서 배수수직관과 통기수직관을 연결하여 설치한 것이다.
④ 신정통기관은 모든 위생기구마다 설치하는 통기관이다.
⑤ 급수탱크의 배수방식은 간접식보다 직접식으로 해야 한다.

19 통기관의 설치목적으로 옳은 것을 다음에서 모두 고른 것은?

㉠ 배수트랩의 봉수를 보호한다.
㉡ 배수관에 부착된 고형물을 청소하는 데 이용한다.
㉢ 신선한 외기를 통하게 하여 배수관 청결을 유지한다.
㉣ 배수관을 통해 냄새나 벌레가 실내로 침입하는 것을 방지한다.
㉤ 배수관 내의 압력변동을 흡수하여 배수의 흐름을 원활하게 한다.

① ㉠, ㉡, ㉣
② ㉡, ㉢, ㉤
③ ㉠, ㉢, ㉤
④ ㉠, ㉡, ㉢, ㉣
⑤ ㉠, ㉢, ㉣, ㉤

20 다음 설명에 알맞은 통기관의 종류는?

기구가 좌우분기(반대방향) 또는 병렬로 설치된 기구배수관의 교점에 접속하여 입상하며, 그 양 기구의 트랩의 봉수를 보호하기 위한 1개의 통기관을 말한다.

① 각개통기관
② 루프통기관
③ 결합통기관
④ 신정통기관
⑤ 공용통기관

정답 및 해설

17 ① 배수수직관의 관경은 이것에 접속하는 배수수평지관의 최대관경과 같거나 크게 한다.

18 ① ② 신정통기관은 배수수직관의 상부를 그대로 연장하여 대기에 개방한 통기관이다.
③ 결합통기관은 고층건물에서 배수수직관과 통기수직관을 연결하여 설치한 것이다.
④ 각개통기관은 모든 위생기구마다 설치하는 통기관이다.
⑤ 급수탱크의 배수방식은 직접식보다 간접식으로 해야 한다.

19 ③ 통기관의 설치목적
- 트랩의 봉수 보호(주목적)
- 신선한 공기를 유통시켜 관내 청결 유지
- 배수흐름 원활
- 배수관 내 기압을 일정하게 유지

20 ⑤ 양쪽에 같은 높이의 위생기구를 설치하고 배수관의 교점에 1개의 통기관을 설치한 것은 공용통기관이다.

21 **2개 이상인 트랩을 보호하기 위하여 설치하는 통기관으로, 최상류 기구배수관이 배수수평지관에 접속하는 위치의 직하(直下)에서 입상하여 통기수직관에 접속하는 통기관은?**

제18회

① 루프통기관
② 신정통기관
③ 결합통기관
④ 습윤통기관
⑤ 각개통기관

22 **통기설비에 관한 설명으로 옳은 것은?**

① 결합통기관의 지름은 접속되는 통기수직관 지름의 2분의 1로 한다.
② 도피통기관은 배수수직관 상부를 연장하여 대기 중에 개방한 통기관이다.
③ 위생기구가 여러 개일 경우 각개통기관보다 환상통기관을 설치하는 것이 통기효과가 더 좋다.
④ 섹스티아시스템(Sextia system)에는 섹스티아이음쇠와 섹스티아밴드가 사용된다.
⑤ 각개통기관이 배수관에 접속되는 지점은 기구의 최고수면과 배수수평지관이 배수수직관에 접속되는 점을 연결한 동수구배선보다 아래에 있도록 한다.

고난도

23 **배수 및 통기설비에 관한 설명으로 옳은 것은?**

① 각개통기관에서 트랩의 위어(weir)에서 통기접속개소까지 기구배수관의 구배와 길이는 자기사이펀에 미치는 영향이 크므로, 통기관과 접속하는 점이 트랩 위어와 수평연결한 수평선 이하가 되지 않도록 해야 한다.
② 수직관에 접근하여 트랩을 설치할 경우 수직관 상부에서 다량의 물이 일시에 낙하하면서 흡인력을 이용해 트랩 내에 있는 봉수를 끌어내는 작용을 분출작용이라고 한다.
③ 리턴통기관은 통기관을 입상시키기 어려운 경우 이용되고 자기사이펀 방지에도 효과적으로 이용되며, 이 경우 기구배수관은 통기관보다 구경을 작게 해야 한다.
④ 환상통기관은 원활한 통기를 위해 최상류 기구의 수평지관 최하류측에 접속하여 배수관의 중심선에 수평 설치하는 것이 좋고, 어려울 경우라도 수평에 대해 45° 이내로 배치한다.
⑤ 통기 및 배수수직주관은 파이프샤프트 내에 배관하고, 대변기는 될 수 있는 대로 수직주관과 떨어져서 멀리 설치한다.

정답 및 해설

21 ① 통기관의 종류

구분	특징	관경
각개통기관	• 각 위생기구마다 설치 • 가장 이상적 • 접속되는 배수관경의 2분의 1 이상	32A
루프통기관 (회로통기관, 환상통기관)	• 기구 2~8개 • 길이는 7.5m 이내 • 배수수평지관 최상류에 연결 • 배수수평지관과 통기수직관 중에서 작은 쪽 관경의 2분의 1 이상	32A
도피통기관 (Relief vent)	• 루프통기관의 통기능률 촉진 • 수직관 가장 가까이에 설치 • 접속하는 배수수평지관 관경의 2분의 1 이상	32A
습식통기관 (습윤통기관)	• 1개 관으로 배수 + 통기 겸용 • 배수수평지관 말단부분(최상류) 기구 바로 아래 설치	–
신정통기관	배수수직주관 상단의 관경을 줄이지 않고 연장하여 대기 중에 개방하는 통기관(통기관 중 지름이 가장 크다)	–
결합통기관	• 배수수직주관과 통기수직주관을 연결 • 배수수직주관의 통기능률 촉진 • 5층마다 설치 • 통기수직관과 배수수직관 중 작은 쪽 관경 이상	50A
특수통기방식	• 별도의 통기관을 설치하지 않고 배수수직관만으로 배수와 통기를 겸하는 방식 • 소벤트방식: 공기혼합이음쇠와 공기분리이음쇠를 설치하여 배수와 통기를 겸하는 방식 • 섹스티아방식: 섹스티아이음쇠와 섹스티아벤트관을 설치, 나선형 배수를 하는 방식	

22 ④ ① 결합통기관의 지름은 통기수직관과 배수수직관 중 작은 쪽 관경 이상으로 한다.
② 신정통기관은 배수수직관 상부를 연장하여 대기 중에 개방한 통기관이다.
③ 위생기구가 여러 개일 경우 일반적으로 각개통기관보다 환상통기관을 설치하나, 통기효과는 각개통기관이 더 좋다.
⑤ 각개통기관이 배수관에 접속되는 지점은 기구의 최고수면과 배수수평지관이 배수수직관에 접속되는 점을 연결한 동수구배선보다 위에 있도록 한다.

23 ① ② 수직관에 접근하여 트랩을 설치할 경우 수직관 상부에서 다량의 물이 일시에 낙하하면서 흡인력에 의해 트랩 내의 봉수를 끌어내는 작용을 흡인(유인사이펀)작용이라고 한다.
③ 리턴통기관은 통기관을 입상시키기 곤란한 경우에 이용되며, 자기사이펀 방지에도 효과적이고, 이 경우 기구배수관은 통기관보다 구경을 크게 해야 한다.
④ 환상통기관은 배수관의 수직중심선 상부로부터 수직 또는 수직에서 45°의 각도 이내로 접속해야 한다.
⑤ 통기 및 배수수직주관은 파이프샤프트 내에 배관하고, 대변기는 될 수 있는 대로 수직주관과 가까이 설치한다.

24 통기관의 관경을 결정하는 방법에 대한 설명으로 옳지 않은 것은?

① 각개통기관의 관경은 접속하는 배수관 관경의 2분의 1 이상으로 하고, 최소관경을 32mm로 한다.
② 루프통기관의 관경은 접속하는 배수수평지관과 통기수직관의 관경 중에서 작은 쪽의 2분의 1 이상을 원칙으로 한다.
③ 결합통기관의 관경은 최소 50mm 이상으로 한다.
④ 신정통기관의 관경은 배수수직관의 관경과 동일 지름으로 한다.
⑤ 결합통기관의 관경은 통기수직관과 배수수직관 중에서 큰 쪽의 관경 이상으로 한다.

25 배수설비에 관한 설명으로 옳은 것은?

① 변기의 세정방식은 수압이 약할 때는 플러시밸브를 쓰고, 수압이 강할 때는 시스턴방식을 쓴다.
② 통기관의 배관방식에는 개별식과 중앙식을 이용한다.
③ 위생기구와 배수관이 연결되는 곳에는 트랩을 설치하며, 트랩은 머리털 등의 찌꺼기를 모으는 장치이다.
④ 배수입관의 상부는 관경을 줄이지 않고 신장하여 통기관으로 한다.
⑤ 우수배수관은 통기수직관을 연결해서 사용할 수 있다.

26 통기관의 관경에 대한 설명 중 옳지 않은 것은?

① 각개통기관의 관경은 그것이 접속되는 배수관 관경의 2분의 1 이상으로 한다.
② 신정통기관의 관경은 배수수직관의 관경보다 작게 해서는 안 된다.
③ 회로통기관의 관경은 배수수평지관과 통기수직관 중 큰 쪽 관경의 2분의 1 이상으로 한다.
④ 결합통기관의 관경은 통기수직관과 배수수직관 중 작은 쪽 관경 이상으로 한다.
⑤ 도피통기관의 관경은 배수수평지관 관경의 2분의 1 이상으로 한다.

27 통기관경 결정의 기본원칙에 따라 산정된 통기관경으로 옳지 않은 것은?

제19회

① 100mm 관경의 배수수직관에 접속하는 신정통기관의 관경을 100mm로 한다.

② 50mm 관경의 배수수평지관과 100mm 관경의 통기수직관에 접속하는 루프통기관의 관경을 50mm로 한다.

③ 75mm 관경의 배수수평지관에 접속하는 도피통기관의 관경을 50mm로 한다.

④ 50mm 관경의 기구배수관에 접속하는 각개통기관의 관경을 32mm로 한다.

⑤ 100mm 통기수직관과 150mm 배수수직관에 접속하는 결합통기관의 관경을 75mm로 한다.

정답 및 해설

24 ⑤ 결합통기관의 관경은 통기수직관과 배수수직관 중에서 작은 쪽의 관경 이상으로 한다.

25 ④ ① 수압이 강할 때 플러시밸브를 사용한다.
② 통기관을 개별식과 중앙식으로 구별하지 않는다.
③ 배수트랩은 배수관의 악취, 유해가스, 해충의 실내 유입을 방지한다.
⑤ 우수배수관은 통기수직관에 연결하여 사용하지 않는다.

26 ③ 통기관의 관경 결정

각개통기관	• 접속되는 배수관 관경의 2분의 1 이상 • 32mm 이상
신정통기관	배수수직주관과 동일한 관경 이상
회로(루프, 환상)통기관	• 배수수평지관과 통기수직주관 중에서 작은 쪽 관경의 2분의 1 이상 • 32mm 이상
결합통기관	• 통기수직주관과 배수수직주관 중에서 작은 쪽 관경 이상 • 50mm 이상
도피통기관	• 배수수평지관 관경의 2분의 1 이상 • 32mm 이상

27 ⑤ 100mm 통기수직관과 150mm 배수수직관에 접속하는 결합통기관의 관경을 100m로 한다.

28 배수 및 통기설비에 관한 설명으로 옳지 않은 것은?

제23회

① 결합통기관은 배수수직관 내의 압력변화를 완화하기 위하여 배수수직관과 통기수직관을 연결하는 통기관이다.

② 통기수평지관은 기구의 물넘침선보다 150mm 이상 높은 위치에서 수직통기관에 연결한다.

③ 신정통기관은 배수수직관의 상부를 그대로 연장하여 대기에 개방하는 것으로, 배수수직관의 관경보다 작게 해서는 안 된다.

④ 배수수평관이 긴 경우, 배수관의 관지름이 100mm 이하인 경우에는 20m 이내, 100mm를 넘는 경우에는 매 35m마다 청소구를 설치한다.

⑤ 특수통기방식의 일종인 소벤트방식, 섹스티아방식은 신정통기방식을 변형시킨 것이다.

종합

29 서징(surging)현상에 관한 설명으로 옳은 것은?

① 증기가 배관 내에서 응축되어 배관의 곡관부 등에 부딪히면서 소음과 진동을 유발시키는 현상이다.

② 만수 상태로 흐르는 통로를 갑자기 막을 때, 수압의 상승으로 압력파가 관내를 왕복하는 현상이다.

③ 산형(山形) 특성의 양정곡선을 갖는 펌프의 산형 왼쪽부분에서 유량과 양정이 주기적으로 변동하는 현상이다.

④ 물의 압력이 그 물의 온도에 해당하는 포화증기압보다 낮아질 경우 물이 증발하여 기포가 발생하는 현상이다.

⑤ 배수수직관 상부로부터 많은 물이 낙하할 경우 순간적으로 진공이 발생하여 트랩 내 물을 흡입하는 현상이다.

정답 및 해설

28 ④ 배수수평관이 긴 경우, 배수관의 관지름이 100mm 이하인 경우에는 15m 이내, 100mm를 넘는 경우에는 매 30m마다 청소구를 설치한다.

29 ③ ①은 스팀해머, ②는 수격작용, ④는 공동현상, ⑤는 유인(유도)사이펀작용(흡인 · 흡출작용)에 대한 설명이다.

제6장 가스설비

대표예제 58 **가스의 특징★★★**

도시가스설비에 관한 내용으로 옳은 것은? 제25회

① 가스계량기는 절연조치를 하지 않은 전선과는 10cm 이상 거리를 유지한다.
② 가스사용시설에 설치된 압력조정기는 매 2년에 1회 이상 압력조정기의 유지·관리에 적합한 방법으로 안전점검을 실시한다.
③ 가스배관은 움직이지 않도록 고정 부착하는 조치를 하되, 그 호칭지름이 13mm 미만의 것에는 2m마다 고정장치를 설치한다.
④ 가스계량기와 화기(그 시설 안에서 사용하는 자체화기는 제외) 사이에 유지하여야 하는 거리는 2m 이상이다.
⑤ 가스계량기와 전기계량기 및 전기개폐기와의 거리는 30cm 이상 유지한다.

오답체크
① 가스계량기는 절연조치를 하지 않은 전선과는 15cm 이상 거리를 유지한다.
② 가스사용시설에 설치된 압력조정기는 매 1년에 1회 이상 압력조정기의 유지·관리에 적합한 방법으로 안전점검을 실시한다.
③ 가스배관은 움직이지 않도록 고정 부착하는 조치를 하되, 그 호칭지름이 13mm 미만의 것에는 1m마다 고정장치를 설치한다.
⑤ 가스계량기와 전기계량기 및 전기개폐기와의 거리는 60cm 이상 유지한다.

기본서 p.519~523 정답 ④

01 LPG와 LNG에 관한 설명으로 옳지 않은 것은?

제23회

① 일반적으로 LNG의 발열량은 LPG의 발열량보다 크다.
② LNG의 주성분은 메탄이다.
③ LNG는 무공해, 무독성 가스이다.
④ LNG는 천연가스를 -162℃까지 냉각하여 액화시킨 것이다.
⑤ LNG는 냉난방, 급탕, 취사 등 가정용으로도 사용된다.

02 다음 설명 중 옳지 않은 것은?

① LNG의 유량표시는 m^3/h이다.
② LPG의 유량표시는 kg/h이며, 무색무취이고 폭발 위험성이 높다.
③ LPG는 액화석유가스를 말한다.
④ LPG는 비중이 공기보다 작으므로 경보설비는 천장에서 30cm 이내에 설치한다.
⑤ LPG는 상압에서는 기체이지만 압력을 가하면 쉽게 액화한다.

03 가스설비에 대한 설명으로 옳지 않은 것은?

① 액화석유가스(LPG)는 액화하면 250분의 1로 줄어들기 때문에 저장 · 운반이 쉽다.
② 액화천연가스(LNG)는 공기보다 가벼우므로 LPG보다 상대적으로 안전하다.
③ 전기개폐기, 전기미터기, 전기안전기와는 60cm 이상 떨어뜨려 설치해야 한다.
④ 세대에 공급하는 도시가스는 500~550mmAq의 압력으로 공급된다.
⑤ 도시가스 공급과정 순서는 '원료 - 제조 - 압축기로 압송 - 홀더에 저장 - 공급' 순이다.

04 도시가스사용시설의 시설기준에 관한 설명으로 옳지 않은 것은?

① 건축물 안의 배관은 매설하여 시공하는 것을 원칙으로 한다.
② 가스계량기와 전기계량기의 거리는 60cm 이상 유지하여야 한다.
③ 지상배관은 부식방지 도장 후 표면색상을 황색으로 도색하는 것이 원칙이다.
④ 가스계량기는 보호상자 안에 설치할 경우 직사광선이나 빗물을 받을 우려가 있는 곳에 설치할 수 있다.
⑤ 응축수 유입방지를 위해 횡주관은 100분의 1~200분의 1의 하향구배를 주어 응축수를 제거할 수 있는 구조로 한다.

정답 및 해설

01 ① 일반적으로 LNG의 발열량은 LPG의 발열량보다 작다.

▶ 가스의 특징 비교

구분	LPG(액화석유가스)	LNG(액화천연가스)	도시가스
주성분	프로판(C_3H_8), 부탄(C_4H_{10})	메탄(CH_4)	LNG 정제
비중	1.5~2(공기보다 무겁다)	0.6~0.7(공기보다 가볍다)	0.42
가스경보기	바닥에서 30cm	천장에서 30cm	천장에서 30cm
단위	kg/h	m^3/h	m^3/h
액화온도	−42.1℃	−162℃	−
액화부피	250분의 1	580분의 1~600분의 1	−
발열량	대	중	소
특징	• 연소시 많은 양의 공기가 필요하다. • 중독 위험성이 있다. • 봄베 및 배관으로 공급한다.	• 무독성, 무공해로 열량이 높다. • LPG보다 안전성이 높다.	−

02 ④ LPG와 LNG의 비교

구분	LPG(액화석유가스)	LNG(액화천연가스)
주성분	프로판, 부탄	메탄
액화, 기화	용이하다(압력을 가하면 쉽게 액화)	어렵다
공급	봄베	배관
유량 표시	kg/h	m^3/h
색, 맛, 냄새	무색, 무미, 무취	무색, 무미, 무취
감지기 설치위치	바닥면 30cm 이내(공기보다 무겁다)	천장면 30cm 이내(가볍다)
발열량	크다	작다

03 ④ 세대에 공급하는 도시가스 압력은 50 ~ 250mmAq이다.

04 ① 건축물 안의 배관은 노출해서 시공하는 것을 원칙으로 한다.

05 가스설비에 대한 설명이다. 옳지 않은 것은?

① 가스관의 횡주관에는 응축수 유입을 방지하기 위하여 100분의 1~200분의 1의 앞내림 구배를 둔다.
② 50mm 미만의 저압가스공급관은 강관을 사용하여도 된다.
③ LPG가스의 가스액과 가스체적은 1대 250 정도이며, 기화시 발열량이 크나 비중이 크고 무거워 가스경보기는 바닥에서 30cm 이내에 설치하여야 한다.
④ 가스배관의 시공은 가스누설을 방지하기 위하여 옥내에서는 은폐배관을 원칙으로 하며, 주요구조부를 관통하지 말아야 한다.
⑤ 가스미터기는 저압옥내배선과는 15cm 이상, 전기콘덴서와는 30cm 이상 이격하여 설치하여야 한다.

06 가스계량기의 측정방식에 속하지 않는 것은?

① 터빈식
② 광량감지식
③ 와류식
④ 오리피스식
⑤ 벤튜리식

07 도시가스설비 배관에 관한 설명으로 옳지 않은 것은?

제20회

① 배관은 부식되거나 손상될 우려가 있는 곳은 피해야 한다.
② 배관의 신축을 흡수하기 위해 필요시 배관 도중에 이음을 설치한다.
③ 건물의 규모가 크고 배관 연장이 긴 경우에는 계통을 나누어 배관한다.
④ 배관은 주요구조부를 관통하지 않도록 배관해야 한다.
⑤ 초고층건물의 상층부로 공기보다 가벼운 가스를 공급할 경우, 압력이 떨어지는 것을 고려해야 한다.

08 **LNG의 특성에 관한 설명으로 옳지 않은 것은?** 제18회

① 프로판과 부탄을 주성분으로 구성되어 있다.
② 공기보다 가벼워 LPG보다 상대적으로 안전하다.
③ 무공해, 무독성이다.
④ 대규모의 저장시설을 필요로 하며, 공급은 배관을 통하여 이루어진다.
⑤ 천연가스를 −162℃까지 냉각하여 액화시킨 것이다.

정답 및 해설

05 ④ 옥내에서는 노출배관을 원칙으로 하며, 주요구조부를 관통하지 말아야 한다.

06 ② 광량감지식은 소방설비의 자동화재탐지설비 중 연기감지기의 감지방식이다.

▶ 가스계량기의 측정방식

- 직접측정방식(실측식): 건식계량기(막식, 회전식), 습식계량기
- 간접측정방식(추량식): 터빈식, 오리피스식, 벤튜리식, 와류식

07 ⑤ 초고층건물의 상층부로 공기보다 무거운 가스를 공급할 경우, 압력이 떨어지는 것을 고려해야 한다.

08 ① LNG는 메탄을 주성분으로 구성되어 있다.

대표예제 59 이격거리 ★★★

도시가스설비에 관한 내용으로 옳지 않은 것은? 제22회

① 가스의 공급압력은 고압, 중압, 저압으로 구분되어 있다.
② 건물에 공급하는 가스의 압력을 조정하고자 할 때는 정압기를 이용한다.
③ 가스계량기와 화기(그 시설 안에서 사용하는 자체화기는 제외)는 2m 이상 거리를 유지해야 한다.
④ 압력조정기의 안전점검은 1년에 1회 이상 실시한다.
⑤ 가스계량기와 전기개폐기와의 거리는 30cm 이상으로 유지해야 한다.

해설 | 가스계량기와 전기개폐기와의 거리는 60cm 이상으로 유지해야 한다.
보충 | 가스계량기와 전기설비의 이격거리

배선의 종류	이격거리
저압옥내 · 옥외배선(절연조치 ×)	15cm 이상
굴뚝(단열조치 ×), 전기콘센트, 전기점멸기	30cm 이상
전기개폐기, 전기계량기, 전기안전기, 고압옥내배선	60cm 이상
저압옥상전선로, 특별고압 지중옥내배선	1m 이상
피뢰설비	1.5m 이상
화기	2m 이상

기본서 p.524~525 정답 ⑤

09 도시가스설비공사에 관한 설명으로 옳은 것은? 제21회

① 가스계량기와 화기 사이에 유지하여야 하는 거리는 1.5m 이상이어야 한다.
② 가스계량기와 전기계량기 및 전기개폐기와의 거리는 30cm 이상을 유지하여야 한다.
③ 입상관의 밸브는 바닥으로부터 1m 이상 2m 이내에 설치하여야 한다.
④ 지상배관은 부식방지 도장 후 표면색상을 황색으로 도색하고, 최고사용압력이 저압인 지하매설배관은 황색으로 하여야 한다.
⑤ 가스계량기의 설치높이는 바닥으로부터 1m 이상 2m 이내에 수직 · 수평으로 설치하여야 한다.

10 가스설비에 관한 설명으로 옳지 않은 것은?

① 중압은 0.1kPa 이상 1kPa 미만의 압력을 말한다.
② 호칭지름이 13mm 미만의 배관은 1m마다, 13mm 이상 33mm 미만의 배관은 2m마다 고정장치를 설치한다.
③ 가스계량기와 전기점멸기와의 이격거리는 30cm 이상을 유지한다.
④ 입상관의 밸브는 보호상자에 설치하지 않는 경우 바닥으로부터 1.6m 이상 2m 이내에 설치한다.
⑤ 배관은 도시가스를 안전하게 사용할 수 있도록 내압성능과 기밀성능을 갖추어야 한다.

11 가스설비에 대한 설명으로 옳지 않은 것은?

① 가스배관은 저압전선과 15cm 이상 이격해야 한다.
② 가스미터기는 전기미터기와 60cm 이상 이격해야 한다.
③ 가스배관은 전기콘센트로부터 30cm 이상 이격해야 한다.
④ 세대에 공급되는 도시가스 압력은 500~550mmAq이다.
⑤ LNG의 경우 가스경보장치는 천장으로부터 30cm 이내 높이에 설치해야 한다.

정답 및 해설

09 ④ ① 가스계량기와 화기 사이 거리는 2m 이상이어야 한다.
② 가스계량기와 전기계량기 및 전기개폐기와의 거리는 60cm 이상을 유지하여야 한다.
③ 입상관의 밸브는 바닥으로부터 1.6m 이상 2m 이내에 설치하여야 한다.
⑤ 가스계량기의 설치높이는 바닥으로부터 1.6m 이상 2m 이내에 수직·수평으로 설치하여야 한다.

10 ① 중압은 0.1MPa 이상 1MPa 미만의 압력을 말한다.

11 ④ 일반가스기구의 사용압력은 50~250mmAq이다.

12 가스미터기를 설치할 때 주의해야 할 사항으로 옳지 않은 것은?

① 검침 작용이 용이한 장소에 설치한다.

② 1개의 미터기로 부족할 경우 여러 개를 병렬로 연결해도 좋다.

③ 미터 콕(meter cock)의 조작이 용이한 장소에 설치한다.

④ 전기개폐기와 30cm 이상 떨어져서 설치한다.

⑤ 설치높이는 지면에서 1.6~2.0m로 설치한다.

고난도

13 가스설비에 관한 설명으로 옳지 않은 것은?

① 고(위)발열량 또는 총발열량은 연소시 발생되는 수증기의 잠열을 제외한 것이다.

② 도시가스의 공급압력 분류에서 고압은 게이지압력으로 1MPa 이상인 경우를 말한다.

③ 가스계량기와 전기계량기 및 전기개폐기와의 거리는 60cm 이상을 유지해야 한다.

④ 정압기는 가스사용기기에 적합한 압력으로 공급할 수 있도록 가스압력을 조정하는 기기이다.

⑤ 발열량은 통상 $1Nm^3$당의 열량으로 나타내는데, 여기에서 N은 표준상태를 나타내는 것으로, 가스에서의 표준상태란 0℃, 1atm을 말한다.

정답 및 해설

12 ④ 가스미터기 설치시 주의사항
- 가스미터기의 계량성능에 영향을 주는 장소가 아닐 것
- 가스미터기의 검침, 검사, 교환 등의 작업이 용이하고 미터 콕의 조작에 지장이 없는 장소일 것
- 전기개폐기, 전기미터기, 전기안전기와는 60cm 이상 떨어질 것
- 굴뚝, 콘센트와는 30cm 이상 떨어질 것
- 저압전선과 15cm 이상 떨어질 것
- 가스미터기 설치높이는 지면상 1.6~2m
- 미터기는 화기와 2m 이상의 우회거리를 유지하고 환기를 양호하게 할 것

13 ① 고(위)발열량 또는 총발열량은 연소시 발생되는 수증기의 잠열을 포함한 것이다.

제7장 오수정화설비

대표예제 60 **오염의 지표 ★★★**

오수처리설비에 관한 설명으로 옳지 않은 것은? 제25회

① DO는 용존산소량으로 DO값이 작을수록 오수의 정화능력이 우수하다.
② COD는 화학적 산소요구량, SS는 부유물질을 말한다.
③ BOD 제거율이 높을수록 정화조의 성능이 우수하다.
④ 오수처리에 활용되는 미생물에는 호기성 미생물과 혐기성 미생물 등이 있다.
⑤ 분뇨란 수거식 화장실에서 수거되는 액체성 또는 고체성 오염물질을 말한다.

해설 | DO는 용존산소량으로 DO값이 클수록 오수의 정화능력이 우수하다.

기본서 p.531~532 정답 ①

01 150명이 거주하는 공동주택에서 유출수의 BOD 농도는 60ppm, BOD 제거율은 60%이다. 이때 오물정화조의 유입수 BOD 농도(ppm)는? 제21회

① 96 ② 120
③ 150 ④ 180
⑤ 192

정답 및 해설

01 ③

$$60 = \frac{x - 60}{x} \times 100$$

$(x - 60) \times 100 = 60x$
$100x - 6{,}000 = 60x$
$40x = 6{,}000$
$\therefore x = 150$

02 **다음에서 오수의 수질을 나타내는 지표를 모두 고른 것은?** 제19회

> ㉠ VOCs(Volatile Organic Compounds)
> ㉡ BOD(Biochemical Oxygen Demand)
> ㉢ SS(Suspended Solid)
> ㉣ PM(Particulate Matter)
> ㉤ DO(Dissolved Oxygen)

① ㉠, ㉡
② ㉡, ㉢
③ ㉠, ㉢, ㉣
④ ㉡, ㉢, ㉣
⑤ ㉡, ㉢, ㉤

03 **다음 용어 중 부유물질로서 오수 중에 현탁되어 있는 물질을 말하는 것은?**

① SS
② COD
③ DO
④ 스컴
⑤ 활성오니

04 **오수의 BOD 제거율이 90%인 정화조에서 정화조로 유입되는 오수의 BOD 농도가 250ppm일 경우 정화 후의 방류수 BOD 농도는?**

① 25ppm
② 75ppm
③ 125ppm
④ 175ppm
⑤ 225ppm

05 **오수처리설비에 관한 다음의 설명 중 옳은 것은?**

① BOD는 과망간산칼륨에 의한 산소소비량을 말하며, 도금공장폐수의 측정에 사용된다.

② BOD 제거율이 작을수록 정화조의 정화성능은 떨어진다.

③ 유입수 농도가 100ppm이고 유출수 농도가 40ppm인 정화조의 BOD 제거율은 40%이다.

④ 살수홈통은 산화작용을 촉진시키기 위하여 부패조에 설치된다.

⑤ 산화조 쇄석층의 최소깊이는 1.2m 이상으로 하여 여과성능을 향상시킨다.

정답 및 해설

02 ⑤ ㉠ VOCs(Volatile Organic Compounds): 휘발성 유기화합물

㉣ PM(Particulate Matter): 미세먼지

▶ 오염의 지표

- BOD(생물화학적 산소요구량): 생활하수 측정(ppm = mg/L)
- COD(화학적 산소요구량): 공장폐수 측정(ppm = mg/L)
- DO(Dissolved Oxygen): 용존산소량
- SS(Suspended Solid): 오수 중의 부유물질
- 스컴(Scum): 정화조 내의 오물찌꺼기
- 활성오니(Activated sludge): 미생물덩어리

03 ① ① SS: 부유물질

② COD: 화학적 산소요구량

③ DO: 용존산소량

④ 스컴: 오물찌꺼기

⑤ 활성오니: 미생물덩어리

04 ①

$$\text{BOD 제거율(\%)} = \frac{\text{유입수 BOD} - \text{유출수 BOD}}{\text{유입수 BOD}} \times 100$$

$$0.9 = \frac{250 - x}{250}$$

$\therefore x = 25\text{ppm}$

05 ② ① BOD는 미생물에 의한 산소소비량을 말하며, 도금공장폐수의 측정에 사용되는 지표는 COD이다.

③ 유입수 농도가 100ppm이고 유출수 농도가 40ppm인 정화조의 BOD 제거율은 60%이다.

④ 살수홈통은 산화작용을 촉진시키기 위하여 산화조에 설치된다.

⑤ 산화조 쇄석층의 최소깊이는 90cm 이상으로 한다.

06 하수도법령상 개인하수처리시설의 관리기준에 관한 내용의 일부분이다. (　　) 안에 들어갈 내용으로 옳은 것은? 제23회

> 제33조【개인하수처리시설의 관리기준】① … 생략 …
> 1. 다음 각 목의 구분에 따른 기간마다 그 시설로부터 배출되는 방류수의 수질을 자가측정하거나 환경분야 시험 · 검사 등에 관한 법률 제16조에 따른 측정대행업자가 측정하게 하고, 그 결과를 기록하여 3년 동안 보관할 것
>   가. 1일 처리용량이 200m^3 이상인 오수처리시설과 1일 처리대상인원이 2천명 이상인 정화조: (㉠)회 이상
>   나. 1일 처리용량이 50m^3 이상 200m^3 미만인 오수처리시설과 1일 처리대상인원이 1천명 이상 2천명 미만인 정화조: (㉡)회 이상

① ㉠: 6개월마다 1 ㉡: 2년마다 1
② ㉠: 6개월마다 1 ㉡: 연 1
③ ㉠: 연 1 ㉡: 연 1
④ ㉠: 연 1 ㉡: 2년마다 1
⑤ ㉠: 연 1 ㉡: 3년마다 1

대표예제 61 오수처리방식 ★★

오수처리방법 중 물리적 처리방법이 아닌 것은? 제18회

① 스크린
② 침사
③ 침전
④ 여과
⑤ 중화

해설 | **오수처리방식**

1. 물리적 처리방법(기계장치 이용)
   - 스크린: 입자가 큰 부유물질을 제거하므로 정화조에서 가장 비위생적으로 되기 쉬운 부분
   - 침전: 부유성 고형물을 가라앉히는 방법
   - 교반: 기계적으로 휘저어 섞어 산화시키는 방법
   - 여과: 여과장치
   - 침사: 물에 섞인 찌꺼기가 가라앉는 것
2. 화학적 처리방법(화학약품 이용)
   - 중화: 알칼리제, 산성제 사용
   - 소독: 치아염소산소다, 치아염소산칼슘, 액체염소 등

3. 생물화학적 처리방법(미생물 이용)

혐기성 처리	• 산소를 싫어하는 균: 산소 차단(밀폐) • 면적 많이 차지, 냄새 발생 심함, 처리시간 길, 유지비용 적음 • 부패탱크방식, 임호프탱크방식 등
호기성 처리	• 산소를 좋아하는 균: 산소 공급(배기관) • 면적 적게 차지, 냄새 발생 적음, 처리시간 짧음, 유지비용 많음 • 생물막법, 활성오니법

기본서 p.532~537

정답 ⑤

07 **정화조에서 오수처리시 혐기성 처리에 대한 설명으로 옳지 않은 것은?**

① 넓은 면적을 필요로 한다.
② 처리시간이 비교적 길다.
③ 유지비용이 적게 든다.
④ 활성오니법, 생물막법 등이 있다.
⑤ 부패탱크방식, 임호프탱크방식 등이 있다.

08 **건물에서 발생하는 오수와, 하수도로 유입되는 빗물 및 지하수를 각각 구분하여 흐르게 하기 위한 시설은?**

① 중수도시설
② 합류식 하수관거
③ 분류식 하수관거
④ 개인하수처리시설
⑤ 공공하수처리시설

정답 및 해설

06 ② 가. 1일 처리용량이 200m^3 이상인 오수처리시설과 1일 처리대상인원이 2천명 이상인 정화조: 6개월마다 1회 이상
나. 1일 처리용량이 50m^3 이상 200m^3 미만인 오수처리시설과 1일 처리대상인원이 1천명 이상 2천명 미만인 정화조: 연 1회 이상

07 ④ 활성오니법, 생물막법은 호기성 미생물을 이용하는 방식이다.

08 ③ 분류식 하수관거는 건물 내의 배수를 오수, 잡배수, 우수로 각각 분류하여 배출하는 방식으로, 오수만을 단독정화조에서 처리한 후 하천으로 방류하는 방식이다.

09 수정화조의 산화조에 관한 설명으로 옳은 것은?

① 용량은 부패조 용량의 3분의 1 이상으로 한다.
② 배기관 및 송기구를 설치하여 통기설비를 하고 배기관의 높이는 지상 3m 이상으로 한다.
③ 제1 · 제2산화조와 예비여과조의 용적비는 4 : 2 : 1 또는 4 : 2 : 2로 한다.
④ 쇄석층의 두께는 10cm 이상 90cm 이내로 하고, 소독조를 향해 100분의 1 정도의 내림구배를 둔다.
⑤ 산소를 공급함으로써 호기성균의 활성을 촉진하여 소화 침전시켜 처리한다.

종합

10 오수처리정화설비에 관한 설명으로 옳지 않은 것은?

① 오수정화조의 성능은 BOD 제거율이 높을수록, 유출수의 BOD는 낮을수록 우수하다.
② SS는 부유물질, COD는 화학적 산소요구량을 말한다.
③ 부패탱크방식의 처리과정은 부패조, 여과조, 산화조, 소독조의 순이다.
④ 살수여상형, 평면산화형, 지하모래여과형 방식은 호기성 처리방식이다.
⑤ 장시간 폭기방식의 처리과정은 스크린, 침전조, 폭기조, 소독조의 순이다.

11 오수정화처리방식에 관한 설명으로 옳지 않은 것은?

① 살수여상형, 평면산화형, 지하모래여과형 방식은 혐기성 처리방식이다.
② 스크린, 침전, 여과는 물리적 처리방식이다.
③ 오수를 중화시키거나 소독하는 방식은 화학적 처리방식이다.
④ 부패탱크방식의 처리과정은 부패조, 여과조, 산화조, 소독조의 순서이다.
⑤ 교반은 폭기조에서 공기를 기계적으로 혼입시키는 것이다.

12 **오수처리방법으로 생물화학적 처리방법에는 활성오니법과 생물막법이 있다. 다음 중 활성오니법에 속하는 것은?**

① 장기폭기방식
② 살수여상방식
③ 임호프방식
④ 접촉산화방식
⑤ 회전원판 접촉방식

13 **공동주택의 오수처리시설에 대한 설명으로 옳지 않은 것은?**

① 활성오니법 및 생물막법은 혐기성 미생물을 이용하는 방식이다.
② 1일 오수발생량은 200L/인으로 산정한다.
③ 부유물질량은 BOD와 함께 오수처리 정도의 척도로 사용된다.
④ 스크리닝과 침사는 오수처리의 전처리방식으로 사용된다.
⑤ 질소 · 인 제거를 위한 처리과정은 방류수 처리수준을 향상시키기 위한 것이다.

정답 및 해설

09 ② ① 용량은 부패조 용량의 2분의 1 이상으로 한다.
③ 제1 · 제2부패조와 예비여과조의 용적비는 4 : 2 : 1 또는 4 : 2 : 2로 한다.
④ 쇄석층의 두께는 0.9m 이상 2m 이내로 하고, 소독조를 향해 100분의 1 정도의 내림구배를 둔다.
⑤ 산소를 공급함으로써 호기성균의 활성을 촉진하여 분해 산화시켜 처리한다.

10 ⑤ 장시간 폭기방식의 처리과정은 스크린, 폭기조, 침전조, 소독조의 순이다.

11 ① 살수여상방식은 호기성 미생물에 의해 오수 중의 유기물을 제거하는 처리방식의 일종이다.

12 ① 활성오니법은 호기성 처리방식으로 공기(산소)를 폭기조에 강제적으로 공급하는 방식으로 표준활성오니법과 장기폭기방식이 있다. 살수여상방식은 생물막법 처리방식이다.

13 ① 활성오니법은 호기성 미생물을 이용하는 방법이다.

14 오수정화설비에 관해 잘못 설명한 것은?

① 표준활성오니방식은 장기폭기방식에 비해 건설비가 적게 들지만 슬러지 발생량이 많다.
② 장기폭기방식은 안정적 처리가 가능하지만 넓은 면적이 필요하다.
③ 살수여상방식은 수온이 낮아도 처리가 가능하지만 대량처리가 어렵다.
④ 회전원판접촉방식은 수온이 낮아도 처리가 가능하지만 대량처리가 어렵다.
⑤ 접촉폭기방식은 처리 효율이 높고 접촉재 비용이 많이 든다.

정답 및 해설

14 ④ 1. 활성오니법(활성슬러지법)

구분	장점	단점
표준활성오니방식	• 장기폭기방식에 비해 건설비가 적게 든다. • 처리시스템 변형이 용이하다.	• 유지관리가 어렵고 비용이 많이 든다. • 슬러지 발생량이 많다.
장기폭기방식	• 안정적 처리가 가능하다. • 유지관리가 용이하다. • 슬러지 발생량이 적다.	• 시설비가 많이 든다. • 넓은 면적이 필요하다.

2. 생물막법

구분	장점	단점
살수여상방식	• 안정적 처리가 가능하다. • 수온이 낮아도 처리가능하다.	• 대량처리가 어렵다. • 장애의 발생요인이 많다. • 악취가 발생한다.
회전원판접촉방식	• 효율이 비교적 높다. • 유지비가 저렴하고 관리가 용이하다. • 슬러지 발생이 적다.	• 기계장치의 점검을 자주 할 필요가 있다. • 외부기온이나 수온이 저하되면 효율이 떨어진다.
접촉폭기방식	• 안정적 처리가 가능하다. • 슬러지 발생이 적다. • 처리효율이 높다.	• 접촉재 비용이 많이 든다. • 폭기가 너무 강하면 생물이 부유하게 되므로 그에 대한 세밀한 조정이 필요하다.

제8장 소방설비

대표예제 62 **소화설비 ★★★**

스프링클러설비에 관한 내용으로 옳지 않은 것은?

① 충압펌프란 배관 내 압력손실에 따른 주펌프의 빈번한 기동을 방지하기 위하여 충압역할을 하는 펌프를 말한다.

② 건식 스프링클러헤드란 물과 오리피스가 분리되어 동파를 방지할 수 있는 스프링클러헤드를 말한다.

③ 유수검지장치란 유수현상을 자동적으로 검지하여 신호 또는 경보를 발하는 장치를 말한다.

④ 가지배관이란 헤드가 설치되어 있는 배관을 말한다.

⑤ 체절운전이란 펌프의 성능시험을 목적으로 펌프 토출측의 개폐밸브를 개방한 상태에서 펌프를 운전하는 것을 말한다.

해설 | 체절운전이란 펌프의 성능시험을 목적으로 펌프 토출측의 개폐밸브를 막은 상태에서 펌프를 운전하는 것을 말한다.

기본서 p.547~559

정답 ⑤

01 **다음은 옥내소화전설비의 화재안전기준에 관한 내용이다. (　　) 안에 들어갈 내용으로 옳은 것은?** 제25회

> • 특정소방대상물의 어느 층에서도 해당 층의 옥내소화전(두 개 이상 설치된 경우에는 두 개의 옥내소화전)을 동시에 사용할 경우 각 소화전의 노즐선단에서 (㉠)MPa 이상의 방수압력으로 분당 130L 이상의 소화수를 방수할 수 있는 성능인 것으로 할 것
> • 옥내소화전 방수구의 호스는 구경 (㉡)mm(호스릴 옥내소화전설비의 경우에는 25mm) 이상인 것으로서 특정소방대상물의 각 부분에 물이 유효하게 뿌려질 수 있는 길이로 설치할 것

① ㉠: 0.12, ㉡: 35
② ㉠: 0.12, ㉡: 40
③ ㉠: 0.17, ㉡: 35
④ ㉠: 0.17, ㉡: 40
⑤ ㉠: 0.25, ㉡: 35

02 **소방시설에 관한 설명 중 옳은 것은?**

① 옥내소화전의 방수압력은 0.17MPa 이상이고, 방수량은 130L/min 이하이다.
② 옥외소화전의 방수압력은 0.25MPa 이상이고, 방수량은 300L/min 이상이다.
③ 스프링클러헤드 1개의 방수량은 50L/min 이상이다.
④ 드렌처설비헤드 1개의 방수압력은 0.1MPa 이상이다.
⑤ 연결송수관의 방수압력은 0.35MPa 이하이다.

03 스프링클러설비에 관한 설명으로 옳은 것은?

① 교차배관은 스프링클러헤드가 설치되어 있는 배관이며, 가지배관은 주배관으로부터 교차배관에 급수하는 배관이다.

② 폐쇄형 스프링클러설비의 헤드는 개별적으로 화재를 감지하여 개방되는 구조로 되어 있다.

③ 폐쇄형 습식 스프링클러설비는 별도로 설치되어 있는 화재감지기에 의해 유수검지장치가 작동되어 물이 송수되는 구조로 되어 있다.

④ 폐쇄형 건식 스프링클러설비는 헤드가 화재의 열을 감지하면 헤드를 막고 있던 감열체가 녹으면서 헤드까지 차 있던 물이 곧바로 뿌려지는 구조로 되어 있다.

⑤ 폐쇄형 준비작동식 스프링클러설비는 헤드가 화재의 열을 감지하여 헤드를 막고 있던 감열체가 녹으면 압축공기 등이 빠져나가면서 배관계 도중에 있는 유수검지장치가 개방되어 물이 분출되는 구조로 되어 있다.

정답 및 해설

01 ④ ㉠에는 0.17, ㉡에는 40이 들어가야 한다.

02 ④ 소방시설

구분	수평거리	방수압	방수량(방수시간 20분)	수원의 수량(저장량)
스프링클러	–	0.1MPa 이상	80L/min 이상	1.6m^3 × N
옥내소화전	25m 이하	0.17MPa 이상	130L/min 이상	2.6m^3 × N (Max: 5)
옥외소화전	40m 이하	0.25MPa 이상	350L/min 이상	7m^3 × N (Max: 2)
연결송수관	50m 이하	0.35MPa 이상	2,400L/min 이상	–

03 ② ① 가지배관은 스프링클러헤드가 설치되어 있는 배관이며, 교차배관은 주배관으로부터 가지배관에 급수하는 배관이다.

③ 폐쇄형 습식 스프링클러설비는 별도로 화재감지기를 설치하지 않는다.

④ 폐쇄형 습식 스프링클러설비는 헤드가 화재의 열을 감지하면 헤드를 막고 있던 감열체가 녹으면서 헤드까지 차 있던 물이 곧바로 뿌려지는 구조로 되어 있다.

⑤ 폐쇄형 건식 스프링클러설비는 헤드가 화재의 열을 감지하여 헤드를 막고 있던 감열체가 녹으면 압축공기 등이 빠져나가면서 배관계 도중에 있는 유수검지장치가 개방되어 물이 분출되는 구조로 되어 있다.

04 스프링클러에 대한 설명 중 옳지 않은 것은?

① 개방형 스프링클러헤드를 사용하는 스프링클러설비의 수원은 최대방수구역에 설치된 스프링클러헤드의 개수가 30개 이하일 경우에는 설치헤드수에 1.6m^3를 곱한 양 이상으로 할 것이다.

② 스프링클러설비의 수원을 수조로 설치하는 경우에는 다른 설비와 겸용하여 설치하여서는 안 된다.

③ 가압수송장치의 정격토출압력은 하나의 헤드선단에 0.1MPa 이상 1.2MPa 이하의 방수압력이 될 수 있는 크기일 것이다.

④ 가압수송장치의 송수량은 0.1MPa의 방수압력기준으로 80L/min 이상의 방수성능을 가진 기준개수의 모든 헤드로부터의 방수량을 충족시킬 수 있는 양 이상의 것으로 할 것이다.

⑤ 아파트 천장, 반자 등의 각 부분으로부터 하나의 스프링클러헤드까지의 거리는 2.3m 이하여야 한다.

05 옥내소화전설비에 관한 설명으로 옳지 않은 것은?

① 옥내소화전함의 문짝 면적은 0.5m^2 이상으로 한다.

② 옥내소화전 노즐선단에서의 방수압력은 0.1MPa 이상으로 한다.

③ 옥내소화전 방수구 높이는 바닥으로부터 1.5m 이하가 되도록 한다.

④ 특정소방대상물 각 부분으로부터 하나의 방수구까지의 수평거리는 25m 이하로 한다.

⑤ 소화전 내에 설치하는 호스의 구경은 40mm(호스릴 옥내소화전설비의 경우에는 25mm) 이상으로 한다.

06 화재안전기준상 소화기구에 관한 설명으로 옳지 않은 것은?

제18회 수정

① 소형소화기란 능력단위가 1단위 이상이고 대형소화기의 능력단위 미만인 소화기를 말한다.

② 대형소화기란 A급 10단위 이상, B급 20단위 이상인 소화기를 말한다.

③ 가스자동소화장치란 열, 연기 또는 불꽃 등을 감지해 분말의 소화약제를 방사하여 소화하는 소화장치를 말한다.

④ 자동확산소화기를 제외한 소화기구는 거주자 등이 손쉽게 사용할 수 있는 장소에 바닥으로부터 높이 1.5m 이하의 곳에 비치한다.

⑤ 자동확산소화기는 작동에 지장이 없도록 견고하게 고정하여 설치하여야 한다.

07 **소화기구 및 자동소화장치의 화재안전기준상 용어의 정의로 옳지 않은 것은?** 제23회

① '대형소화기'란 화재시 사람이 운반할 수 있도록 운반대와 바퀴가 설치되어 있고 능력단위가 A급 10단위 이상, B급 20단위 이상인 소화기를 말한다.

② '소형소화기'란 능력단위가 1단위 이상이고 대형소화기의 능력단위 미만인 소화기를 말한다.

③ '주거용 주방자동소화장치'란 주거용 주방에 설치된 열발생 조리기구의 사용으로 인한 화재발생시 열원(전기 또는 가스)을 자동으로 차단하며 소화약제를 방출하는 소화장치를 말한다.

④ '유류화재(B급 화재)'란 인화성 액체, 가연성 액체, 석유 그리스, 타르, 오일, 유성도료, 솔벤트, 래커, 알코올 및 인화성 가스와 같은 유류가 타고 나서 재가 남지 않는 화재를 말한다.

⑤ '주방화재(C급 화재)'란 주방에서 동식물유를 취급하는 조리기구에서 일어나는 화재를 말한다. 주방화재에 대한 소화기의 적응 화재별 표시는 'C'로 표시한다.

정답 및 해설

04 ⑤ 아파트 천장, 반자 등의 각 부분으로부터 하나의 스프링클러헤드까지의 거리는 3.2m 이하이어야 한다.

05 ② 옥내소화전 노즐선단에서의 방수압력은 0.17MPa 이상으로 한다.

06 ③ 분말자동소화장치란 열, 연기 또는 불꽃 등을 감지해 분말의 소화약제를 방사하여 소화하는 소화장치를 말한다. 가스자동소화장치는 열, 연기 또는 불꽃 등을 감지하여 가스계 소화약제를 방사하여 소화하는 소화장치를 말한다.

07 ⑤ '주방화재(K급 화재)'란 주방에서 동식물유를 취급하는 조리기구에서 일어나는 화재를 말한다. 주방화재에 대한 소화기의 적응 화재별 표시는 'K'로 표시한다.

08 스프링클러설비에 관한 설명으로 옳지 않은 것은?

① 천장이 높은 무대부를 비롯하여 공장, 창고, 준위험물 저장소에는 개방형 스프링클러 배관방식이 효과적이다.

② 비상전원 중 자가발전설비는 스프링클러설비를 유효하게 20분 이상 작동할 수 있어야 한다.

③ 가압송수장치의 정격토출압력은 하나의 헤드선단에 0.1MPa 이상 2.0MPa 이하의 방수압력이 될 수 있게 하여야 한다.

④ 가압수조의 압력은 방수량 및 방수압이 20분 이상 유지되도록 한다.

⑤ 가압송수장치의 송수량은 0.1MPa의 방수압력기준으로 80L/min 이상의 방수성능을 가진 기준개수의 모든 헤드로부터의 방수량을 충족시킬 수 있는 양 이상으로 한다.

09 옥외소화전 4개를 동시에 사용할 경우 수원의 유효수량으로 적당한 것은?

① $7m^3$

② $14m^3$

③ $21m^3$

④ $28m^3$

⑤ $35m^3$

10 소화설비에 대한 설명으로 옳지 않은 것은?

① 스프링클러헤드를 설치할 때 파이프를 회향식으로 하는 것은 헤드에 찌꺼기 유입을 방지하기 위해서이다.

② 건축물의 외벽, 창, 지붕 등에 설치하여 인접건물에 화재가 발생했을 때 수막을 형성하여 화재의 연소를 방지하는 방화설비가 드렌처설비이다.

③ 건물 내의 상부 또는 천장에 고정배관을 하고 그 말단에 살수구를 설치하여 소화하는 설비는 스프링클러이다.

④ 최첨단설비로서 인체에 무해하여 병원수술실, 전자계산실, 서고 등에 설치하는 소화설비는 이산화탄소소화설비이다.

⑤ 연결살수설비는 소방대 전용 소화전인 송수구를 통하여 건물 내의 소화전에 송수하기 위한 시설이다.

종합

11 옥내소화전설비의 가압송수장치(펌프)에 대한 설명으로 옳지 않은 것은?

① 정격부하운전시 펌프의 성능을 시험하기 위한 배관을 설치한다.
② 펌프의 흡입측에는 진공계를, 토출측에는 연성계를 설치한다.
③ 체절운전시 수온의 상승을 방지하기 위해 순환배관을 설치한다. 단, 충압펌프의 경우에는 그러하지 아니하다.
④ 기동용 수압개폐장치(압력챔버)의 용적은 100L 이상으로 한다.
⑤ 노즐선단의 방수압력은 0.17MPa 이상, 방수량은 130L/min 이상으로 한다.

12 소화설비에 대한 설명으로 옳지 않은 것은?

① 기동용 수압개폐장치(압력챔버)의 용적은 100L 이상의 것으로 한다.
② 옥내소화전펌프의 성능은 체절운전시 정격토출압력의 150%를 초과하지 않아야 한다.
③ 호스릴 옥내소화전설비의 방수량은 130L/min 이상이다.
④ 옥외소화전에서 특정소방대상물의 각 부분으로부터 하나의 호스접결구까지의 수평거리는 40m 이하로 한다.
⑤ 인접건물의 연소를 방지하는 드렌처설비의 헤드 설치간격은 2.5m이다.

정답 및 해설

08 ③ 가압송수장치의 정격토출압력은 하나의 헤드선단에 0.1MPa 이상 1.2MPa 이하의 방수압력이 될 수 있게 하여야 한다.

09 ② 7 × 2 = 14m^3(옥외소화전의 최대저장수량)

10 ④ ④는 할로겐소화설비에 대한 설명이다.

11 ② 펌프의 흡입측에는 진공계 또는 연성계를, 토출측에는 압력계를 설치한다.

12 ② 펌프의 성능은 체절운전시 정격토출압력의 140%를 초과하지 않아야 한다.

13 **20층인 건물에서 최대방수구역에 설치된 스프링클러헤드의 개수가 15개인 경우 스프링클러설비의 수원의 저수량은 최소 얼마 이상이어야 하는가? (단, 개방형 스프링클러헤드 사용)**

① $16m^3$
② $24m^3$
③ $48m^3$
④ $56m^3$
⑤ $62m^3$

고난도

14 **다음과 같은 공동주택에 필요로 하는 소화용수의 양은?**

〈조건〉 25층, 총 400세대인 공동주택
- 옥내소화전설비: 각 층에 7개씩 설치
- 옥외소화전설비: 총 3개 설치
- 스프링클러설비: 각 세대에 7개씩 설치

① $36.2m^3$
② $25.2m^3$
③ $28.2m^3$
④ $30.4m^3$
⑤ $48.2m^3$

15 **옥내소화전의 배관에 대한 설명 중 옳지 않은 것은?**

① 배관용 탄소강관(KS D 3507)을 사용할 수 있다.
② 배관을 지하에 매설하는 경우 소방용 합성수지배관으로 설치할 수 있다.
③ 펌프의 흡입측 배관은 공기고임이 생기지 아니하는 구조로 하고 여과장치를 설치한다.
④ 동결방지 조치를 하거나 동결의 우려가 없는 장소에 설치한다.
⑤ 펌프의 토출측 주배관 중 수직배관의 구경은 최소 40mm 이상으로 한다.

16 스프링클러 소화설비에 대한 설명으로 옳지 않은 것은?

① 준비작동식은 동결우려가 있는 장소에 설치하고, 화재감지장치(감지기)를 별도로 설치해야 하며, 옥내·외 주차장, 공장, 창고 등에 설치한다.
② 보일러실에 설치하는 스프링클러헤드의 표준작동온도는 최고온도의 값으로 한다.
③ 스프링클러헤드 설치시 상향형에서 배관을 회향형으로 하는 이유는 스프링클러헤드에 찌꺼기 유입을 방지하기 위함이다.
④ 아파트에서 스프링클러헤드 1개가 방호할 수 있는 면적은 $20.43m^2$이다.
⑤ 디플렉터(Deflector)란 방수구에서 방출되는 물을 세분하여 살수하는 장치를 말한다.

17 펌프의 성능시험을 목적으로 펌프 토출측의 개폐밸브를 닫은 상태에서 펌프를 운전하는 것은?

① 충압펌프운전
② 체절운전
③ 압력챔버운전
④ 개폐밸브개방운전
⑤ 원격제어운전

정답 및 해설

13 ② 스프링클러설비의 수원 = $1.6m^3 \times$ 설치헤드수 = $1.6 \times 15 = 24m^3$

14 ④
- 옥내소화전설비: 각 층에 7개씩 설치
  $2.6m^3 \times 2$개 $= 5.2m^3$
- 옥외소화전설비: 총 3개 설치
  $7m^3 \times 2$개 $= 14m^3$
- 스프링클러설비: 각 세대에 7개씩 설치
  $1.6m^3 \times 7$개 $= 11.2m^3$

$\therefore 5.2 + 14 + 11.2 = 30.4m^3$

15 ⑤ 펌프의 토출측 주배관 중 수직배관의 구경은 최소 50mm 이상으로 한다.

16 ③ 스프링클러헤드 설치시 하향형에서 배관을 회향형으로 하는 이유는 스프링클러헤드에 찌꺼기 유입을 방지하기 위함이다.

17 ② 펌프의 토출측 배관이 모두 막힌 상태에서 펌프가 계속 기동(작동)하여, 최고점의 압력에서 펌프가 공회전하는 운전은 체절운전이다.

18 **스프링클러설비에 대한 설명 중 틀린 것은?**

① 실내온도 상승으로 가용편이 용해되어 프레임에 받쳐져 있는 디플렉터에 부딪쳐 균일하게 살수되는 구조이다.
② 스프링클러설비는 자동화재설비로 초기화재 소화율은 높으나 경보기능은 없는 것이 단점이다.
③ 습식 스프링클러설비는 수원에서 헤드까지 전 배관에 물이 차 있고 화재가 발생하면 가용편이 녹으면서 즉시 물이 살수되어 소화한다.
④ 준비작동식은 동결우려가 있는 장소에 설치하고, 화재감지장치를 별도로 설치해야 하며 옥내 · 외 주차장, 공장, 창고 등에 설치한다.
⑤ 개방형 스프링클러는 유효하게 화재를 소화할 수 없거나 접근이 어려운 장소에 개방된 헤드를 설치하고 화재감지기에 의해 작동되거나 또는 소방차 송수구와 연결하여 해당구역 전체를 동시에 살수할 수 있도록 한 설비이다.

19 **스프링클러에 대한 설명 중 틀린 것은?**

① 가압송수장치의 정격토출압력은 하나의 헤드선단에 0.1MPa 이상 1.2MPa 이하의 방수압력이 될 수 있는 크기일 것
② 스프링클러설비의 수원을 수조로 설치하는 경우에는 다른 설비와 겸용하여 설치할 것
③ 가압송수장치의 송수량은 0.1MPa의 방수압력기준으로 80L/min 이상의 방수성능을 가진 기준개수의 모든 헤드로부터의 방수량을 충족시킬 수 있는 양 이상의 것으로 할 것
④ 개방형 스프링클러헤드를 사용하는 스프링클러설비의 수원은 최대 방수구역에 설치된 스프링클러헤드의 개수가 30개 이하일 경우에는 설치헤드수에 $1.6m^3$를 곱한 양 이상으로 할 것
⑤ 수조의 외측에 수위계를 설치할 것

20 스프링클러설비에 대한 설명으로 옳지 않은 것은?

① 주차장에 설치되는 스프링클러는 습식 이외의 방식으로 하여야 한다.
② 스프링클러헤드 가용합금편의 표준용융온도는 67~75℃ 정도이다.
③ 스프링클러헤드의 방수압력은 0.1~1.2MPa이고, 방수량은 80L/min 이상이어야 한다.
④ 준비작동식은 1차 및 2차측 배관에서 헤드까지 가압수가 충만되어 있다.
⑤ 아파트 천장, 반자 등의 각 부분으로부터 하나의 스프링클러헤드까지의 거리는 3.2m 이하여야 한다.

21 소화설비 중 알람밸브(alarm valve)를 사용하는 스프링클러설비는?

① 건식 스프링클러설비
② 습식 스프링클러설비
③ 개방형 스프링클러설비
④ 일제살수식 스프링클러설비
⑤ 준비작동식 스프링클러설비

정답 및 해설

18 ② 스프링클러설비는 자동화재설비로 소화 및 경보기능을 동시에 가지고 있어, 해당구역 전체를 동시에 살수할 수 있도록 한 설비이다.

19 ② 소화용수의 수원을 수조로 하는 경우 다른 설비와 겸용하지 않는다.

20 ④ 준비작동식 밸브의 1차측에 가압수를 채워 놓고, 2차측에는 저압 또는 대기압의 공기를 채운다.

21 ② 습식 스프링클러는 일반적으로 가장 많이 이용되는 방식으로 1차측 및 2차측 배관 내에 항상 가압수가 충수되어 있어 화재가 발생하면, 열에 의하여 헤드가 개방되어 2차측의 물이 살수되며 알람밸브(Alarm valve)가 이를 감지하여 경보를 울리고 펌프를 기동시켜 1차측의 가압수가 본격적으로 방출되는 시스템이다.

22 공동주택(아파트)에서 스프링클러를 정방형으로 배치할 때 헤드 1개의 방호면적은?

① 약 $10m^2$
② 약 $15m^2$
③ 약 $20m^2$
④ 약 $25m^2$
⑤ 약 $30m^2$

대표예제 63 경보설비 ★★

자동화재경보기설비에서 부엌, 보일러실 등 열을 취급하는 장소에는 어떠한 감지기가 적합한가?

① 차동식 분포형 감지기
② 정온식 감지기
③ 연기식 감지기
④ 보상식 감지기
⑤ 차동식 스포트형 감지기

해설 | 정온식 감지기는 보통 실내 최고온도보다 약 20°C 이상 상승할 때 금속이 팽창하는 바이메탈 원리를 이용하는 것으로, 주방 및 보일러실에 적합하다.

기본서 p.560~565

정답 ②

23 일정한 온도 상승률에 따라 동작하며 공장, 창고, 강당 등 넓은 지역에 설치하는 화재감지기는?

① 차동식 분포형 감지기
② 정온식 스폿형 감지기
③ 이온화식 감지기
④ 보상식 스폿형 감지기
⑤ 광전식 감지기

24 자동화재속보설비의 설치기준에 관한 설명 중 옳지 않은 것은?

① 속보기는 소방청장이 고시한 자동화재속보설비의 속보기의 성능인증 및 제품검사의 기술기준에 적합한 것으로 설치하여야 한다.

② 스위치는 바닥으로부터 0.5m 이상 1.0m 이하의 높이에 설치한다.

③ 자동화재탐지설비와 연동으로 작동하여 자동적으로 화재발생상황이 소방관서에 전달되는 것으로 한다.

④ 문화재에 설치하는 자동화재속보설비는 속보기에 감지기를 직접 연결하는 방식으로 할 수 있다.

⑤ 속보기는 소방관서에 통신망으로 통보하도록 하며, 데이터 또는 코드전송방식을 부가적으로 설치할 수 있다.

정답 및 해설

22 ③ 스프링클러헤드의 설치간격(정방향 배치시)

건축물의 용도 및 구조	유효반경(m)	헤드의 간격(m)	방호면적(m^2)
무대부, 특수가연물 취급장소	1.7	2.40	5.76
비내화구조 건축물	2.1	2.96	8.76
내화구조 건축물	2.3	3.25	10.56
아파트	3.2	4.52	20.43

23 ① 일정한 온도 상승률에 따라 동작하며 공장, 창고, 강당 등 넓은 지역에 설치하는 화재감지기는 차동식 분포형 감지기이다.

24 ② 스위치는 바닥으로부터 0.8m 이상 1.5m 이하의 높이에 설치한다.

▶ 자동화재속보설비의 설치기준

- 자동화재탐지설비와 연동으로 작동하여 자동적으로 화재발생상황이 소방관서에 전달되는 것으로 할 것. 이 경우 부가적으로 특정소방대상물의 관계인에게 화재발생상황이 전달되도록 할 수 있다.
- 조작스위치는 바닥으로부터 0.8m 이상 1.5m 이하의 높이에 설치하여야 한다.
- 속보기는 소방관서에 통신망으로 통보하도록 하며, 데이터 또는 코드전송방식을 부가적으로 설치할 수 있다. 단, 데이터 및 코드전송방식의 기준은 소방청장이 정하여 고시한 자동화재속보설비의 속보기의 성능인증 및 제품검사의 기술기준 제5조 제12호에 따른다.
- 문화재에 설치하는 자동화재속보설비는 속보기에 감지기를 직접 연결하는 방식(자동화재탐지설비 1개의 경계구역에 한한다)으로 할 수 있다.
- 속보기는 소방청장이 정하여 고시한 자동화재속보설비의 속보기의 성능인증 및 제품검사의 기술기준에 적합한 것으로 설치하여야 한다.

대표예제 64 피난구조설비 ★★

소방시설 중 피난구조설비에 해당하지 않는 것은?

① 완강기
② 제연설비
③ 피난사다리
④ 구조대
⑤ 피난구유도등

해설 | 소방설비의 분류

구분	내용	종류
소화설비	물, 그 밖의 소화약제를 사용하여 소화하는 설비	㉠ 소화기구 • 수동식 소화기 • 자동식 소화기(자동확산소화기, 자동소화장치) • 간이소화용구 ㉡ 옥내소화전설비 ㉢ 옥외소화전설비 ㉣ 스프링클러설비 ㉤ 물분무등소화설비 ㉥ 포소화설비 ㉦ 분말소화설비 ㉧ 이산화탄소소화설비 ㉨ 할로겐화합물 및 불활성기체소화설비
경보설비	화재발생사실을 통보하는 설비	㉠ 비상경보설비 ㉡ 비상방송설비 ㉢ 누전경보기 ㉣ 자동화재탐지설비 ㉤ 자동화재속보설비 ㉥ 가스누설경보기
피난구조설비	화재발생시 피난하기 위해 사용하는 설비	㉠ 피난기구(미끄럼대, 피난사다리, 구조대, 완강기, 피난교, 피난밧줄, 공기안전매트) ㉡ 인명구조기구 ㉢ 유도등 및 유도표시 ㉣ 비상조명등 및 휴대용 비상조명등 ㉤ 간이완강기 ㉥ 승강식 피난기
소화용수설비	화재를 진압하는 데 필요한 물을 공급하거나 저장하는 설비	㉠ 상수도 소화용수설비 ㉡ 소화수조, 저수조, 그 밖의 소화용수설비
소화활동설비	화재를 진압하거나 인명구조활동을 위하여 사용하는 설비	㉠ 제연설비 ㉡ 연결송수관설비 ㉢ 연결살수설비 ㉣ 비상콘센트설비 ㉤ 무선통신보조설비 ㉥ 연소방지설비

기본서 p.566~571

정답 ②

25 유도등 및 유도표지의 화재안전기준상 통로유도등 설치기준의 일부분이다. (   ) 안에 들어갈 내용으로 옳은 것은?

제23회

> 제6조【통로유도등 설치기준】① 통로유도등은 특정소방대상물의 각 거실과 그로부터 지상에 이르는 복도 또는 계단의 통로에 다음 각 호의 기준에 따라 설치하여야 한다.
> 1. 복도통로유도등은 다음 각 목의 기준에 따라 설치할 것
>   가. 복도에 설치할 것
>   나. 구부러진 모퉁이 및 (㉠)마다 설치할 것
>   다. 바닥으로부터 높이 (㉡)의 위치에 설치할 것. 다만, 지하층 또는 무창층의 용도가 도매시장 · 소매시장 · 여객자동차터미널 · 지하역사 또는 지하상가인 경우에는 복도 · 통로 중앙부분의 바닥에 설치하여야 한다.

① ㉠: 직선거리 10m, ㉡: 1.5m 이상
② ㉠: 보행거리 20m, ㉡: 1m 이하
③ ㉠: 보행거리 25m, ㉡: 1.5m 이상
④ ㉠: 직선거리 30m, ㉡: 1m 이상
⑤ ㉠: 보행거리 30m, ㉡: 2m 이하

정답 및 해설

25 ② 복도통로유도등의 설치기준
- 복도에 설치할 것
- 구부러진 모퉁이 및 보행거리 20m마다 설치할 것
- 바닥으로부터 높이 1m 이하의 위치에 설치할 것. 다만, 지하층 또는 무창층의 용도가 도매시장 · 소매시장 · 여객자동차터미널 · 지하역사 또는 지하상가인 경우에는 복도 · 통로 중앙부분의 바닥에 설치하여야 한다.

26 **아파트의 지하층에 설치하여야 하는 피난기구로 옳은 것은?** 제21회

① 피난교
② 구조대
③ 완강기
④ 피난용 트랩
⑤ 승강식 피난기

27 **화재안전기준상 유도등 및 유도표지에 관한 내용으로 옳지 않은 것은?** 제20회

① 피난구유도등은 피난구의 바닥으로부터 높이 1.5m 이상으로서 출입구에 인접하도록 설치해야 한다.
② 복도통로유도등은 바닥으로부터 높이 1.2m의 위치에 설치해야 한다.
③ 피난구유도표지란 피난구 또는 피난경로로 사용되는 출입구를 표시하여 피난을 유도하는 표지를 말한다.
④ 계단통로유도등은 바닥으로부터 높이 1m 이하의 위치에 설치해야 한다.
⑤ 거실통로유도등은 구부러진 모퉁이 및 보행거리 20m마다 설치해야 한다.

28 **유도등 및 유도표지의 화재안전기준상 유도등의 전원에 관한 기준이다. (   ) 안에 들어갈 내용이 순서대로 옳은 것은?** 제22회

> 비상전원은 다음 각 호의 기준에 적합하게 설치하여야 한다.
> 1. 축전지로 할 것
> 2. 유도등을 (㉠)분 이상 유효하게 작동시킬 수 있는 용량으로 할 것. 다만, 다음 각 목의 특정소방대상물의 경우에는 그 부분에서 피난층에 이르는 부분의 유도등을 (㉡)분 이상 유효하게 작동시킬 수 있는 용량으로 하여야 한다.
>   가. 지하층을 제외한 층수가 11층 이상의 층
>   나. 지하층 또는 무창층으로서 용도가 도매시장 · 소매시장 · 여객자동차터미널 · 지하역사 또는 지하상가

① ㉠: 10, ㉡: 20
② ㉠: 15, ㉡: 30
③ ㉠: 15, ㉡: 60
④ ㉠: 20, ㉡: 30
⑤ ㉠: 20, ㉡: 60

29 유도등 및 유도표지에 대한 설명으로 옳지 않은 것은?

① 피난구유도등은 피난구 또는 피난경로로 사용되는 출입구를 표시하여 피난을 유도하는 등으로 녹색바탕에 백색으로 표시한다.

② 통로유도등은 피난통로를 안내하기 위한 유도등으로 백색바탕에 녹색으로 피난방향을 표시하여야 한다. 복도통로유도등, 거실통로유도등, 계단통로유도등 등이 있다.

③ 피난구유도표지는 피난구 또는 피난경로로 사용되는 출입구를 표시하여 피난을 유도하는 표지를 말한다.

④ 통로유도표지는 피난통로가 되는 복도 · 계단 등에 설치하는 것으로서 피난구의 방향을 표시하는 유도표지를 말한다.

⑤ 복도통로유도등은 구부러진 모퉁이 및 보행거리 10m마다 설치한다.

정답 및 해설

26 ④ **피난용 트랩(대피용 트랩)**: 건축물의 지하층 및 3층에서 피난하기 위해서 건축물의 개구부에 설치하는 피난기구로서, 도난을 방지하기 위해 옥외에 설치하는 경우에는 피난용 트랩을 위로 접어 올려둔다.

- 매립식의 경우 발판이 갖추어져 있어야 한다.
- 방화문 등은 쉽게 개폐할 수 있어야 한다.
  ▶ 벽, 방화문으로 구획되거나 지하층에 설치된 것 등은 방화문 상층으로 가는 탈출구를 덮은 철판 등을 쉽게 열 수 있어야 한다.
- 계단식은 급경사가 아니어야 한다.

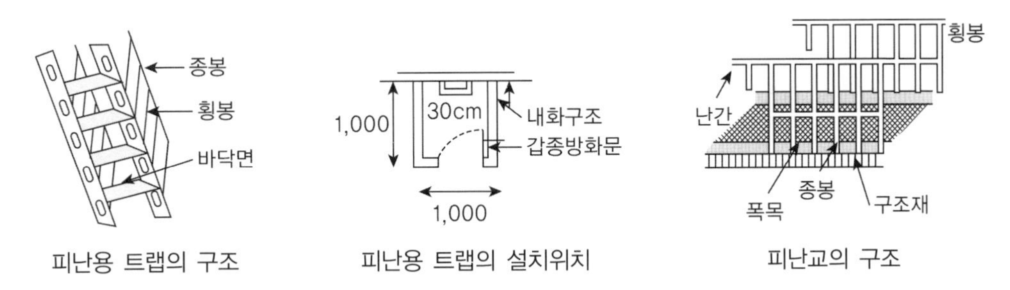

피난용 트랩의 구조 | 피난용 트랩의 설치위치 | 피난교의 구조

27 ② 복도통로유도등은 바닥으로부터 높이 1m 이하의 위치에 설치해야 한다.

28 ⑤ 유도등을 20분 이상 유효하게 작동시킬 수 있는 용량으로 할 것. 다만, 다음의 특정소방대상물의 경우에는 그 부분에서 피난층에 이르는 부분의 유도등을 60분 이상 유효하게 작동시킬 수 있는 용량으로 하여야 한다.

29 ⑤ 복도통로유도등은 구부러진 모퉁이 및 보행거리 20m마다 설치한다.

대표예제 65 소화활동설비 ★★★

소방시설 설치 및 관리에 관한 법령상 화재를 진압하거나 인명구조활동을 위하여 사용하는 소화활동설비에 해당하는 것은? 제26회

① 이산화탄소소화설비
② 비상방송설비
③ 상수도소화용수설비
④ 자동식 사이렌설비
⑤ 무선통신보조설비

해설 | 대표예제 64 해설(소방설비의 분류) 참조

기본서 p.83~95

정답 ⑤

30 **화재안전기준상 연결송수관설비에 관한 내용으로 옳지 않은 것은?** 제19회

① 송수구는 지면으로부터 높이가 0.5m 이상 1m 이하의 위치에 설치해야 한다.
② 송수구는 화재층으로부터 지면으로 떨어지는 유리창 등이 송수 및 그 밖의 소화작업에 지장을 주지 아니하는 장소에 설치해야 한다.
③ 송수구는 구경 65mm의 쌍구형으로 해야 한다.
④ 주배관의 구경은 80mm로 해야 한다.
⑤ 방수구는 개폐기능을 가진 것으로 설치하여야 하며, 평상시 닫힌 상태를 유지해야 한다.

31 **소방대가 건물 외벽 또는 외부에 있는 송수구를 통해 지하층 등의 천장에 설치되어 있는 헤드까지 송수하여 화재를 진압하는 소방시설은?**

① 연결살수설비
② 소화용수설비
③ 옥내소화전설비
④ 옥외소화전설비
⑤ 물분무소화설비

32 **소화활동설비 중 연결송수관설비에 관한 설명으로 옳지 않은 것은?**

① 방수구 표시등을 설치하는 경우에는 함의 상부에 설치하되, 그 불빛은 부착면과 15° 이하의 각도로도 발산되어야 하며 주위의 밝기가 0lx인 장소에서 측정하여 10m 떨어진 위치에서 켜진 등이 확실히 식별되어야 한다.

② 연결송수관설비의 방수구는 아파트의 모든 층마다 설치한다.

③ 11층 이상의 부분에 설치하는 방수구는 쌍구형으로 한다.

④ 아파트의 용도로 사용되는 층은 방수구를 단구형으로 설치할 수 있다.

⑤ 송수구는 소방차가 쉽게 접근할 수 있고 잘 보이는 장소에 지면으로부터 높이가 0.5m 이상 1m 이하의 위치에 설치한다.

정답 및 해설

30 ④ 주배관의 구경은 100mm로 해야 한다.

31 ① 연결살수설비는 소방관전용 소화전인 송수구를 통하여 소방차로 실내로 물을 공급하여 소화활동을 하는 것으로, 주로 지하층 등의 화재진압용으로 사용된다.

32 ② 연결송수관설비의 방수구는 아파트의 경우 3층 이상 각 층마다 설치한다.

제9장 난방설비

대표예제 66 **난방방식** ★★★

난방방식에 관한 설명으로 옳지 않은 것은? 제25회

① 온수난방은 증기난방과 비교하여 예열시간이 짧아 간헐운전에 적합하다.
② 난방코일이 바닥에 매설되어 있는 바닥복사난방은 균열이나 누수시 수리가 어렵다.
③ 증기난방은 비난방시 배관이 비어 있어 한랭지에서도 동결에 의한 파손 우려가 적다.
④ 바닥복사난방은 온풍난방과 비교하여 천장이 높은 대공간에서도 난방효과가 좋다.
⑤ 증기난방은 온수난방과 비교하여 난방부하의 변동에 따른 방열량 조절이 어렵다.

해설 | 온수난방은 증기난방과 비교하여 예열시간이 길어 지속운전에 적합하다.

기본서 p.587~602

정답 ①

01 난방설비에 관한 내용으로 옳지 않은 것은? 제26회

① 증기난방에서 기계환수식은 응축수 탱크에 모인 물을 응축수 펌프로 보일러에 공급하는 방법이다.
② 증기트랩의 기계식 트랩은 플로트트랩을 포함한다.
③ 증기배관에서 건식 환수배관방식은 환수주관이 보일러 수면보다 위에 위치한다.
④ 관경결정법에서 마찰저항에 의한 압력손실은 유체밀도에 비례한다.
⑤ 동일 방열량에 대하여 바닥복사난방은 대류난방보다 실의 평균온도가 높기 때문에 손실열량이 많다.

02 난방설비에 사용되는 부속기기에 관한 설명으로 옳지 않은 것은? 제26회

① 방열기밸브는 증기 또는 온수에 사용된다.
② 공기빼기밸브는 증기 또는 온수에 사용된다.
③ 리턴콕(return cock)은 온수의 유량을 조절하는 밸브이다.
④ 2중 서비스밸브는 방열기밸브와 열동트랩을 조합한 구조이다.
⑤ 버킷트랩은 증기와 응축수의 온도 및 엔탈피 차이를 이용하여 응축수를 배출하는 방식이다.

03 바닥복사난방에 관한 특징으로 옳지 않은 것은? 제23회

① 실내에 방열기를 설치하지 않으므로 바닥면의 이용도가 높다.
② 증기난방과 비교하여 실내층고와 관계없이 상하 온도차가 항상 크다.
③ 방을 개방한 상태에서도 난방효과가 있다.
④ 매설배관의 이상발생시 발견 및 수리가 어렵다.
⑤ 열손실을 막기 위해 방열면의 배면에 단열층이 필요하다.

정답 및 해설

01 ⑤ 동일 방열량에 대하여 바닥복사난방은 대류난방보다 실의 평균온도가 낮기 때문에 손실열량이 적다.

02 ⑤ 버킷트랩(Bucket Trap)은 버킷의 부력을 이용해 밸브를 개폐하여 응축수를 배출하는 것으로 주로 고압증기의 관말트랩 등에 사용한다.

▶ 증기트랩 작동원리에 의한 분류

구분	내용	종류
기계식	증기와 응축수의 밀도차에 따른 부력차를 이용하여 작동하는 방식으로 응축수의 생성과 동시에 배출된다.	• 버킷트랩 • 플로트트랩
온도조절식	증기와 응축수의 온도 차이를 이용하여 응축수를 배출하는 방식으로 응축수가 냉각되어 증기의 포화온도보다 낮은 온도에서 응축수의 현열 일부까지 이용할 수 있다.	• 벨로스식 트랩 • 다이어프램식 트랩 • 서모왁스식 트랩 • 바이메탈식 트랩
열역학식	온도조절식이나 기계식 트랩과는 별개의 작동원리를 갖고 있으며 증기와 응축수의 속도차, 즉 운동에너지의 차이를 이용하여 동작된다.	디스크트랩

03 ② 증기난방과 비교하여 실내층고와 관계없이 상하 온도차가 항상 작다.

04 증기난방설비의 구성요소가 아닌 것은? 제22회

① 감압밸브
② 응축수탱크
③ 팽창탱크
④ 응축수펌프
⑤ 버킷트랩

05 일반적으로 증기난방보다 온수난방이 많이 이용되는 실내에서 온수난방의 장점으로 옳지 않은 것은?

① 배관의 부식이 적다.
② 열용량이 커서 잘 식지 않는다.
③ 실내의 부하에 대한 공급열량의 조절이 용이하다.
④ 실내온도의 분포가 비교적 균등하여 쾌적하다.
⑤ 간헐운전을 할 때 실내온도를 적정수준으로 가열하는 시간이 짧게 걸린다.

06 대류난방과 비교한 바닥복사난방에 관한 내용으로 옳지 않은 것은? 제19회

① 실내 먼지의 유동이 적다.
② 실내 상하부의 온도차가 작다.
③ 예열시간이 오래 걸린다.
④ 외기온도 변화에 따른 방열량 조절이 쉽다.
⑤ 고장시 발견과 수리가 어렵다.

07 난방설비에 관한 설명으로 옳지 않은 것은? 제18회

① 방열기는 열손실이 많은 창문 내측 하부에 위치시킨다.
② 증기난방은 증발잠열을 이용하기 때문에 열의 운반능력이 작다.
③ 방열기 내에 공기가 있으면 열전달과 유동을 방해한다.
④ 증기난방방식은 온수난방에 비교하여 설비비가 낮다.
⑤ 증기난방 방열기에는 벨로즈트랩 또는 다이아프램트랩을 사용한다.

08 난방방식에 대하여 설명한 것이다. 옳지 않은 것은?

① MRT는 실내표면의 평균복사온도를 말한다.
② 방열기의 크기는 증기난방이 온수난방보다 작다.
③ 증기난방의 유입관경과 유출관경의 크기는 같고, 온수난방의 유입관경과 유출관경의 크기는 다르다.
④ 복사난방은 예열시간이 길어 일시적인 간헐난방에는 효과가 적으나 먼지가 상승하지 않아 쾌감도가 좋다.
⑤ 증기난방은 온수난방에 비하여 배관의 구경이나 방열기의 면적이 작다.

09 난방설비에 관한 내용으로 옳지 않은 것은? 제19회

① 온수난방은 현열을, 증기난방은 잠열을 이용하는 개념의 난방방식이다.
② 100℃ 이상의 고온수난방에는 개방식 팽창탱크를 주로 사용한다.
③ 응축수만을 보일러로 환수시키기 위하여 증기트랩을 설치한다.
④ 수온변화에 따른 온수의 용적 증감에 대응하기 위하여 팽창탱크를 설치한다.
⑤ 개방식 팽창탱크에는 안전관, 오버플로(넘침)관 등을 설치한다.

정답 및 해설

04 ③ 팽창탱크는 급탕설비나 온수난방설비의 구성요소이다.
05 ⑤ 간헐운전을 할 때 실내온도를 적정수준으로 가열하는 시간이 길게 걸린다.
06 ④ 외기온도 변화에 따른 방열량 조절이 어렵다.
07 ② 증기난방은 증발잠열을 이용하기 때문에 열의 운반능력이 크다.
08 ③ 증기난방의 유입관경이 유출관경보다 크며, 온수난방의 유입관경과 유출관경의 크기는 같다.
09 ② 100℃ 이상의 고온수난방에는 밀폐식 팽창탱크를 주로 사용한다.

10 온수난방에 관한 설명으로 옳은 것은?

제20회

① 증기난방에 비해 보일러 취급이 어렵고, 배관에서 소음이 많이 발생한다.
② 관내 보유수량 및 열용량이 커서 증기난방보다 예열시간이 길다.
③ 증기난방에 비해 난방부하의 변동에 따라 방열량 조절이 어렵고 쾌감도가 낮다.
④ 잠열을 이용하는 방식으로 증기난방에 비해 방열기나 배관의 관경이 작아진다.
⑤ 겨울철 난방을 정지하였을 경우에도 동결의 우려가 없다.

11 난방설비에 대한 설명으로 옳지 않은 것은?

① 온수난방은 증기난방에 비해 제어가 용이하다.
② 온수난방은 한랭시 난방을 정지하였을 경우 동결의 우려가 크다.
③ 증기난방은 온수난방에 비해 예열시간이 짧고 열매의 순환이 빠르다.
④ 증기난방은 온수난방보다 방열면적을 작게 할 수 있으며, 관경이 작아도 된다.
⑤ 온수난방은 현열을 이용한 난방이므로 증기난방에 비해 쾌감도가 낮고 열용량이 작아 온수 순환시간이 짧다.

12 난방방식에 관한 설명으로 옳지 않은 것은?

① 온수난방은 증기난방에 비해 난방기기의 크기를 작게 할 수 있다.
② 복사난방은 대류난방에 비해 실내의 상부와 하부의 온도차가 작아진다.
③ 대류난방은 복사난방에 비해 실내 설정온도에 이르기까지 걸리는 시간이 짧다.
④ 증기난방에는 증기트랩 및 경우에 따라 감압밸브와 같은 부속기기가 필요하다.
⑤ 100°C를 넘는 온수를 이용하여 난방을 할 때는 대기압을 초과하는 압력으로 배관계 전체를 가압할 필요가 있다.

13 난방방식에 관한 설명으로 옳은 것은?

① 바이패스배관(bypass pipe)을 증기공급관에 설치하여 밸브 등의 수리교체에 대비한다.
② 증기난방에서 버킷의 자중과 그 부력과의 차로 밸브를 개폐하는 트랩을 열동트랩이라 한다.
③ 병원입원실에는 온수난방보다 열량은 크고 열용량은 작은 증기난방이 유리하다.
④ 개방식보다 부식이 심한 밀폐식 팽창탱크는 대규모에 사용한다.
⑤ 증기난방은 증기유량의 제어가 용이하므로 실온조절이 쉽다.

정답 및 해설

10 ② ① 증기난방에 비해 보일러 취급이 쉽고, 배관에서 소음이 적게 발생한다.
③ 증기난방에 비해 난방부하의 변동에 따라 방열량 조절이 쉽고 쾌감도가 높다.
④ 현열을 이용하는 방식으로 증기난방에 비해 방열기나 배관의 관경이 크다.
⑤ 겨울철 난방을 정지하였을 경우에는 동결의 우려가 발생한다.

11 ⑤ 온수난방은 증기난방에 비해 쾌감도가 높고, 열용량이 커서 온수 순환시간이 길다.

12 ① 온수난방은 증기난방에 비해 난방기기의 크기를 크게 할 수 있다.

13 ① ② 증기난방에서 버킷의 자중과 그 부력과의 차로 밸브를 개폐하는 트랩을 버킷트랩이라 한다.
③ 병원입원실은 쾌감도 측면에서 온수난방이 유리하다.
④ 밀폐식 팽창탱크는 개방식보다 공기의 유입이 없어 부식이 심하지 않다.
⑤ 증기난방은 증기의 유량제어가 어려우므로 실온조절이 곤란하다.

14 온수난방에 대한 증기난방의 특성이 아닌 것은?

① 예열시간이 짧으므로 간헐운전에 적합하다.
② 비교적 고온이므로 실내 상하 온도차가 발생하지 않는다.
③ 설비비가 싸다.
④ 방열량 조절이 어렵다.
⑤ 잠열을 이용한 난방방식이다.

15 하트포드배관을 하는 주된 이유가 아닌 것은?

① 안전수위 유지
② 빈불때기 방지
③ 화상 방지 및 찌꺼기 유입 방지
④ 최저수위 이하에서의 연소 방지
⑤ 증기를 고르게 공급하기 위해

16 온돌 및 난방설비 설치기준으로 옳지 않은 것은?

① 단열층은 열손실을 방지하기 위하여 배관층과 바탕층 사이에 단열재를 설치하는 층이다.
② 배관층은 단열층 또는 채움층 위에 방열관을 설치하는 층이다.
③ 배관층과 바탕층 사이의 열저항은 심야전기이용 온돌의 경우를 제외하고 층간 바닥인 경우 해당 바닥에 요구되는 열관류저항의 60% 이상, 최하층 바닥인 경우 70% 이상이어야 한다.
④ 바탕층이 지면에 접하는 경우 바탕층 아래와 주변 벽면에 높이 5cm 이상의 방수처리를 하여야 한다.
⑤ 마감층은 수평이 되도록 설치하고, 바닥 균열 방지를 위해 충분히 양생하여 마감재의 뒤틀림이나 변형이 없도록 한다.

17 고온수를 사용하는 지역난방설비의 특성 중 옳지 않은 것은?

① 축열조를 활용하여 지역난방플랜트의 효율을 적정하게 유지할 수 있다.
② 장치의 열용량이 작으므로 간헐운전에 유리하다.
③ 대기오염을 줄일 수 있다.
④ 부하변동에 따라 적정수온의 열매를 보내주므로 효율이 높다.
⑤ 배관의 부식이 적다.

정답 및 해설

14 ② 증기난방은 방열기의 표면온도가 높아 실내 상하 온도차가 크다.

▶ 증기난방과 온수난방의 비교

구분	증기난방	온수난방
예열시간	짧다	길다
난방지속시간	짧다	길다
열량	크다	작다
열용량	작다	크다
열방식	잠열	현열
방열량 조절	어렵다	쉽다
방열면적 · 관경	작다	크다
부식	크다	작다
소음	크다(스팀해머)	작다
설비비	싸다	비싸다
사용처	학교, 사무소	호텔, 병원

15 ⑤ 증기난방에서 하트포드배관법은 보일러의 안전수위 확보를 위한 안전장치의 일종으로 증기압과 환수압의 균형을 유지하며 빈불때기 방지, 찌꺼기 유입 방지, 화상 방지를 한다. 증기를 고르게 공급하기 위한 것은 증기헤더이다.

16 ④ 바탕층이 지면에 접하는 경우 바탕층 아래와 주변 벽면에 높이 10cm 이상의 방수처리를 하여야 한다. 단열재의 윗부분은 방습처리한다.

17 ② 온수는 증기에 비해 열용량이 크므로, 고온수의 지역난방은 장치의 열용량이 커서 지속난방에 유리하다.

18 **온수난방의 안전장치가 아닌 것은?**

① 팽창탱크
② 안전관(escape pipe)
③ 하트포드(hartford)
④ 3방 밸브(three way valve)
⑤ 리턴콕

19 **증기트랩의 작동원리와 종류의 연결로 옳지 않은 것은?**

① 기계식 - 플로트트랩
② 기계식 - 버킷트랩
③ 온도조절식 - 다이어프램트랩
④ 온도조절식 - 디스크트랩
⑤ 온도조절식 - 벨로즈트랩

20 **주로 고압증기의 관말트랩이나 증기사용 세탁기 또는 증기 탕비기에 많이 사용하는 부력을 이용한 기계식 트랩은?**

① 버킷트랩
② 플로트트랩
③ 벨로즈트랩
④ 플라스터트랩
⑤ 그리스트랩

21 난방설비에 관한 설명으로 옳지 않은 것은?

① 복사난방은 천장고가 높은 곳이나 외기침입이 있는 곳에서도 난방효과를 얻을 수 있다.
② 역환수배관방식은 온수의 유량을 균등하게 분배하며, 배관길이를 짧아지게 한다.
③ 리프트이음은 진공환수식에서 방열기보다 높은 곳에 환수관을 설치할 때 환수관의 응축수를 쉽게 끌어올리기 위해 설치한다.
④ 복사난방방식은 대류난방방식과 비교할 때 실내공기의 상하 온도차가 작다.
⑤ 리턴콕은 온수난방에서 온수의 유량을 조절하는 밸브로 주로 온수방열기의 환수용 밸브로 사용된다.

22 온수난방에 대한 설명 중 옳지 않은 것은?

① 중력순환식 온수난방에서 방열기는 보일러보다 높은 장소에 설치한다.
② 강제순환식은 중력순환식보다 관경이 작아도 된다.
③ 고온수방식에서는 개방식 팽창탱크를 사용하며 밀폐식 팽창탱크는 사용할 수 없다.
④ 고온수방식에서는 가압장치를 필요로 한다.
⑤ 고온수식은 보통온수식보다 방열면적이 작다.

정답 및 해설

18 ③ 하트포드(hartford) 접속법은 증기난방 보일러 내 안전수위를 확보하기 위해 사용하는 배관법이다.

19 ④ 디스크트랩은 증기응축의 압력의 변화에 의해 작동되는 트랩이다.

20 ① • 버킷트랩(bucket trap): 고압증기
• 플로트트랩(float trap): 저압증기

21 ② 역환수배관방식은 온수의 유량을 균등하게 분배하며, 배관길이를 길어지게 한다.

22 ③ 온수난방

고온수식	• 밀폐식 팽창탱크, 가압장치, 강판제 보일러 사용 • 방열면적이 작다.
저온수식	개방식 팽창탱크, 주철제 보일러 사용

23 복사난방에 대한 설명으로 옳지 않은 것은?

① 온도가 비교적 낮으므로 같은 방열량에 대하여 손실열량이 적다.
② 시공, 수리가 복잡하다.
③ 방을 개방상태로 놓아도 난방의 효과가 있다.
④ 주택, 강당 등에 사용한다.
⑤ 외기 온도의 급변에 따라 손쉽게 방열량 조절이 가능하다.

24 중앙집중난방과 비교하여 지역난방의 특징으로 옳지 않은 것은?

① 설비의 운전, 보수 요원이 경감되므로 인건비 관련 비용이 절감된다.
② 대기오염, 소음·진동 등을 집중적으로 관리할 수 있어 환경개선에 효과적이다.
③ 공동주택 단지별로 각종 열원기기를 위한 공간이 불필요하므로 이 공간을 유용하게 활용할 수 있다.
④ 보일러 등 각종 장비와 위험물의 취급 및 저장장소를 집중적으로 관리할 수 있어 안전성이 높다.
⑤ 공급대상이 광범위하므로 평균적 부하운전이 가능하며, 수용열량의 시간적·계절적 변동이 작아 열의 이용률이 높다.

25 난방방식에 관한 설명으로 옳지 않은 것은?

제23회

① 대류(온풍)난방은 가습장치를 설치하여 습도조절을 할 수 있다.
② 온수난방은 증기난방에 비해 예열시간이 길어서 난방감을 느끼는 데 시간이 걸려 간헐운전에 적합하지 않다.
③ 온수난방에서 방열기의 유량을 균등하게 분배하기 위하여 역환수방식을 사용한다.
④ 증기난방은 응축수의 환수관 내에서 부식이 발생하기 쉽다.
⑤ 증기난방은 온수난방보다 열매체의 온도가 높아 열매량 차이에 따른 열량조절이 쉬우므로, 부하변동에 대한 대응이 쉽다.

26 저온수난방에 대한 설명으로 옳은 것은?

① 방열기를 보일러와 동일한 바닥에 설치하여도 온수순환이 가능하다.
② 개방식 팽창탱크를 설치하여야 한다.
③ 온수의 온도는 100~150℃ 정도이다.
④ 고온수난방보다 위험성이 높다.
⑤ 열매온도가 낮으므로 관경 및 방열면적은 고온수난방보다 작아도 된다.

정답 및 해설

23 ⑤ 복사난방의 장단점

장점	• 복사열에 의한 난방이므로 실내의 온도분포가 균등하여 쾌감도가 높다. • 방을 개방상태로 하여도 난방의 효과가 있다. • 방열기가 없으므로 방의 바닥면적의 이용도가 높아진다. • 실내공기의 대류가 적기 때문에 바닥면의 먼지가 상승하지 않는다. • 방의 상하 온도차가 작아 방 높이에 의한 실온의 변화가 작으며, 고온복사난방(증기)시 천장이 높은 방의 난방도 가능하다. • 저온복사난방(35~50℃ 온수)시 비교적 실온이 낮아도 난방효과가 있다. • 실내 평균온도가 낮기 때문에 같은 방열량에 대하여 손실열량이 적다.
단점	• 외기 온도 급변에 따른 방열량 조절이 어렵다. • 증기난방방식이나 온수난방방식에 비하여 설비비가 비싸다. • 구조체를 따뜻하게 하므로 예열시간이 길고 일시적인 난방에는 효과가 작다. • 매입배관이므로 시공이 어려우며, 고장시 발견이 어렵고 수리가 곤란하다. • 열손실을 막기 위해 단열층이 필요하다.

24 ⑤ 공급대상이 광범위하므로 평균적 부하운전에 차이가 나며, 수용열량의 시간적 · 계절적 변동이 커서 열의 이용률이 낮다.

25 ⑤ 증기난방은 온수난방보다 열매체의 온도가 높아 열매량 차이에 따른 열량조절이 어려우므로, 부하변동에 대한 대응이 어렵다.

26 ② 고온수난방과 저온수난방의 비교

고온수난방 (100℃ 이상)	• 방열량 대 ⇨ 방열기 면적 · 관경: 소 • 100℃ 물 ⇨ 100℃ 증기: 약 1,700배 팽창 • 밀폐식 팽창탱크, 강판제보일러(고압용), 대규모
저온수난방 (보통온수식, 100℃ 이하)	• 방열량 소 ⇨ 방열기 면적 · 관경: 대 • 4℃ 물 ⇨ 100℃ 물: 약 4.3% 팽창 • 개방식 팽창탱크, 주철제보일러(저압용), 소규모

27 난방방식에 관한 설명으로 옳지 않은 것은?

제22회

① 증기난방은 온수난방에 비해 열의 운반능력이 크다.
② 온수난방은 증기난방에 비해 방열량 조절이 용이하다.
③ 온수난방은 증기난방에 비해 예열시간이 짧다.
④ 복사난방은 바닥구조체를 방열체로 사용할 수 있다.
⑤ 복사난방은 대류난방에 비해 실내온도 분포가 균등하다.

대표예제 67 방열기 ★★

증기난방에서 창문에 의한 손실열량이 14kW이고, 환기에 의한 손실열량이 8.1kW이며 난방소요열량이 23.26kW일 때 소요되는 방열기 절수는? (방열기 1절의 방열면적은 $5m^2$이다)

① 5절
② 7절
③ 9절
④ 12절
⑤ 15절

해설 |

$$방열기\ 절수 = \frac{총손실열량}{표준방열량 \times 방열기\ 1절의\ 면적}$$

$$= \frac{14 + 8.1 + 23.26}{0.756 \times 5} = 12절$$

기본서 p.603~606

정답 ④

28 난방설비에 관한 설명으로 옳은 것은?

① 증기용 방열기의 표준방열량은 756W/m^2(650kcal/m^2 · h)이다.
② 이중서비스밸브는 보일러의 밸브가 닫힌 채로 운전하였을 때 안전장치로 사용한다.
③ 지역난방에 주로 사용되는 보일러는 수관식 보일러보다는 노통연관식 보일러가 더 적합하다.
④ 주철제보일러는 증기압력이 0.7MPa 이상으로 대규모 건물 또는 지역난방에 사용된다.
⑤ 배관 도중에 관경이 다른 증기관을 접속하는 경우에는 응축수의 고임이 발생하지 않도록 리듀서를 사용한다.

29 다음은 보일러의 능력을 방열기의 방열면적으로 표시하는 상당방열면적에 대한 설명이다. (   ) 안에 들어갈 숫자로 옳은 것은?

> 온수난방에서 상당방열면적이란 표준상태에서 방열기의 전 방열량을 실내온도 (㉠)℃, 온수온도 (㉡)℃의 표준상태에서 얻어지는 표준방열량으로 나눈 값이다.

	㉠	㉡
①	20.5	102
②	20.5	102
③	20.5	80
④	18.5	102
⑤	18.5	80

정답 및 해설

27 ③ 온수난방은 증기난방에 비해 예열시간이 길다.

28 ① ② 3방밸브는 보일러의 밸브가 닫힌 채로 운전하였을 때 안전장치로 사용한다.
③ 지역난방에 주로 사용되는 보일러로는 노통연관식보다 수관식 보일러가 더 적합하다.
④ 수관식 보일러는 증기압력이 1MPa 이상으로 대규모 건물 또는 지역난방에 사용된다.
⑤ 배관 도중에 관경이 서로 다른 증기관을 접속하는 경우에는 응축수의 고임이 생기지 않도록 편심이음을 사용한다.

29 ⑤
- 실내온도: 18.5℃
- 증기난방: 102℃
- 온수온도: 80℃

종합

30 난방설비에 관한 설명 중 옳은 것은?

① 증기의 표준방열량은 $0.756kW/m^2 \cdot h$인데, 이를 결정하는 표준조건하의 열매온도는 120℃, 실내온도는 21℃를 기준으로 한다.
② 손실열량이 1.16kW인 실에서 1절의 면적이 $0.18m^2$인 온수방열기를 사용하는 경우 방열기 절수는 9절로 하면 된다.
③ 저압증기보일러의 안전수위 확보를 위하여 보일러 입구에 하트포드배관을 한다.
④ 난방의 쾌적함을 나타내는 실내 온도차는 작은 것이 좋으며, 이를 위하여 방열면의 온도는 높은 것을 선택한다.
⑤ 유체와 고체 사이의 열의 이동을 전도라 하며, 전도율이 작은 재료는 단열재이다.

대표예제 68 보일러 ★★★

보일러에 관한 용어의 설명으로 옳은 것을 모두 고른 것은? 제26회

㉠ 정격출력은 난방부하, 급탕부하, 예열부하의 합이다.
㉡ 보일러 1마력은 1시간에 100 ℃의 물 15.65kg을 증기로 증발시킬 수 있는 능력을 말한다.
㉢ 저위발열량은 연소 직전 상변화에 포함되는 증발잠열을 포함한 열량을 말한다.
㉣ 이코노마이저(economizer)는 에너지 절약을 위하여 배열에서 회수된 열을 급수 예열로 이용하는 방법을 말한다.

① ㉠, ㉡
② ㉠, ㉢
③ ㉡, ㉣
④ ㉡, ㉢, ㉣
⑤ ㉠, ㉡, ㉢, ㉣

해설 | ㉠ 정격출력은 난방부하, 급탕부하, 배관부하, 예열부하의 합이다.
㉢ 저위발열량은 연소 직전 상변화에 포함되는 증발잠열을 포함하지 않은 열량을 말한다.
- 총발열량(고위발열량)은 가스의 연소에서는 수소 성분에 의해 수증기가 발생하며 이 수증기는 응축하여 물로 변할 때 열을 방출하게 되는데, 이것을 잠열이라 하며, 총발열량은 잠열을 포함한 발열량을 말한다.
- 진발열량(저위발열량)은 잠열을 포함하지 않은 발열량을 말한다.

기본서 p.607~613

정답 ③

31 다음과 같은 특징을 갖는 보일러는?

- 수관보일러와 같이 수관으로 되어 있으나 드럼(수실)이 없다.
- 보유수량이 적으므로 가열시간이 짧다.
- 설치면적이 작으나 급수처리가 까다롭다.
- 간단하게 고압의 증기를 얻으려고 하는 경우에 사용된다.

① 주철제보일러
② 노통연관보일러
③ 관류보일러
④ 입형보일러
⑤ 수관식 보일러

32 난방설비에 관한 내용으로 옳지 않은 것은? 제22회

① 보일러의 정격출력은 난방부하와 급탕부하의 합이다.
② 노통연관보일러는 증기나 고온수 공급이 가능하다.
③ 표준상태에서 증기방열기의 표준방열량은 약 756W/m^{2}이다.
④ 온수방열기의 표준방열량 산정시 실내온도는 18.5℃를 기준으로 한다.
⑤ 지역난방용으로 수관식 보일러를 주로 사용한다.

정답 및 해설

30 ③ ① 증기의 표준방열량은 0.756kW/m^2 · h인데, 이를 결정하는 표준조건하의 열매온도는 102℃, 실내온도는 18.5℃를 기준으로 한다.
② 손실열량이 1,000kcal/h인 실에서 1절의 면적이 0.18m^{2}인 온수방열기를 사용하는 경우 방열기 절수는 13절로 하면 된다. ⇨ 1.16/(0.524 × 0.18) = 12.33 = 13절
④ 난방의 쾌적함을 나타내는 실내 온도차는 작은 것이 좋으며, 이를 위하여 방열면의 온도는 낮은 것을 선택한다.
⑤ 유체와 고체 사이의 열의 이동을 열전달이라 하며, 전도율이 작은 재료는 단열재이다.

31 ③ 관류보일러는 코일모양으로 만든 가열관을 설치하고, 순환펌프를 이용해 관 내에 흐르는 물을 '예열 ⇨ 가열 ⇨ 증발 ⇨ 과열'의 과정을 거치게 하여 증기를 발생시키는 보일러이다.

32 ① 보일러의 정격출력은 난방부하, 급탕부하, 배관(손실)부하, 예열부하의 합이다.
- 정미출력 = 난방부하 + 급탕부하
- 상용출력 = 난방부하 + 급탕부하 + 배관부하
- 정격출력 = 난방부하 + 급탕부하 + 배관부하 + 예열부하

33 다음은 보일러의 용량산정에 대한 설명이다. 옳지 않은 것은?

① 보일러의 효율은 정격출력을 연료의 발열량만으로 나누어 구한다.

② 상당방열면적 계산시 온수의 경우 표준방열량은 450kcal/m^2 · h(1,890KJ = 0.523kw/m^2) 이다.

③ 정격출력은 보일러에서 발생한 총열량을 말하며, 상용출력에 예열부하를 합한 것이다.

④ 보일러의 상용출력이란 정미출력에 배관부하를 합한 것이다.

⑤ 보일러 용수의 pH 값은 7~8 정도로 한다.

종합

34 건축설비에 대한 용어 설명으로 옳은 것은?

① 보일러 1마력은 1시간에 100℃의 물 15.65kg을 전부 증기로 만드는 능력이다.

② 공기층의 단열효과는 기밀성과 무관하다.

③ 승화란 고체가 액체상태로 변한 다음 기체가 되는 현상이다.

④ 현열이란 온도는 변하지 않고 상태가 변하면서 출입하는 열로서 증기난방에 이용된다.

⑤ 상대습도는 공기를 가열하면 높아지고 냉각하면 낮아진다.

35 지역난방이나 고압증기가 다량으로 필요한 곳에 주로 사용하는 보일러는? 제19회

① 전기보일러

② 노통연관보일러

③ 주철제보일러

④ 수관보일러

⑤ 입형보일러

정답 및 해설

33 ① 보일러의 효율은 정격출력을 '연료의 소비량 × 연료의 발열량 × 비중'으로 나누어 구한다.

34 ① ② 공기층의 단열효과는 기밀성이 클수록 좋다.
③ 승화란 고체가 기체가 되거나, 기체가 고체로 변하는 현상이다.
④ 현열이란 상태는 변하지 않고 온도가 변하면서 출입하는 열로서 온수난방에 이용된다.
⑤ 상대습도는 공기를 가열하면 낮아지고 냉각하면 높아진다.

35 ④ 지역난방이나 고압증기가 다량으로 필요한 곳에 주로 사용하는 보일러는 수관보일러이다.

제10장 공기조화 및 냉동설비

대표예제 69 습공기선도 ★★★

습공기선도상에서 습공기의 성질에 관한 설명으로 옳은 것은? 제21회

① 습공기선도를 사용하면 수증기분압, 유효온도, 현열비 등을 알 수 있다.
② 상대습도 50%인 습공기의 건구온도는 습구온도보다 낮다.
③ 상대습도 100%인 습공기의 건구온도와 노점온도는 같다.
④ 건구온도의 변화 없이 절대습도만 상승시키면 습구온도는 낮아진다.
⑤ 절대습도의 변화 없이 건구온도만 상승시키면 노점온도는 낮아진다.

오답체크 | ① 습공기선도를 사용하면 수증기분압, 현열비, 건구온도, 습구온도, 노점온도, 절대습도, 상대습도 등을 알 수 있다.
② 상대습도 50%인 습공기의 건구온도는 습구온도보다 높다.
④ 건구온도의 변화 없이 절대습도만 상승시키면 습구온도는 높아진다.
⑤ 절대습도의 변화 없이 건구온도만 상승시키면 노점온도는 일정하다.

기본서 p.625~629

정답 ③

01 습공기의 상태변화에 관한 설명으로 옳지 않은 것은?

① 가열하면 엔탈피는 증가한다.
② 냉각하면 비체적은 감소한다.
③ 가열하면 절대습도는 증가한다.
④ 냉각하면 습구온도는 감소한다.
⑤ 가열하면 상대습도는 감소한다.

정답 및 해설

01 ③ 공기를 가열하거나 냉각하여도 절대습도는 변하지 않는다.

02 습공기에 관한 설명으로 옳지 않은 것은?

제18회

① 현열비는 전열량에 대한 현열량의 비율이다.
② 습공기의 엔탈피는 습공기의 현열량이다.
③ 건구온도가 일정한 경우, 상대습도가 높을수록 노점온도는 높아진다.
④ 절대습도가 커질수록 수증기분압은 커진다.
⑤ 습공기의 비용적은 건구온도가 높을수록 커진다.

고난도

03 다음 설명 중 옳지 않은 것은?

① 공기가 포화상태일 때는 건구온도, 습구온도, 노점온도가 같은 값을 나타낸다.
② 인체의 발열량은 냉방부하에서만 계산하고 난방부하에서는 계산하지 않는다.
③ 공조부하 계산시 인체에서의 열취득은 현열과 잠열이 동시에 발생한다.
④ 난방도일과 냉방도일은 실내온도만 같으면 외기온도가 다르더라도 어느 지역에서나 그 값이 같다.
⑤ 공기조화설비의 조절대상은 온도, 습도, 기류, 청정도이다.

04 공기의 성질에 대한 설명으로 옳지 않은 것은?

① 공기를 가열하면 상대습도는 낮아진다.
② 공기를 냉각하면 절대습도는 높아진다.
③ 건구온도와 습구온도가 동일한 공기는 상대습도가 100%이다.
④ 습구온도는 일반적으로 건구온도보다 낮다.
⑤ 공기의 수증기 포화능력은 공기의 온도에 따라 다르다.

05 **어떤 상태의 습공기를 절대습도의 변화 없이 건구온도만 상승시킬 때, 습공기의 상태변화로 옳은 것은?**

① 엔탈피는 증가한다.

② 상대습도는 증가한다.

③ 노점온도는 낮아진다.

④ 비체적은 감소한다.

⑤ 엔탈피와 상대습도 모두 증가한다.

정답 및 해설

02 ② 습공기의 엔탈피는 습공기의 현열량에 잠열량을 합한 것이다.

03 ④ 난방도일과 냉방도일은 지역에 따라 다르다.

▶ 최대부하: 냉방기, 보일러, 공조기, 팬 등의 냉난방장치의 용량을 산정하기 위한 부하를 말하는데, 이는 건물설비 설계시 필수적으로 계산해야 한다.

1. 냉방부하: 실내온습도를 일정하게 유지하기 위해 실내의 취득열량에 대응하여 제거해야 할 열량을 말한다.

구분		내용	열의 종류
실내부하	태양복사열	유리를 통과하는 복사열	현열
		외기에 면한 벽체(지붕)를 통과하는 복사열	잠열
	온도차에 의한 전도열	유리를 통과하는 전도열	현열
		외기에 면한 벽체(지붕)를 통과하는 복사열	현열
		간벽, 바닥, 천장을 통과하는 전도열	현열
	내부발생열	조명에서의 발생	현열
		인체에서의 발생	현열, 잠열
		실내 설비에서의 발생열	현열, 잠열
	침입외기	외부 창새시, 문틈에서의 틈새바람	현열, 잠열
장치부하	취득열량	덕트로부터의 취득열량	현열
		송풍기에 의한 취득열량	현열, 잠열
외기부하	도입외기	외기를 실내습도로 냉각 감습시키는 열량	현열, 잠열

2. 난방부하: 구조체(벽, 바닥, 지붕, 창, 문)를 통한 열손실과 환기를 통한 열손실의 합을 말한다.

종류	내용	열의 종류
실내손실부하	구조체를 통한 손실열량(외벽, 지붕, 창유리, 내벽, 바닥, 문)	현열
	틈새바람에 의한 손실열량	현열, 잠열
	환기(외기도입)에 의한 손실열량	현열, 잠열
	덕트에 의한 손실열량	현열

04 ② 공기를 냉각하면 절대습도는 변하지 않고 건구온도만 낮아진다.

05 ① ②⑤ 상대습도는 감소한다.

③ 노점온도는 일정하다.

④ 비체적은 증가한다.

대표예제 70 **공기조화부하 ★★**

건물의 난방부하 계산을 위한 항목이 아닌 것은?

① 창, 문 등의 틈으로 외부에서 침입하는 공기에 의한 부하
② 실내외 온도 차이에 의해 벽체를 통하여 출입하는 열부하
③ 창유리, 지붕, 내벽, 바닥 등을 통하여 출입하는 전열부하
④ 덕트, 배관계통에서 생기는 부하
⑤ 재실 인원에 따른 열량, 일사량에 의해 생기는 부하

해설 | 재실 인원에 따른 열량, 일사량에 의해 생기는 부하 등의 <u>취득열량은</u> 난방부하 계산시 안전율로 보고 <u>계산시 포함하지 않는다</u>.

기본서 p.629~631

정답 ⑤

고난도

06 난방부하의 산정에 관한 설명으로 옳지 않은 것은?

① 외기부하는 현열과 잠열을 고려하여 산정한다.
② 외벽 및 창문의 열관류율이 클수록 손실열량이 증가한다.
③ 지하층의 손실열량은 실내온도와 지중온도를 고려하여 산정한다.
④ 외벽의 손실열량을 산정하는 경우 상당외기온도를 적용해야 한다.
⑤ 틈새바람에 의한 손실열량을 고려하여 산정한다.

07 난방부하 계산에서 일반적으로 고려하지 않아도 되는 사항은?

① 환기에 의한 손실량
② 조명기구의 발열량
③ 유리창의 열관류율
④ 벽체의 열관류율
⑤ 바닥의 열관류율

08 다음과 같은 냉방부하의 요인 중 현열만을 취득하게 되는 것은?

① 틈새바람에 의한 취득열
② 인체 발생열
③ 재 열기로부터의 취득열
④ 외기의 도입에 의한 취득열
⑤ 기구로부터의 발생열

09 건물의 냉방부하 계산에 관한 설명으로 옳지 않은 것은?

① 냉방부하 계산시 재실자 발열은 고려하지 않는다.
② 실내외 온도차가 클수록 건물 열손실은 증가한다.
③ 벽체의 열관류율 값이 낮을수록 건물 열손실은 감소한다.
④ 최대열부하 계산으로 공조기 송풍량을 결정할 수 있다.
⑤ 냉방부하에는 실내부하, 장치부하, 외기부하 등이 포함된다.

10 냉방부하 계산에서만 사용되는 것이 아닌 것은?

① 조명기구에서의 발생열
② 재실인원에 따른 발생열
③ 유리창을 통한 태양복사열
④ 상당외기온도
⑤ 지붕을 통과하는 전도열

정답 및 해설

06 ④ 외벽의 손실열량을 산정하는 경우 상당외기온도를 적용하는 것은 냉방부하이다.

07 ② 조명기구의 발열량은 냉방부하의 현열에서 고려하는 사항이다.

08 ③ 현열과 잠열의 취득
- 틈새바람에 의한 취득열
- 인체 발생열
- 외기의 도입에 의한 취득열
- 기구로부터의 발생열

09 ① 냉방부하 계산시 재실자 발열은 고려한다.

10 ⑤ 지붕을 통과하는 전도열은 냉난방부하 계산에 모두 사용된다.

11 **에너지 절약의 수법에 관한 설명 중 가장 옳지 않은 것은?**

① 외벽에 단열재를 사용하여 열전도율을 작게 한다.
② 외부 개구부의 기밀성능을 높여 외기의 유입을 적게 한다.
③ 공기조화부하의 저감을 위하여 항상 창유리에는 블라인드를 내려 둔다.
④ 실내 배기의 열회수를 위하여 받아들인 외기와의 열교환을 도모한다.
⑤ 실내 마무리에 밝은 색을 사용하여 조명효율을 높인다.

12 **난방부하를 계산할 때 필요치 않은 사항은?**

① 구조체를 통한 손실열량
② 환기에 의한 손실열량
③ 틈새바람에 의한 손실열량
④ 배관 및 덕트에서의 손실열량
⑤ 재실인원에 따른 발열량

13 **공조계획의 조닝(zoning)에 있어 존(zone)의 범위에 영향을 끼치는 요소와 가장 거리가 먼 것은?**

① 조명등의 위치와 흡출구의 위치
② 시간에 따른 부하의 변화
③ 실의 사용용도
④ 실의 방위
⑤ 사용자

대표예제 71 공조방식의 분류★★

공기조화설비방식에서 정풍량방식(CAV)에 비하여 가변풍량방식(VAV)의 장점에 속하는 것은?

① 덕트의 면적이 커진다.
② 온도의 조절이 쉽다.
③ 기구적인 면에서 단순하다.
④ 건설비가 저렴하다.
⑤ 에너지의 소비가 많다.

해설 | **가변풍량방식(VAV)의 장점**

- 각 실별 또는 존별로 온습도의 개별제어가 가능하다.
- 부하변동을 정확히 파악하여 실온을 유지하기 때문에 에너지 손실이 적다.
- 전부하시 풍량이 감소되어 송풍기를 제어함으로써 동력을 절약할 수 있다.
- 동시부하율을 고려하여 공조기 및 관련 설비용량을 작게 할 수 있다.

기본서 p.632~646

정답 ②

14 단일덕트 변풍량방식에 관한 설명으로 옳지 않은 것은?

① 정풍량방식에 비하여 설비비가 적게 든다.
② 부분부하시 송풍기의 풍량을 제어하여 반송동력을 절감할 수 있다.
③ 부하가 감소되면 송풍량이 적어지므로 환기가 불충분해질 염려가 있다.
④ 변풍량 유닛을 배치하면 각 실이나 존(zone)의 개별제어가 쉽다.
⑤ 전폐형 변풍량 유닛을 사용하면 비사용실에 대한 공조를 정지하여 에너지를 절감할 수 있다.

정답 및 해설

11 ③ 공조부하에는 난방부하와 냉방부하가 있는데, 겨울철에는 외부로부터 열을 취하는 것이 효율적이다.
12 ⑤ 재실인원에 따른 발열량은 냉방부하에서 계산된다.
13 ① 공조계획의 조닝은 시간에 따른 부하, 방위, 용도, 사용자 등에 따라 한다.
14 ① 변풍량방식은 정풍량방식에 비하여 설비비가 많이 든다.

15 공기조화방식 중 단일덕트방식(정풍량)에 대한 설명으로 옳지 않은 것은?

① 냉·온풍의 혼합손실이 없다.
② 이중덕트방식에 비해 덕트 스페이스가 적게 든다.
③ 각 부하특성이 다른 여러 개의 실이나 존이 있는 건물에 적용하기가 곤란하다.
④ 실이나 존의 부하변동에 즉시 대응할 수 있다.
⑤ 실내공기의 청정도가 높다.

16 공기조화설비의 에너지 절약방법에 관한 일반적 설명으로 옳지 않은 것은?

① 부하특성, 사용시간대, 사용조건 등을 고려하여 냉난방조닝을 한다.
② 동절기에 히트펌프를 이용하여 난방할 경우에는 가능한 한 보조열원의 운전을 최소화 한다.
③ 난방순환수펌프는 운전효율을 증대시키기 위해 대수제어 또는 가변속제어방식 등을 채택한다.
④ 공기조화기 팬은 부하변동에 따른 풍량제어가 가능하도록 흡인베인제어방식, 가변익 축류방식 등을 채택한다.
⑤ 단일덕트방식은 에너지 손실이 많으므로 지양하고, 이중덕트방식은 에너지 절약에 도움이 되므로 적극적으로 채택한다.

17 단일덕트방식 중 변풍량방식에 대한 설명으로 옳은 것은?

① 실내공기의 청정화를 요할 때 적당하다.
② 송풍온도를 일정하게 하고 실내부하변동에 따라 송풍량을 변화시킨다.
③ 연간 소비동력, 즉 에너지 소비가 정풍량방식보다 크다.
④ 각 실 또는 스페이스별 개별제어가 불가능하다.
⑤ 실내의 열부하변동에 따라 송풍온도를 변화시키는 방식이다.

18 이중덕트방식에 관한 설명으로 옳지 않은 것은?

① 각 실별로 또는 존별로 온습도의 개별제어가 가능하다.
② 냉난방을 동시에 할 수 있다.
③ 칸막이나 공사비의 증감에 따라 융통성 있는 계획이 가능하다.
④ 덕트가 이중이므로 차지하는 면적이 넓다.
⑤ 냉난방부하 분포가 복잡한 건물에 채택하기 어렵다.

19 공기조화방식 중 팬코일유닛방식에 관한 설명으로 옳지 않은 것은?

① 덕트방식에 비해 유닛의 위치 변경이 용이하다.
② 유닛을 창문 밑에 설치하면 콜드드래프트를 줄일 수 있다.
③ 각 실의 유닛은 수동으로도 제어할 수 있으며 개별제어가 용이하다.
④ 송풍기에 의해 공기를 이송하므로 펌프에 의한 냉·온수의 이송동력보다 적게 든다.
⑤ 고성능 필터의 사용이 곤란하여 공기청정도가 낮다.

정답 및 해설

15 ④ 실이나 존의 부하변동에 즉시 대응할 수 없다.

16 ⑤ 단일덕트방식 중 변풍량방식은 에너지 절약형이고, 이중덕트방식은 에너지 다소비형이다.

17 ② ① 실내공기의 청정화를 요할 때 적당한 방식은 정풍량방식이다.
③ 연간 소비동력, 즉 에너지 소비가 정풍량방식보다 작다.
④ 각 실 또는 스페이스별 개별제어가 가능하다.
⑤ 실내의 열부하변동에 따라 송풍온도를 일정하게 하는 방식이다.

18 ⑤ 냉난방부하 분포가 복잡한 건물에 채택하기 쉽다.

19 ④ 전수방식으로 각 실에 펌프에 의한 냉·온수의 이송동력이 많이 든다.
▶ 콜드드래프트: 겨울철에 실내에 저온의 기류가 흘러들거나 또는 유리 등이 냉벽면에서 냉각된 냉풍이 하강하는 현상이다.

20 공조방식 중 전공기방식에 대한 설명으로 틀린 것은?

① 실내공기의 오염이 적다.
② 환기가 용이하다.
③ 덕트 스페이스가 필요 없으며 공조실의 면적이 작다.
④ 실내에 배관으로 인한 누수의 염려가 없다.
⑤ 외기냉방이 가능하다.

21 공조방식 중 전공기방식과 전수방식에 관한 설명으로 옳은 것은?

① 전공기방식은 외기냉방이 불가능하다.
② 전공기방식은 환기가 용이하다.
③ 전공기방식은 실내에 수배관이 필요하다.
④ 전수방식은 덕트 스페이스가 많이 소요된다.
⑤ 전수방식은 고성능 필터를 사용할 수 있어 실내공기의 청정도가 높다.

22 이중덕트방식에 대한 설명 중 틀린 것은?

① 공조기 내부에 있는 유닛에서 각 존별로 온풍과 냉풍을 혼합하여 내보낸다.
② 냉난방을 동시에 할 수 있고 부하의 변동에 쉽게 대처할 수 있다.
③ 중간기에는 냉온풍의 혼합에서 생기는 에너지 손실이 많게 된다.
④ 덕트 스페이스가 많이 필요하고 설치비가 비교적 비싸다.
⑤ 냉난방부하가 복잡한 건물에 사용된다.

23 팬코일유닛방식의 특징이 아닌 것은?

① 각 유닛의 개별제어가 가능하다.
② 덕트면적이 작다.
③ 외기의 도입, 습도의 조절에 어려움이 있다.
④ 각 실의 공기정화능력이 뛰어나다.
⑤ 동력비가 적게 든다.

24 덕트에 관한 설명 중 옳은 것은?

① 고속덕트의 단면은 보통 정방형으로 한다.
② 덕트의 단면은 보통 구형 또는 타원형으로 한다.
③ 스프릿댐퍼는 분기점에서 분기풍량을 조절할 때 쓴다.
④ 원형 덕트는 덕트의 단면치수가 크다.
⑤ 저속덕트방식이란 풍속 10m/sec 이하를 말한다.

대표예제 72 냉동설비 ★★

냉동기의 압축기를 압축방법에 따라 분류할 때, 케이싱 안에 설치된 회전날개의 고속회전운동을 이용하는 압축기는? 제18회

① 왕복식 압축기
② 흡수식 압축기
③ 터보 압축기
④ 스크류 압축기
⑤ 피스톤식 압축기

해설 | 터보 압축기(원심식)는 케이싱 안에 설치된 회전날개의 고속회전운동을 이용하는 압축기를 말한다.

기본서 p.647~651

정답 ③

정답 및 해설

20 ③ 전공기방식은 덕트 스페이스와 공조실이 커야 한다.

21 ② ① 전공기방식은 외기냉방이 가능하다.
③ 전수방식은 실내에 수배관이 필요하다.
④ 전공기방식은 덕트 스페이스가 많이 소요된다.
⑤ 전수방식은 고성능 필터를 사용할 수 없어 실내공기의 청정도가 낮다.

22 ① 이중덕트방식은 냉풍과 온풍을 각각의 덕트로 보내 덕트 말단의 혼합상자에서 온풍과 냉풍을 혼합한다.

23 ④ 팬코일유닛방식은 수방식이므로 환기가 어려우며, 고성능 필터의 사용이 곤란하여 공기정화능력이 취약하다.

24 ③ ① 고속덕트의 단면은 보통 원형으로 한다.
② 대형 덕트의 단면은 장방형, 소형 덕트의 단면은 원형으로 한다.
④ 원형 덕트는 공기의 마찰손실이 커서 덕트의 단면치수가 작아도 된다.
⑤ 저속덕트방식은 풍속 15m/sec 이하를 말한다.

25 공조설비의 축열방법에서 빙축열방식과 수(水)축열방식의 비교가 잘못된 것은?

① 빙축열방식은 수축열방식에 비하여 축열조용량이 작게 된다.
② 빙축열방식은 수축열방식에 비하여 저온공조방식이 가능하므로 열매반송비용이 절감될 수 있다.
③ 빙축열방식은 수축열방식에 비하여 시스템이 간단하고 제어의 신뢰도가 높다.
④ 수축열방식은 현열 저장방식이지만 빙축열방식은 현열과 잠열 저장방식으로 축열열량이 크다.
⑤ 빙축열시스템은 주로 융해열(79.5kcal/kg)을 이용한다.

26 빙축열시스템에 관한 설명 중 옳지 않은 것은?

① 전력요금이 싸고 전력부하가 적은 야간(23:00~09:00)의 심야전력을 이용하여 얼음을 생성 · 저장하였다가 주간에 이 얼음을 녹여서 건물의 냉방에 활용하는 시스템이다.
② 얼음의 융해열(335kJ/kg)을 이용한다.
③ 주야간의 전력불균형을 해소하고 냉동기 및 열원설비용량이 증가된다.
④ 초기투자비가 비싸고 축열조 설치를 위한 면적이 필요하다.
⑤ 냉동기, 빙축열조, 판형 열교환기, 냉각탑, 냉각수펌프 등의 설비가 있다.

27 냉동설비에 관한 내용으로 옳지 않은 것은? 제19회

① 일반적으로 압축식 냉동기는 전기, 흡수식 냉동기는 가스 또는 증기와 같은 열을 에너지원으로 사용한다.
② 히트펌프의 성적계수(COP)는 냉방시보다 난방시가 낮다.
③ 흡수식 냉동기의 냉매는 주로 물이 사용된다.
④ 증발기에서 냉매는 주변 물질로부터 열을 흡수하여 그 물질을 냉각시킨다.
⑤ 흡수식 냉동기의 주요 구성요소는 증발기, 흡수기, 재생기, 응축기이다.

28 압축식 냉동기의 성적계수에 관한 설명으로 옳지 않은 것은?

① 성적계수가 높을수록 냉동기 성능이 우수하다.
② 히트펌프의 성적계수는 냉방시보다 난방시가 높다.
③ 증발기의 냉각열량을 압축기의 투입에너지로 나눈 값이다.
④ 증발압력이 낮을수록, 응축압력이 높을수록 성적계수는 높아진다.
⑤ 냉매의 압력과 엔탈피의 관계를 나타낸 몰리에르선도를 이용하여 산정할 수 있다.

29 냉동설비에 관한 설명 중 옳지 않은 것은?

① 압축식 냉동사이클은 압축기, 응축기, 팽창밸브, 증발기로 구성된다.
② 압축식은 흡수식에 비해 운전이 용이하며, 낮은 온도의 냉수를 얻을 수 있다.
③ 냉동 또는 냉각이 이루어지는 곳은 팽창밸브이다.
④ 흡수식 냉동기는 흡수기, 재생기(발생기), 응축기, 증발기로 구성된다.
⑤ 냉각탑(Cooling tower)은 냉온 열원장치를 구성하는 기기 중 하나로, 냉동기로부터의 발열을 냉각수를 순환시켜 대기 중으로 방출하기 위한 장치이다.

정답 및 해설

25 ③ 빙축열방식은 심야시간의 전력을 이용하여 주간에 사용하는 시스템으로 주야의 전력불균형을 해소할 수 있으며, 수축열방식에 비하여 시스템이 복잡하여 높은 신뢰도가 요구된다.

26 ③ 주야간의 전력불균형을 해소하고 냉동기 및 열원설비용량이 감소된다.

27 ② 히트펌프의 성적계수(COP)는 냉방시보다 난방시가 높다.

28 ④ 증발압력이 높을수록, 응축압력이 낮을수록 성적계수는 높아진다.

29 ③ 냉동 또는 냉각이 이루어지는 곳은 증발기이다.

30 다음의 설명에 알맞은 냉동기는?

- 기계적 에너지가 아닌 열에너지에 의해 냉동효과를 얻는다.
- 구조는 증발기, 흡수기, 재생기(발생기), 응축기 등으로 구성되어 있다.

① 터보식 냉동기
② 스크류식 냉동기
③ 흡수식 냉동기
④ 왕복동식 냉동기
⑤ 압축식 냉동기

31 냉동기에 관한 설명으로 옳은 것은?

① 2중효용 흡수식 냉동기에는 응축기가 2개 있다.
② 흡수식 냉동기에서 냉동이 이루어지는 부분은 응축기이다.
③ 흡수식 냉동기는 압축식 냉동기에 비해 많은 전력이 소비된다.
④ 압축식 냉동기에서는 냉매가 팽창밸브를 통과하면서 고온고압이 된다.
⑤ 증발기 및 응축기는 압축식 냉동기와 흡수식 냉동기를 구성하는 공통요소이다.

32 난방시 히트펌프의 성적계수(COP)에 관한 설명으로 옳은 것은?

① 응축기의 방열량을 증발기의 흡수열량으로 나눈 값이다.
② 응축기의 방열량을 압축기의 압축일로 나눈 값이다.
③ 증발기의 흡수열량을 압축기의 압축일로 나눈 값이다.
④ 압축기의 압축일을 증발기의 흡수열량으로 나눈 값이다.
⑤ 증발기의 흡수열량을 응축기의 방열량으로 나눈 값이다.

33 냉동기에 관한 설명으로 옳지 않은 것은?

① 흡수식 냉동기는 냉매로 리튬브로마이드(LiBr), 흡수제로 물(H_2O)을 사용한다.
② 압축식 냉동기는 흡수식 냉동기와 비교하여 많은 전력을 소비한다.
③ 압축식 냉동기와 흡수식 냉동기에서 냉수의 냉각이 이루어지는 부분은 증발기이다.
④ 압축식 냉동기의 4대 구성요소는 압축기, 증발기, 응축기, 팽창밸브이다.
⑤ 흡수식 냉동기의 4대 구성요소는 재생기, 증발기, 응축기, 흡수기이다.

34 냉동설비에 대한 설명으로 옳지 않은 것은?

① 전산실 등 연중 사용하는 사계절용 냉각탑은 주로 밀폐식 냉각탑이 사용된다.
② 흡수식 냉각탑의 용량은 냉동용량의 2~2.5배 정도로 한다.
③ 히트펌프는 냉방시 버려지는 열을 난방에 이용하는 펌프이다.
④ 1냉동톤은 1시간 동안에 0℃의 물 1톤을 0℃의 얼음으로 만들 수 있는 능력으로, 3.86kW이다.
⑤ 빙축열시스템은 주로 융해열(79.68kcal/kg)을 이용한다.

정답 및 해설

30 ③ 흡수식 냉동기는 증발기에서 발생한 수증기의 수분흡수를 위해 LiBr(리튬브로마이드: lithium bromide)를 흡수액으로 사용하는 방식으로, 증발에 필요한 증발잠열은 냉수를 이용하여 실의 열을 흡수하여 공급함으로써 냉방을 한다.

31 ⑤ ① 2중효용 흡수식 냉동기에는 재생기가 2개(고온, 저온) 있다.
② 흡수식 냉동기에서 냉동이 이루어지는 부분은 증발기이다.
③ 흡수식 냉동기는 압축식 냉동기에 비해 적은 전력이 소비된다.
④ 압축식 냉동기에서는 냉매가 팽창밸브를 통과하면서 저온저압이 된다.

32 ② 성적계수(COP)란 냉동성능을 비율로 나타낸 것으로, 응축기의 방열량을 압축기의 압축일로 나눈 값이다. 성적계수가 클수록 냉동성능이 좋다.

33 ① 흡수식 냉동기는 냉매로 물(H_2O), 흡수제로 리튬브로마이드(LiBr)를 사용한다.

34 ④ 1냉동톤은 24시간에 0℃의 물 1톤을 0℃의 얼음으로 만드는 능력으로, 3.86kW이다.

35 흡수식 냉동기에 대한 설명으로 옳은 것은?

① 냉매로 R-12가 사용된다.
② 압축식 냉동기에 비해 소음 · 진동이 작다.
③ 냉동사이클은 '흡수 ⇨ 증발 ⇨ 재생 ⇨ 응축'의 순서이다.
④ 실제 냉동이 이루어지는 부분은 응축기이다.
⑤ 압축식 냉동기에 비해 많은 전력을 소비한다.

36 히트펌프(heat pump)와 관계가 없는 용어는?

① 응축기(condenser)
② COP(coefficient of performance)
③ 몰리에르선도(mollier diagram)
④ 유효흡입수두(net positive suction head)
⑤ 팽창밸브(expansion valve)

37 냉동기에 관한 설명으로 옳지 않은 것은?

① 흡수식 냉동기의 냉매로는 물이 사용된다.
② 냉동기의 성적계수(COP)는 그 값이 작을수록 에너지 효율이 좋아진다.
③ 터보식 냉동기는 임펠러의 원심력에 의해 냉매가스를 압축한다.
④ 압축식 냉동기의 냉매순환은 '증발기 ⇨ 압축기 ⇨ 응축기 ⇨ 팽창밸브 ⇨ 증발기' 순으로 이루어진다.
⑤ 흡수식 냉동기의 냉매순환은 '증발기 ⇨ 흡수기 ⇨ 재생기(발생기) ⇨ 응축기 ⇨ 증발기' 순으로 이루어진다.

38 냉각탑에 대한 설명 중 틀린 것은?

① 냉각탑은 냉동기의 증발기에서 사용되는 냉각수를 냉각시키는 역할을 하는 것이다.
② 냉각탑은 개방식과 밀폐식이 있으며, 개방식에는 대향류형과 직교류형이 있다.
③ 대향류형은 냉각수와 공기가 서로 마주보며 접촉하게 되므로 설치면적이 적게 필요하고, 효율이 가장 높다는 장점이 있다.
④ 직교류형은 냉각수와 공기가 직각방향으로 접촉하며 설치면적 및 중량은 대향류형에 비해 크지만 높이가 낮아서 고도를 제한하고 싶을 경우 적합하다.
⑤ 밀폐형 냉각탑은 냉각수가 대기와 접촉하지 않아 수질오염이 방지되므로 대기오염이 특히 심한 곳에서 적용된다.

정답 및 해설

35 ② ① 냉매로서 물이 사용된다.
③ 냉동사이클은 '증발 ⇨ 흡수 ⇨ 재생 ⇨ 응축'의 순서이다.
④ 실제 냉동이 이루어지는 부분은 증발기이다.
⑤ 흡수식 냉동기는 압축식 냉동기에 비해 소비전력이 적다.

36 ④ 유효흡입수두(net positive suction head)란 펌프가 캐비테이션 현상 없이 안전하게 운전할 수 있는 높이를 말한다.

37 ② 성적계수(COP)
- 압축기가 1kg의 냉매를 압축하여 얻을 수 있는 냉각효과를 계수로 표시한 것이다.
- $\dfrac{\text{증발기 냉각효과(저열원의 열량)}}{\text{압축기의 일량}}$
- 값이 클수록 효율이 좋다.

38 ① 냉각탑은 냉동기의 응축기에서 사용되는 냉각수를 냉각시키는 역할을 하는 것이다.

대표예제 73 환기설비 ★★★

다음과 같은 조건에서 실내 CO_2 허용한도를 0.15%로 하려는 경우 필요한 환기량은?

- 재실자 1인당 탄산가스 배출량 : $0.03m^3/h$
- 외부 신선공기의 CO_2 함유량 : 0.02%
- 실내 재실자 : 30명

① $90m^3/h$
② $231m^3/h$
③ $692m^3/h$
④ $1,059m^3/h$
⑤ $1,241m^3/h$

해설 |

$$\text{환기량} = \frac{\text{총 } CO_2 \text{ 배출량}}{\text{실내 } CO_2 \text{ 허용농도} - \text{실외 } CO_2 \text{ 농도}} = \frac{0.03 \times 30}{0.0015 - 0.0002} = 692m^3/h$$

기본서 p.652~655

정답 ③

39 아파트단지 내 상가 1층에 실용적 $720m^3$인 은행을 환기횟수 1.5회/h로 계획했을 때의 필요 풍량(m^3/min)은?

① 18
② 90
③ 270
④ 540
⑤ 1,080

40 환기에 관한 설명으로 틀린 것은?

① 오염원이 있는 실은 급기를 위주로 설계한다.
② 환기는 온도차에 의해서도 발생된다.
③ 환기지표로는 이산화탄소가 사용되기도 한다.
④ 기계환기방식 중 송풍기만으로 환기하는 방식은 실내압이 정압이다.
⑤ 기계환기방식 중 배풍기만으로 환기하는 방식은 실내압이 부압이다.

41 실내 공기오염의 척도로서 이산화탄소 농도가 사용되는 이유는?

① 농도에 따라 악취가 발생하기 때문에
② 농도에 따라 호흡이 곤란해지므로
③ 농도에 따라 실내 공기오염과 비례하므로
④ 농도에 따라 실내 건구온도가 상승하므로
⑤ 농도에 따라 실내 습구온도가 상승하므로

42 실내환경에 관한 설명으로 옳은 것은?

① 실내공기의 오염 정도를 식별하는 척도로 CO_2 농도를 이용하는 것은 CO_2의 양이 공기오염에 따라 증가하는 경우가 많기 때문이다.
② 환기횟수란, 실내공기가 하루 중에서 완전히 환기된 횟수를 나타내는 값을 말한다.
③ 제3종 환기는 실외의 지역이 오염되어 실내를 오염시키지 않을 때 적당하다.
④ 겨울철에 실내를 난방하여 온도가 20℃, 습도를 80%로 하면 쾌적하다.
⑤ 실내에 많은 사람이 모였을 때 기분이 나빠지는 가장 큰 원인은 CO_2가 많기 때문이다.

정답 및 해설

39 ①

$$\text{환기횟수}(n) = \frac{\text{환기량}(Q)}{\text{실의 체적}(V)}$$

$$\begin{aligned}\text{환기량}(Q) &= \text{환기횟수}(n) \times \text{실의 체적}(V) \\ &= 1.5(\text{회/h}) \times 720(m^3) \\ &= \frac{1.5}{60}(\text{회/min}) \times 720(m^3) \\ &= 18(m^3/min)\end{aligned}$$

40 ① 오염원이 있는 실은 배기를 위주로 설계한다.

41 ③ 이산화탄소의 농도는 실내 공기오염과 비례한다.

42 ① ② 환기횟수는 1시간에 교체된 환기량(외기량)을 실의 체적으로 나눈 값으로, 1시간에 실내공기가 몇 번 바뀌었는지를 말한다.
③ 제3종 환기는 실내가 오염되어 실외로 배출시킬 때 적당하다.
④ 실내의 쾌적한 상태는 온도 20℃, 습도 60%, 기류 0.5m/s일 때를 기준으로 한다.
⑤ 실내에 많은 사람이 모였을 때 기분이 나빠지는 원인은 CO_2가 많기 때문이 아니라, 실의 종류, 재실자 수, 실내에서 발생하는 유해물질, 외기 등의 여러 가지 조건에 따라 결정된다.

43 단위세대당 환기대상 체적이 200m³인 아파트를 신축할 경우, 세대별로 시간당 필요한 최소환기량은? (단, 아파트 규모는 300세대이다)

① $80m^3/h$
② $100m^3/h$
③ $160m^3/h$
④ $180m^3/h$
⑤ $200m^3/h$

고난도

44 150세대인 신축공동주택에 기계환기설비를 설치하고자 한다. 설치기준에 관한 설명으로 옳지 않은 것은?

제21회

① 적정단계의 필요환기량은 세대를 시간당 0.5회로 환기할 수 있는 풍량을 확보하여야 한다.
② 기계환기설비의 환기기준은 시간당 실내공기 교환횟수로 표시하여야 한다.
③ 기계환기설비는 주방 가스대 위의 공기배출장치, 화장실의 공기배출 송풍기 등 급속 환기설비와 함께 설치할 수 있다.
④ 기계환기설비의 각 부분의 재료는 충분한 내구성 및 강도를 유지하여 작동되는 동안 구조 및 성능에 변형이 없도록 하여야 한다.
⑤ 하나의 기계환기설비로 세대 내 2 이상의 실에 바깥공기를 공급할 경우의 필요환기량은 각 실에 필요한 환기량의 평균 이상이 되도록 하여야 한다.

45 6인이 근무하는 공동주택 관리사무실에서 실내의 CO_2 허용농도는 1,000ppm, 외기의 CO_2 농도는 400ppm일 때 최소 필요환기량(m^3/h)은? (단, 1인당 CO_2 발생량은 $0.015m^3/h$이다)

제25회

① 30
② 90
③ 150
④ 300
⑤ 400

고난도

46 **다음은 건축물의 설비기준 등에 관한 규칙상 신축공동주택 등의 기계환기설비의 설치기준에 관한 내용의 일부이다. ( ) 안에 들어갈 내용으로 옳은 것은?** 제25회

> 외부에 면하는 공기흡입구와 배기구는 교차오염을 방지할 수 있도록 (㉠)m 이상의 이격거리를 확보하거나, 공기흡입구와 배기구의 방향이 서로 (㉡)도 이상 되는 위치에 설치되어야 하고 화재 등 유사시 안전에 대비할 수 있는 구조와 성능이 확보되어야 한다.

① ㉠: 1.0, ㉡: 45
② ㉠: 1.0, ㉡: 90
③ ㉠: 1.5, ㉡: 45
④ ㉠: 1.5, ㉡: 90
⑤ ㉠: 3.0, ㉡: 45

정답 및 해설

43 ②

$$환기횟수\ n = \frac{Q(환기량,\ 필요공기량)}{V(실의\ 크기)}(회/h)$$

* 공동주택 환기횟수: 0.5회/h 이상

$$\therefore 0.5 = \frac{Q}{200}$$

$Q = 100m^3/h$

44 ⑤ 하나의 기계환기설비로 세대 내 2 이상의 실에 바깥공기를 공급할 경우의 필요환기량은 각 실에 필요한 환기량의 합 이상이 되도록 하여야 한다.

45 ③

$$Q = \frac{K}{P_i - P_o} = \frac{6 \times 0.015}{0.001 - 0.0004} = 150(m^3/h)$$

Q: 환기량(m^3/h), K: 유해가스 발생량(m^3/m^3), P_i: 허용농도(ppm), P_o: 외기가스농도(ppm)

46 ④ ㉠에는 1.5, ㉡에는 90이 들어가야 한다.

종합

47 서징(surging)현상에 관한 설명으로 옳은 것은?

① 물이 관 속을 유동하고 있을 때 흐르는 물속 어느 부분의 정압이 그때 물의 온도에 해당하는 증기압 이하로 떨어지면 부분적으로 증기가 발생하는 현상을 말한다.

② 관 속을 충만하게 흐르고 있는 액체의 속도를 급격히 변화시키면 액체에 심한 압력 변화가 발생하는 현상을 말한다.

③ 펌프와 송풍기 등이 운전 중에 한숨을 쉬는 것과 같은 상태가 되며 송출압력과 송출유량 사이에 주기적인 변동이 일어나는 현상을 말한다.

④ 비등점이 낮은 액체 등을 이송할 때 펌프의 입구측에서 발생하는 현상으로, 일종의 액체 비등현상을 말한다.

⑤ 습기가 많고 실온이 높을 때 배관 속에 온도가 낮은 유체가 흐를 경우, 관 외벽에 공기 중의 습기가 응축하여 건물의 천장이나 벽에 얼룩이 생기는 현상을 말한다.

정답 및 해설

47 ③ 서징(surging)현상은 압력 · 유량 변동으로 발생한 진동과 소음이 장기간 계속되면 유체관로를 연결하는 기계나 장치 등의 파손을 초래하여 정상적인 운전이 불가능해지는 것을 말한다. 펌프의 경우 입구 및 출구의 진공계 또는 압력계의 침이 흔들리고 동시에 송출유량이 변동하는데, 이것이 외관적 현상이다. 즉, 송출유량과 송출압력 사이에 주기적인 변동이 생기는 것을 말한다.

제11장 전기설비

대표예제 74 **강전설비** ★★★

수변전설비에 관한 내용으로 옳지 않은 것은? 제26회

① 공동주택 단위세대 전용면적이 $60m^2$ 이하인 경우, 단위세대 전기부하용량은 3.0kW로 한다.
② 부하율이 작을수록 전기설비가 효율적으로 사용되고 있음을 나타낸다.
③ 역률개선용 콘덴서라 함은 역률을 개선하기 위하여 변압기 또는 전동기 등에 병렬로 설치하는 커패시터를 말한다.
④ 수용률이라 함은 부하설비용량 합계에 대한 최대수용전력의 백분율을 말한다.
⑤ 부등률은 합성 최대수요전력을 구하는 계수로서 부하종별 최대수요전력이 생기는 시간차에 의한 값이다.

해설 | 부하율이 클수록 전기설비가 효율적으로 사용되고 있음을 나타낸다.

기본서 p.666~684 정답 ②

01 공동주택 전기실에 역률개선용 콘덴서를 부하와 병렬로 설치함으로써 얻어지는 효과로 옳지 않은 것은? 제21회

① 전기요금 경감
② 전압강하 경감
③ 설비용량의 여유분 증가
④ 돌입전류 및 이상전압 억제
⑤ 배전선 및 변압기의 손실 경감

정답 및 해설

01 ④ 돌입전류 및 이상전압 억제는 역률개선용 콘덴서를 부하와 병렬로 설치하여 얻는 효과가 아니다.

02 전기설비에 관한 설명 중 옳지 않은 것은?

① 역률(conθ)은 피상전력에 대한 유효전력이다.
② 전선의 저항은 단면적에 반비례하고 길이에 비례한다.
③ 전기용량이 같은 전열기의 경우 220V에 사용하는 것보다 110V에 사용하면 전류는 약하게 흐른다.
④ 전선 자체가 가지고 있는 독특한 고유저항을 비저항이라 한다.
⑤ 보통 건물의 전등 및 동력은 교류를 사용한다.

03 역률에 관한 설명으로 옳은 것은?

① 무효전력에 대한 유효전력의 비를 말한다.
② 역률을 개선하면 설비용량의 여유도가 감소한다.
③ 백열전등이나 전기히터(electric heater)의 역률은 100%에 가깝다.
④ 역률은 부하의 종류와 관계가 없다.
⑤ 역률을 개선하면 선로에 흐르는 전류가 증가한다.

04 전압강하율과 전력손실의 관계에서 다음 중 틀린 것은?

① 전력손실량은 전력손실률에 부하용량을 곱한 값이 된다.
② 배선 중의 전력손실은 전압강하의 자승에 비례한다.
③ 전력손실과 전압강하와는 관계가 없다.
④ 전압강하율은 전력손실과 거의 같다.
⑤ 전력손실을 적게 하기 위해서는 전압강하를 적게 하면 된다.

05 건물의 수변전설비용량의 추정과 가장 관계가 먼 것은?

① 수용률　② 역률
③ 부하율　④ 부등률
⑤ 부하설비용량

고난도

06 전기설비에 관한 설명으로 옳지 않은 것은?

제21회

① 1주기는 60Hz의 경우 60분의 1초이다.
② 1W는 1초 동안에 1J의 일을 하는 일률이다.
③ 30Ω의 저항 3개를 병렬로 접속하면 합성저항은 10Ω이다.
④ 고유저항이 일정할 경우 전선의 굵기와 길이를 각각 2배로 하면 저항은 2배가 된다.
⑤ 저항이 일정할 경우 임의의 폐회로에서 전압을 2배로 하면 저항이 흐르는 전류는 2배가 된다.

고난도

07 단위세대 전용면적 $80m^2$인 공동주택(APT)의 추정부하용량(kVA/세대)으로 적정한 최소의 법적 부하용량(kVA)은 얼마인가? (단, 공동주택의 부하밀도는 $45VA/m^2$이다)

① 3kVA
② 3.5kVA
③ 4kVA
④ 4.5kVA
⑤ 5kVA

정답 및 해설

02 ③ 전기용량이 같은 전열기일 경우 220V에 사용하는 것보다 110V에 사용하면 전류는 오히려 강하게 흐른다.

03 ③ ① 피상전력에 대한 유효전력의 비를 말한다.
② 역률을 개선하면 설비용량의 여유도가 증가한다.
④ 역률은 부하의 종류와 관계가 있다.
⑤ 역률을 개선하면 전류의 손실이 감소한다.

04 ③ 전압강하율과 전력손실의 관계
- 전력손실을 적게 하기 위해서는 전압강하를 적게 한다.
- 전압강하율은 전력손실과 거의 같다.
- 배선 중의 전력손실은 전압강하의 자승에 비례한다.
- 전력손실 = 전력손실률 × 부하용량
- 전압강하율이 클수록 전력손실률도 크다.
- 전압강하는 전선의 굵기, 전선의 길이 등에 의해 공급전압이 떨어지는 현상으로, 전압강하가 크면 불필요한 전력손실이 발생한다.

05 ② 교류는 전압과 전류의 위상이 시시각각으로 변하며, 전류가 전압보다 빠르거나 늦게 발생한다. 이와 같은 전압과 전류의 시간적인 위상차를 역률이라 한다.

06 ④ 고유저항이 일정할 경우 전선의 굵기와 길이를 각각 2배로 하면 저항은 2분의 1배가 된다.

07 ③ 공동주택의 부하밀도($45VA/m^2$ 이상) × 연면적($80m^2$) = 3,600VA 이상 = 3.6kVA 이상

08 각 50kW, 100kW, 200kW 용량의 전기부하설비가 설치되어 있고 수용률이 80%일 경우의 최대전력량(kW)은?

① 140kW
② 280kW
③ 350kW
④ 560kW
⑤ 600kW

09 전기설비에 대한 설명으로 옳지 않은 것은?

① 단위면적당 소요전력을 부하밀도(VA/m^2)라 하며, 백화점이나 점포는 주택이나 호텔보다 낮다.
② 수변전설비 설계에 있어서 가장 먼저 결정할 사항은 부하설비용량 산출이다.
③ 변압기는 전자유도현상 원리로 전압을 바꾸어 주는 것으로 변전실의 모체가 되는 기기이다.
④ 수용률은 최대수용전력을 부하설비용량으로 나눈 값으로 항상 1보다 작다.
⑤ 평균수용전력과 최대수용전력의 비를 부하율이라 하며 항상 1보다 작다.

10 전력설비에 관한 설명으로 옳지 않은 것은? 제2회

① 분전반은 보수나 조작에 편리하도록 복도나 계단 부근의 벽에 설치하는 것이 좋다.
② 분전반은 배전반으로부터 배선을 분기하는 개소에 설치한다.
③ UPS는 교류 무정전 전원장치를 말한다.
④ 전선의 굵기 선정시 허용전류, 전압강하, 기계적 강도 등을 고려한다.
⑤ 부등률이 높을수록 설비이용률이 낮다.

11 저압 옥내배선 공사방법 중 사용전압이 400V가 넘고 전개된 장소인 경우 사용할 수 없는 공사방법은?

① 애자사용공사
② 케이블공사
③ 금속덕트공사
④ 금속몰드공사
⑤ 합성수지관공사

12 **다음에서 설명하고 있는 배선공사는?** 제22회

- 굴곡이 많은 장소에 적합하다.
- 기계실 등에서 전동기로 배선하는 경우나 건물의 확장부분 등에 배선하는 경우에 적용된다.

① 합성수지몰드공사 ② 플로어덕트공사
③ 가요전선관공사 ④ 금속몰드공사
⑤ 버스덕트공사

정답 및 해설

08 ② $수용률(\%) = \frac{최대사용전력}{부하설비용량} \times 100$

$80\% = \frac{최대사용전력}{50 + 100 + 200} \times 100$

∴ 최대사용전력 = 280kW

09 ① 부하밀도의 경우 백화점이나 점포는 주택이나 호텔보다 높다.
▶ 부하밀도의 크기: 백화점 > 사무실 > 호텔 > 아파트

10 ⑤ 부등률이 높을수록 설비이용률이 높다.

11 ④ 금속몰드공사는 저압의 옥내배선 공사용으로 스위치 배선 정도의 간이용 배선에 사용한다.

12 ③ ③ 가요전선관공사(플렉시블 콘듀트, flexible conduit): 굴곡장소가 많아서 금속관에 의하여 공사하기 어려운 경우 금속관공사나 금속덕트공사 등과 병용하여 부분적으로 이용된다.
① 합성수지(PVC)몰드공사: 전선을 합성수지몰드 안에 넣어서 시설하는 공사로 내식성이 좋아 화학공장 배선에 적합하다.
② 플로어덕트(floor duct)공사: 은행, 회사, 백화점 등과 같이 바닥면적이 넓은 실에서 전기스탠드, 선풍기, 컴퓨터 등의 강전류 전선과 전화선, 신호선 등의 약전류 전선을 콘크리트바닥에 매입하고 여기에 바닥면과 일치한 플로어콘센트를 설치하여 이용토록 한 것이다.
④ 금속몰드공사: 폭 5cm 이하, 두께 0.5mm 이상의 철재홈통 바닥에 전선을 넣고 뚜껑을 덮는 공사방법으로, 건조한 노출장소에서 행하고 주로 철근콘크리트 건물에서 기존의 금속관 배선에서 분기증설용으로 사용된다.
⑤ 버스덕트(bus duct)공사: 공장, 빌딩 등 비교적 큰 전류가 통하는 간선을 시설하는 경우에 사용한다.

13 다음과 같은 특징을 갖는 배선공사는?

- 열적 영향이나 기계적 외상을 받기 쉽다.
- 관 자체가 절연체이므로 감전의 우려가 없다.
- 화학공장, 연구실의 배선 등에 적합하다.
- 옥내의 점검할 수 없는 은폐장소에도 사용이 가능하다.

① 금속관공사
② 버스덕트공사
③ 경질비닐관공사
④ 라이팅덕트공사
⑤ 가요전선관공사

종합

14 전기설비에 관한 설명으로 옳지 않은 것은?

① 전선의 저항은 전선의 단면적에 비례한다.
② 전선의 저항은 전선길이가 길수록 커진다.
③ 단상교류의 유효전력은 전압, 전류, 역률의 곱이다.
④ 역률은 유효전력을 피상전력으로 나눈 값이다.
⑤ 역률을 개선하기 위해 콘덴서를 설치한다.

15 금속관 배선공사의 장점으로 옳지 않은 것은?

① 전선의 과열로 인한 화재의 위험성이 적다.
② 기계적인 외력에 대하여 전선이 안전하게 보호된다.
③ 전선의 교체가 용이하다.
④ 전선의 인입이 용이하다.
⑤ 다른 배선공사보다 증설이 용이하다.

16 5Ω의 저항 2개를 병렬로 접속했을 때의 합성저항에 해당하는 것은?

① 3Ω ② 10Ω
③ 5Ω ④ 2.5Ω
⑤ 1Ω

17 배선 파이프에 전선을 배선할 때, 전선 단면적의 합계는 파이프 내 단면적의 몇 % 이하로 하는 것이 적당한가?

① 32% 이하 ② 40% 이하
③ 48% 이하 ④ 50% 이하
⑤ 85% 이하

정답 및 해설

13 ③ 경질비닐관공사
- 절연성, 내식성이 뛰어나다.
- 중량이 가볍고 시공이 용이하다.
- 열에 약하고 기계적 강도가 낮다.
- 화학공장, 연구실 배선에 적합하다.

14 ① 전선의 저항은 전선의 단면적에 반비례한다.

15 ⑤ 금속관공사
- 콘크리트 매설공사에 이용된다.
- 화재·외력에 안전하고, 전선 인입과 교체가 용이하다.
- 공사가 어렵고, 전선의 증설이 어렵다.

16 ④

$$\text{합성저항} = \frac{1}{\frac{1}{5}+\frac{1}{5}} = \frac{1}{\frac{2}{5}} = \frac{5}{2} = 2.5(\Omega)$$

17 ③ 동일 굵기의 경우 전선의 피복절연물을 포함한 단면적의 총합계가 관(파이프) 내 단면적의 48% 이하가 되도록 한다. 단, 굵기가 다른 경우에는 32% 이하가 되도록 한다.

제2편 건축설비 제11장

18 옥내 소방시설의 감지 · 제어전선은 다음 중 어느 것을 사용하는가?

① IV
② EV
③ CV
④ OW
⑤ HIV

19 22.9kV - Y인 다중 접지 전로로부터 수전하고자 한다. 지하 인입 케이블로 적절한 것은?

① EV 케이블
② WVH 케이블
③ CV 케이블
④ CN - CV 케이블
⑤ MI 케이블

대표예제 75 방재설비 ★★

피뢰설비에 관한 설명으로 옳지 않은 것은?

① 높이 20m 이상의 건축물에는 피뢰설비를 설치한다.
② 피뢰설비의 보호등급은 한국산업규격에 따른다.
③ 돌침은 건축물의 맨 윗부분으로부터 25cm 이상 돌출시켜 설치한다.
④ 피뢰설비의 인하도선을 대신하여 철골조의 철골구조물과 철근콘크리트조의 철근구조체를 사용할 수 없다.
⑤ 접지는 환경오염을 일으킬 수 있는 시공방법이나 화학첨가물 등을 사용하지 않는다.

해설 | 인하도선을 대신하여 철골조의 철골구조물과 철근콘크리트조의 철근구조체를 사용할 수 있다. 다만, 이 경우 전기적 연속성을 보장하여야 한다.

기본서 p.685~687

정답 ④

20 **전기설비, 피뢰설비 및 통신설비 등의 접지극을 하나로 하는 통합접지공사시 낙뢰 등에 의한 과전압으로부터 전기설비를 보호하기 위해 설치하여야 하는 기계 · 기구는?** 제12회

① 단로기(DS)
② 지락과전류보호계전기(OCGR)
③ 과전류보호계전기(OCR)
④ 서지보호장치(SPD)
⑤ 자동고장구분개폐기(ASS)

21 **피뢰설비의 4등급 중 높은 산 위에 있는 관측소 등에 시설하며, 어떠한 뇌격에도 건물이나 내부에 있는 사람에게 위해를 가하지 않는 방식은?**

① 증강보호
② 완전보호
③ 보통보호
④ 간이보호
⑤ 임시보호

정답 및 해설

18 ⑤ 소방시설의 옥내배선 중 내열성을 요구하는 감지 · 제어전선은 HIV 전선(heat resistance in-order polyvinyl chloride insulated wire)을 사용하여야 한다.

19 ④ 22.9kV는 대규모 건물의 공급 전압으로 많이 이용되고 있으며, 지하 인입 케이블로 가장 많이 사용하고 있는 것은 CN-CV 케이블이다. CN-CV 케이블은 중성선을 별도로 사용하지 않고 자체의 피복도선을 중성선으로 사용한다.

20 ④ 서지보호장치(SPD)

1. 전기설비, 피뢰설비 및 통신설비 등의 접지극을 하나로 하는 통합접지공사시 낙뢰 등에 의한 과전압으로부터 전기설비를 보호하기 위해 설치하여야 하는 기계 · 기구이다.
2. 서지보호장치(SPD)의 기능에 따라 3가지로 분류된다.
   - 전압스위치형 SPD
   - 전압제한형 SPD
   - 조합형 SPD

21 ② 피뢰설비 능력기준 4등급

구분	내용
완전보호	피보호물을 연속된 망상도체나 금속판으로 싸는 방법으로 뇌격을 받더라도 내부에 전위차가 발생하지 않으므로 건물이나 내부에 있는 사람에게 위해를 주지 않는 방식. 높은 산의 관측소 등에 설치
증강보호	낙뢰를 받을 만한 곳에 돌침과 수평 도체를 배치
보통보호	돌침을 이용, 피보호물 전체가 돌침에 의해 보호
간이보호	건물 상부에 피뢰도체를 지나가게 하고 그 단부를 지중에 매설. 산 중턱의 휴게소 등에 설치

22 전기배선기호 중 지중매설배선을 나타낸 것은?

제26회

① ────────────
② ....
③ — — — — — — — — — —
④ —·—·—·—·—·—·—
⑤ —··—··—··—··—··–

23 전선의 도시기호 중 잘못된 것은?

① 접속배선 ────────────
② 노출배선 ....
③ 지중매설배선 —·—·—·—·—·—·—
④ 바닥은폐배선 — — — — — — — — — —
⑤ 바닥면 노출배선 —··—··—··—··—··–

24 안테나설비에 관한 설명으로 옳지 않은 것은?

① 안테나는 풍속 40m/s에 견디도록 고정한다.
② 안테나는 피뢰침 보호각 내에 들어가도록 한다.
③ 원칙적으로 강전류선으로부터 1.5m 이상 띄어서 설치한다.
④ 정합기 설치높이는 일반적인 경우 바닥 위 30cm 높이로 한다.
⑤ 공청안테나 외에는 개인적으로 외부에 따로 안테나를 설치할 수 없다.

25 최근 공동주택에 전기자동차 충전시설의 설치가 확대되고 있다. 다음은 '환경친화적 자동차의 개발 및 보급 촉진에 관한 법령'의 일부분이다. (　　) 안에 들어갈 내용으로 옳은 것은?

제23회

> **제18조의4【충전시설 설치대상 시설 등】** 법 제11조의2 제1항 각 호 외의 부분에서 '대통령령으로 정하는 시설'이란 다음 각 호에 해당하는 시설로서 주차장법 제2조 제7호에 따른 주차단위구획을 100개 이상 갖춘 시설 중 전기자동차 보급현황 · 보급계획 · 운행현황 및 도로여건 등을 고려하여 특별시 · 광역시 · 특별자치시 · 도 · 특별자치도의 조례로 정하는 시설을 말한다.
> 1. … 생략 …
> 2. 건축법 시행령 제3조의5 및 [별표 1] 제2호에 따른 공동주택 중 다음 각 목의 시설
>   가. (　　)세대 이상의 아파트
>   나. 기숙사
> 3. 시 · 도지사, 특별자치도지사, 특별자치시장, 시장 · 군수 또는 구청장이 설치한 주차장법 제2조 제1호에 따른 주차장

① 100　　② 200
③ 300　　④ 400
⑤ 500

정답 및 해설

22 ④ 전선의 심벌

심벌	명칭
————————	천장은폐배선
………………………	노출배선
— — — — — — — — —	바닥은폐배선
—·—·—·—·—·—·—	지중매설배선

23 ① ①은 천장은폐배선이다.

24 ③ 안테나는 원칙적으로 강전류선으로부터 3m 이상 띄어서 설치한다.

25 ⑤ 건축법 시행령 제3조의5 및 [별표 1] 제2호에 따른 공동주택 중 다음 각 목의 시설
가. 500세대 이상의 아파트
나. 기숙사

고난도

26 한국전기설비규정의 전기설비에 관한 내용으로 옳지 않은 것은?

제23회

① 저압 옥내간선은 손상을 받을 우려가 없는 곳에 시설한다.
② 주택용 분전반은 노출된 장소(신발장, 옷장 등의 은폐된 장소는 제외한다)에 시설한다.
③ 전력용 반도체소자의 스위칭 작용을 이용하여 교류전력을 직류전력으로 변환하는 장치를 '인버터'라고 한다.
④ '분산형 전원'이란 중앙급전 전원과 구분되는 것으로서 전력소비지역 부근에 분산하여 배치 가능한 전원(상용전원의 정전시에만 사용하는 비상용 예비전원을 제외한다)을 말하며, 신 · 재생에너지 발전설비, 전기저장장치 등을 포함한다.
⑤ '단순 병렬운전'이란 자가용 발전설비를 배전계통에 연계하여 운전하되, 생산한 전력의 전부를 자체적으로 소비하기 위한 것으로서 생산한 전력이 연계계통으로 유입되지 않는 병렬형태를 말한다.

대표예제 76 조명설비 ★★

조명설비 설계순서로 옳은 것은?

㉠ 조명기구 선정	㉡ 조도기준 결정
㉢ 조명기구 수량계산	㉣ 조도 확인
㉤ 조명기구 배치	

① ㉠ - ㉡ - ㉢ - ㉣ - ㉤
② ㉠ - ㉢ - ㉡ - ㉣ - ㉤
③ ㉡ - ㉠ - ㉢ - ㉤ - ㉣
④ ㉡ - ㉠ - ㉤ - ㉢ - ㉣
⑤ ㉡ - ㉢ - ㉠ - ㉤ - ㉣

해설 | 조명설비는 '조도기준 결정 ⇨ 조명기구 선정 ⇨ 조명기구 수량계산 ⇨ 조명기구 배치 ⇨ 조도 확인' 순으로 설계한다.

기본서 p.688~693

정답 ③

27 조명 관련 용어 중 광원에서 나온 광속이 작업면에 도달하는 비율을 나타내는 것은?

제19회

① 반사율 ② 유지율
③ 감광보상률 ④ 보수율
⑤ 조명률

28 바닥면적이 120m²인 공동주택 관리사무실에서 소요조도를 400럭스(lx)로 확보하기 위한 조명기구의 최소개수는? [단, 조명기구의 개당 광속은 4,000루멘(lm), 실의 조명율 60%, 보수율은 0.8로 한다]

제25회

① 9개 ② 13개
③ 16개 ④ 20개
⑤ 25개

제2편 건축설비

제11장

정답 및 해설

26 ③ 전력용 반도체소자의 스위칭 작용을 이용하여 직류전력을 교류전력으로 변환하는 장치를 '인버터'라고 한다.

27 ⑤

$$조명률(U) = \frac{작업면의\ 광속(1m)}{광원의\ 총광속(1m)}$$

28 ⑤

$$개수 = \frac{조도 \times 면적 \times 감광보상률}{광속 \times 조명률}$$

$$= \frac{400 \times 120 \times (1/0.8)}{4,000 \times 0.6}$$

= 25개

고난도

29 바닥면적 100m^2, 천장고 2.7m인 공동주택 관리사무소의 평균조도를 480럭스(lx)로 설계하고자 한다. 이때 조명률을 0.5에서 0.6으로 개선할 경우 줄일 수 있는 조명기구의 개수는? [단, 조명기구의 개당 광속은 4,000루멘(lm), 보수율은 0.8로 한다]

① 3개
② 5개
③ 7개
④ 8개
⑤ 10개

30 조명방식에 관한 설명 중 옳지 않은 것은?

① 직접조명 – 작업면에서 높은 조도를 얻을 수 있으나 주위와의 휘도차가 크다.
② 간접조명 – 확산성이 낮고 균일한 조도를 얻기 어렵다.
③ 반직접조명 – 광원으로부터의 발산광속 중 10~40%가 천장이나 위벽 부분에서 반사된다.
④ 전반확산조명 – 상하향광속이 각각 40~60%로 균등하게 확산되는 방식이다.
⑤ 반간접조명 – 세밀한 일을 오랫동안 하여야 되는 작업실에 적당하며, 교실이나 사무실에는 적당하지 않다.

31 다음은 조명설비에 관련된 용어에 대한 설명이다. (   ) 안에 알맞은 내용은?

어떤 물체에 광속이 투시되면 그 면은 밝게 비추어진다. 그 광원에 의해 비춰진 면의 밝기 정도를 (   )라 하며, 단위는 럭스(lx)이다.

① 광도
② 휘도
③ 조도
④ 광속발산도
⑤ 광속

고난도

32 광속 3,000 lm인 백열전구로부터 2m 떨어진 책상에서 조도를 측정하였더니 200lx가 되었다. 이 책상을 백열전구로부터 4m 떨어진 곳에 놓으면 그 책상에서의 조도(lx)는?

① 200lx ② 100lx
③ 75lx ④ 50lx
⑤ 25lx

정답 및 해설

29 ② (1) 조명률이 0.5일 경우

$$개수 = \frac{조도 \times 면적 \times 감광보상률}{광속 \times 조명률}$$

$$= \frac{480 \times 100 \times (1/0.8)}{4,000 \times 0.5}$$

= 30개

(2) 조명률이 0.6일 경우

$$개수 = \frac{조도 \times 면적 \times 감광보상률}{광속 \times 조명률}$$

$$= \frac{480 \times 100 \times (1/0.8)}{4,000 \times 0.6}$$

= 25개

(3) 30 − 25 = 5개

30 ② 간접조명을 쓰면 확산성이 높고 균일한 조도를 얻기 쉽다.

31 ③ ③ 조도(Illumination): 반사면의 밝기
① 광도(Luminous Intensity): 광원에서 나오는 빛의 세기
② 휘도(Luminance): 광원 표면의 밝기
④ 광속발산도: 단위면적당 발산하는 광속
⑤ 광속(Luminous Flux): 광원에서 나오는 빛의 양

32 ④ 조도는 거리의 제곱에 반비례한다. 따라서 광원으로부터 거리가 2m일 때 조도가 200lx인 경우 거리가 4m일 때에는 50lx이다.

33 **다음은 극장의 객석 내에 설치하여야 하는 통로유도등과 관련된 기준 내용이다. (　　) 안에 알맞은 것은?**

> 조도는 통로유도등의 바로 밑의 바닥으로부터 수평으로 0.5m 떨어진 지점에서 측정하여 (　　) 이상이어야 한다.

① 1lx
② 2lx
③ 5lx
④ 10lx
⑤ 20lx

34 **조명설비에 관한 다음의 설명 중 옳은 것은?**

① 물체의 색보임에 영향을 주는 광원의 성질을 연색성이라 하는데, 연색성은 나트륨등이 가장 뛰어나다.
② 전반조명에 의해 시각환경을 좋게 하고, 국부조명에 의해 고조도를 경제적으로 얻는 방식은 전반국부병용조명이다.
③ 형광등은 백열등에 비하여 효율이 높아 열방사가 많고, 임의의 광색을 나타낼 수 있으며 점등이 즉각적이다.
④ 건축화조명은 눈부심이 적고 명랑한 느낌이 나면서도 건축물의 구조를 이용하므로 비용이 적게 든다.
⑤ 방지수의 결정에는 방의 가로, 세로 길이와 바닥면에서 광원까지의 거리가 필요하다.

35 **건축화조명 중 천장 전면에 광원 또는 조명기구를 배치하고, 발광면을 확산 투과성 플라스틱판이나 루버 등으로 가리는 조명방법은?**

① 다운라이트조명
② 코니스조명
③ 루버조명
④ 광천장조명
⑤ 광창조명

36 건축화조명에 관한 설명 중 옳지 않은 것은?

① 다운라이트조명은 천장에 작은 구멍을 뚫어 그 속에 기구를 매입하는 방식이다.
② 코니스라이트조명은 루버 등을 이용하여 천장 전면을 낮은 휘도로 빛나게 하는 방식이다.
③ 광창조명은 넓은 사각형 면적을 가진 광원을 벽에 매입하는 방식이다.
④ 광량조명은 확산 차폐용으로 연속열의 기구를 기둥이나 벽에 설치하는 방법이다.
⑤ 코브라이트(cove lighting)조명은 확산 차폐용으로 간접조명이지만, 간접조명기구를 사용하지 않고 천장 또는 벽의 구조로 만든 것이다.

37 간접조명의 경우 등기구 사이의 간격으로 가장 적당한 것은? (H : 작업면에서 등기구까지의 높이, S : 등기구 사이의 간격)

① $S \leq H$
② $S \leq 1.5H$
③ $S \leq H/2$
④ $S \leq H/3$
⑤ $S \leq H/2.5$

정답 및 해설

33 ① 극장의 통로유도등의 최소 조도기준은 1lx 이상이다.

34 ② ① 물체의 색보임에 영향을 주는 광원의 성질을 연색성이라 하는데, 연색성은 백열등이 가장 뛰어나다.
③ 형광등은 백열등에 비하여 효율이 높아 열방사가 적고, 임의의 광색을 나타낼 수 있으며 점등에 시간이 소요된다.
④ 건축화조명은 눈부심감이 적고 명량한 느낌이 나면서도 구조상으로 비용이 많이 든다.
⑤ 방지수의 결정에는 방의 가로, 세로 길이와 작업면에서 광원까지의 거리가 필요하다.

35 ④ ① 다운라이트조명: 천장에 작은 구멍을 뚫어 그 속에 기구를 매입하는 방식
② 코니스조명: 벽면의 상부에 가림판을 설치하여 모든 빛이 아래로 직사하도록 하는 방식
③ 루버조명: 천장에 루버를 설치하고 그 속에 광원을 배치하는 방식
⑤ 광창조명: 넓은 사각형의 면적을 가진 광원을 벽에 매입하는 방식

36 ② 코니스라이트조명은 가림판을 이용하여 하향으로 조명하는 방식이다.

37 ② 등기구 사이의 간격은 작업면에서 등기구까지의 높이의 1.5배 이하로 한다.

38 **조명 설계시 사용되는 용어에 대한 설명 중 옳지 않은 것은?**

① 감광보상률이란 조명기구의 광속발산도에 대한 반사율을 가리킨다.
② 조명률이란 광원에서 방사되는 전 광속과 작업면에 대한 유효광속과의 비를 말한다.
③ 보수율이란 광원의 경년 변화나 조명기구 효율의 저하에 의한 초기로부터의 감광비율을 말한다.
④ 실지수란 방의 형상, 크기, 광원의 위치에 의하여 결정되는 계수이다.
⑤ 연색성이란 광원의 종류에 따른 색 연출성을 말한다.

39 **조명설비에 관한 설명으로 옳지 않은 것은?** 제20회

① 명시조명을 위해서는 목적에 적합한 조도를 갖도록 하고 현휘(glare) 발생을 적게 해야 한다.
② 연색성은 광원 선정시 고려사항 중 하나이다.
③ 코브조명은 건축화조명의 일종이며, 직접조명보다 조명률이 높다.
④ 조명설계 과정에는 소요조도 결정, 광원 선택, 조명방식 및 기구 선정, 조명기구 배치 등이 있다.
⑤ 전반조명과 국부조명을 병용할 경우, 전반조명의 조도는 국부조명 조도의 10분의 1 이상이 바람직하다.

40 **면적이 $100m^2$인 어느 강당의 야간 평균조도가 300lx이다. 광속이 2,000lm인 형광등을 사용할 경우 필요한 개수는? (단, 조명률은 60%이고, 감광보상률은 1.5이다)**

① 30 ② 34
③ 38 ④ 42
⑤ 46

41 방의 폭이 15m, 길이가 18m, 방바닥에서 천장까지의 높이가 3.85m인 방에 조명기구를 달고자 한다. 이 방의 실지수는?

① 1.3 ② 1.6
③ 2.2 ④ 2.7
⑤ 3.4

정답 및 해설

38 ① 조명기구를 사용함에 따라 작업면의 조도가 점차 감소하고, 이러한 감소를 예상하여 소요광속에 여유를 두는데, 그 정도를 감광보상률이라 한다.

39 ③ 코브조명은 건축화조명의 일종이며, 직접조명보다 조명률이 낮다.

40 ③ 광속의 계산

$$F = \frac{E \cdot A \cdot D}{N \cdot U}$$

F: 광원 1개의 광속(lm) E: 필요조도(lx)
A: 조명면적(m^2) D: 감광보상률(백열전구: 1.3~1.8)
N: 광원의 수 U: 조명률

$$\therefore N = \frac{E \times A \times D}{F \times U} = \frac{300 \times 100 \times 1.5}{2{,}000 \times 0.6} = 37.5\text{개}$$

그러므로 필요한 조명의 개수는 38개이다.

41 ④ H = 3.85 − 0.85 = 3m (책상 위: 85cm)

$$\text{실지수} = \frac{X \cdot Y}{H(X+Y)} = \frac{15 \times 18}{3(15+18)} \fallingdotseq 2.7$$

제2편 건축설비
제11장

제12장 운송설비

대표예제 77 **엘리베이터의 특징** ★★★

승강기, 승강장 및 승강로에 관한 설명으로 옳지 않은 것은? 제25회

① 비상용 승강기의 승강로 구조는 각 층으로부터 피난층까지 이르는 승강로를 단일구조로 연결하여 설치한다.
② 옥내에 설치하는 피난용 승강기의 승강장 바닥면적은 승강기 1대당 $5m^2$ 이상으로 해야 한다.
③ 기어리스 구동기는 전동기의 회전력을 감속하지 않고 직접 권상도르래로 전달하는 구조이다.
④ 승강로, 기계실 · 기계류 공간, 풀리실의 출입문에 인접한 접근통로는 50lx 이상의 조도를 갖는 영구적으로 설치된 전기조명에 의해 비춰야 한다.
⑤ 완충기는 스프링 또는 유체 등을 이용하여 카, 균형추 또는 평형추의 충격을 흡수하기 위한 장치이다.

해설 | 옥내에 설치하는 피난용 승강기의 승강장 바닥면적은 승강기 1대당 $6m^2$ 이상으로 해야 한다.

기본서 p.707~715 정답 ②

01 엘리베이터에 관한 설명으로 옳지 않은 것은? 제22회

① 교류 엘리베이터는 저속도용으로 주로 사용된다.
② 파이널리미트스위치는 엘리베이터가 정격속도 이상일 경우 전동기에 공급되는 전기회로를 차단시키고 전자브레이크를 작동시키는 기기이다.
③ 과부하계전기는 전기적인 안전장치에 해당된다.
④ 기어레스식 감속기는 직류 엘리베이터에 사용된다.
⑤ 옥내에 설치하는 비상용 승강기의 승강장 바닥면적은 승강기 1대당 $6m^2$ 이상으로 해야 한다.

02 직류 엘리베이터에 관한 설명으로 옳지 않은 것은?

① 임의의 기동토크를 얻을 수 없다.
② 속도가 원활하게 가감속이 되므로 승강기분은 양호하다.
③ 착상오차는 1mm 이내의 오차이다.
④ 속도를 임의로 선택할 수 있고 속도제어가 가능하며 부하에 의한 속도변동이 없다.
⑤ 가격은 교류의 최고 1.5~2.0배이다.

03 엘리베이터에 관한 설명으로 옳지 않은 것은?

① 저속은 45m/min 이하이다.
② 승강카는 1인당 0.2m^2 면적으로 한다.
③ 로프는 직경 12mm 이상 와이어 로프 3본 이상 사용한다.
④ 카운터 웨이트 = 카중량 + 최대적재량
⑤ 아파트 엘리베이터처럼 올라갈 때는 정지버튼을 눌러도 정지하지 않고 내려올 때 정지하는 것은 하강승합자동방식이다.

04 정격속도가 120m/min인 엘리베이터의 구동방식은?

① 교류 1단
② 교류 2단
③ 교류 인버터
④ 직류 기어드
⑤ 직류 기어리스

제2편 건축설비

제12장

정답 및 해설

01 ② 조속기는 엘리베이터가 정격속도 이상일 경우 전동기에 공급되는 전기회로를 차단시키고 전자브레이크를 작동시키는 기기이다.

02 ① 임의의 기동토크를 얻을 수 있다.

03 ④ 균형추(카운터 웨이터) = 카의 중량 + (최대적재량 × 1/2)

04 ⑤ • 정격속도 90m/min 이상 ⇨ 직류 기어드
• 정격속도 120m/min 이상 ⇨ 직류 기어리스

05 **엘리베이터의 구성기기에 속하지 않는 것은?**

① 완충기
② 조속기
③ 엘리미네이터
④ 균형추
⑤ 전자브레이크

06 **엘리베이터의 구동방식 중 에너지 절약형으로 가장 좋은 방식은?**

① 교류 2단방식
② AC 인버터방식
③ 직류 기어드방식
④ 직류 기어리스방식
⑤ 직류 인버터방식

07 **엘리베이터에 관한 설명으로 옳지 않은 것은?** 제19회

① 기어리스식 감속기는 교류 엘리베이터에 주로 사용된다.
② 슬로다운(스토핑)스위치는 해당 엘리베이터가 운행되는 최상층과 최하층에서 카(케이지)를 자동으로 정지시킨다.
③ 전자브레이크는 엘리베이터의 전기적 안전장치에 속한다.
④ 직류 엘리베이터는 속도제어가 가능하다.
⑤ 도어인터록(interlock) 장치는 엘리베이터의 기계적 안전장치에 속한다.

대표예제 78 안전장치 ★★

엘리베이터의 안전장치 중 카 부분에 설치되는 것은? 제26회

① 전자제동장치
② 리미트스위치
③ 조속기
④ 비상정지장치
⑤ 종점정지스위치

해설 | 엘리베이터의 안전장치 중 카 부분에 설치되는 것은 비상정지장치이다.
보충 | 엘리베이터의 안전장치

1. 전기적 안전장치
   - 주접촉기: 정전, 저전압 또는 각부의 고장에 대해 주회로를 차단시킨다.
   - 전자브레이크: 전동기에 토크 손실이 발생할 경우 엘리베이터를 정지시킨다.
   - 과부하계전기: 과(부하)전류로부터 전원을 차단하여 엘리베이터를 보호한다.
   - 도어스위치(승강스위치): 문이 완전히 닫히지 않을 때는 운전이 불능이 된다.
   - 안전스위치: 케이지 위에 있는 것으로 보수점검 때 사용한다.
   - 도어안전스위치: 자동 승강기의 닫히고 있는 문에 몸이 접촉되면 문이 다시 열린다.
   - 슬로다운스위치(slow down switch, 스토핑스위치): 종단층 근처에서 카가 이상 원인으로 감속하지 못하는 경우에 이를 검출하여 자동으로 감속시키고 정지시키는 장치이다.
   - 리미트스위치(limit switch): 종단층 한도를 벗어나지 못하도록 정지시키는 스위치이다.
   - 파이널리미트스위치(final limit switch): 리미트스위치의 미작동시 작동되어 주회로를 차단하고 강제로 정지시킨다. 파이널리미트스위치는 작동 후에 엘리베이터의 정상운행을 위해 자동으로 복귀되지 않아야 한다. 즉, 정지장치가 작동된 후 정상복귀를 위해서는 전문가(유지보수업자 등)의 개입이 요구된다.
   - 역결상릴레이(Open and reverse phase): 3상전압 오류 발생시 모터를 정지시킨다.
2. 기계적 안전장치
   - 조속기(over speed Governor): 카의 속도가 130%가 되면 전원을 차단시킨다.
   - 비상정지장치(Safety device): 카의 속도가 140%가 되면 추가 가이드레일을 잡아 정지시킨다.
   - 완충기(Buffer): 승강카나 균형추 추락시 바닥충격을 완화시켜 주는 장치이다.
   - 리타이어링캠(Retiring cam): 카 문과 승강장 문을 동시에 개폐시키는 장치이다.
   - 도어인터록장치(Door interlock switch): 승강장에 카가 없을 경우 승강장 문을 열 수 없도록 한 잠금장치이다.
   - 구출구: 케이지가 층계 중간에 정지했을 때 승객을 케이지 천장으로부터 탈출시킨다.
   - 수동핸들: 전동기의 축 끝에 들어 있으며, 브레이크를 늦추어 인력으로 케이지를 바닥까지 움직인다.

기본서 p.712~713

정답 ④

정답 및 해설

05 ③ 엘리미네이터는 물방울이 세정기 밖으로 나가지 않도록 설치하는 장치이다.

06 ② VVVF 제어(3VF 제어, 가변전압 가변주파수 제어)
- 유도전동기(교류전동기)에 가해지는 전압과 주파수를 동시에 변환시켜 직류전동기와 동등한 제어성능을 갖추도록 만든 방식이다.
- AC 인버터 제어라고도 한다.
- 초고속 엘리베이터까지 적용 가능하다.
- 유지 · 보수가 용이하며 소비전력이 절감된다.

07 ① 기어리스식 감속기는 직류 엘리베이터에 주로 사용된다.

08 엘리베이터의 안전장치에 관한 설명으로 옳은 것은?

제23회

① 완충기는 스프링 또는 유체 등을 이용하여 카, 균형추 또는 평형추의 충격을 흡수하기 위한 장치이다.
② 파이널리미트스위치는 전자식으로 운전 중에는 항상 개방되어 있고, 정지시에 전원이 차단됨과 동시에 작동하는 장치이다.
③ 과부하감지장치는 정전시나 고장 등으로 승객이 갇혔을 때 외부와의 연락을 위한 장치이다.
④ 과속조절기는 승강기가 최상층 이상 및 최하층 이하로 운행되지 않도록 엘리베이터의 초과운행을 방지하여 주는 장치이다.
⑤ 전자 · 기계브레이크는 승강기 문에 승객 또는 물건이 끼었을 때 자동으로 다시 열리게 되어 있는 장치이다.

09 엘리베이터의 카(케이지)가 과속했을 때 작동하는 기계적 안전장치는?

제18회

① 과부하계전기
② 전자브레이크
③ 슬로다운스위치
④ 조속기
⑤ 주접촉기

10 엘리베이터에 관한 설명으로 옳은 것은?

① 지연스위치는 멈춤스위치가 동작하지 않을 때 제2단의 동작으로 주회로를 차단한다.
② 비상용 승강기의 승강로 구조는 각 층으로부터 피난층까지 이르는 승강로를 단일구조로 연결하여 설치한다.
③ 최종제한스위치는 종단층에서 엘리베이터 카를 자동적으로 정지시킨다.
④ 비상용 승강기의 승강장 바닥면적은 옥외에 승강장을 설치하는 경우를 제외하고 비상용 승강기 1대에 대하여 $3m^2$ 이상으로 한다.
⑤ 비상멈춤장치는 전동기의 토크 소실시 엘리베이터 카를 정지시킨다.

11 승강기의 안전장치에 관한 설명으로 옳지 않은 것은?

① 조속기는 승강기가 과속했을 때 작동하는 안전장치이다.
② 스토핑스위치는 최상층 및 최하층에서 승강기를 자동으로 정지시킨다.
③ 완충기는 승강기가 사고로 인하여 하강할 경우 승강로 바닥과의 충격을 완화하기 위해 설치한다.
④ 전자브레이크는 전동기의 토크 손실이 있을 때 승강기를 정지시킨다.
⑤ 리미트스위치는 승강기 문 또는 승강장 문이 조금만 열려도 승강기를 정지시킨다.

정답 및 해설

08 ① ② 전자 · 기계브레이크에 대한 설명이다.
③ 비상호출버튼 및 비상통화장치에 대한 설명이다.
④ 리미트스위치, 파이널리미트스위치에 대한 설명이다.
⑤ 출입문 안전장치에 대한 설명이다.

09 ④ ④ 조속기(over speed governor): 카의 속도가 130%가 되면 전원을 차단시킨다.
① 과부하계전기: 과전류로부터 전원을 차단하여 엘리베이터를 보호한다.
② 전자브레이크: 전동기에 토크 손실이 발생할 경우 엘리베이터를 정지시킨다.
③ 슬로다운스위치(slow down switch): 카가 최상층이나 최하층에서는 감속 · 정지해야 하지만 어떤 이상원인으로 감속되지 못하고 최상층이나 최하층을 지나칠 때 이를 검출하여 강제적으로 카를 감속 · 정지시키는 장치이다. 이 스위치는 주로 리미트스위치 전에 설치되어 있다.
⑤ 주접촉기: 정전, 저전압 또는 각부의 고장에 주회로를 차단한다.

10 ② ① 멈춤스위치가 동작하지 않을 때 제2단의 동작으로 주회로를 차단하는 스위치는 (파이널)리미트스위치이다.
③ 종점스위치는 종단층에서 엘리베이터 카를 자동적으로 정지시킨다.
④ 비상용 승강기의 승강장 바닥면적은 옥외에 승강장을 설치하는 경우를 제외하고 비상용 승강기 1대에 대하여 $6m^2$ 이상으로 한다.
⑤ 전자브레이크는 전동기의 토크 소실시 엘리베이터 카를 정지시킨다.

11 ⑤ 도어스위치는 승강기 문 또는 승강장 문이 조금만 열려도 승강기를 정지시킨다.

12 **엘리베이터의 전기적 안전장치에 해당하는 것은?**

① 조속기
② 완충기
③ 권상기
④ 과부하계전기
⑤ 종동 스프로켓

13 **엘리베이터의 안전장치에 속하지 않는 것은?**

① 출입문 잠금스위치(door lock switch)
② 전자브레이크(magnetic brake)
③ 균형추(counter weight)
④ 조속기(governor)
⑤ 완충기(buffer)

14 **엘리베이터의 안전장치로, 종점스위치가 고장났을 때 작동되는 장치는?**

① 리타이어링 캠
② 제한스위치
③ 도어스위치
④ 비상정지장치
⑤ 전자브레이크

15 **이동보도에 대한 설명 중 잘못된 것은?**

① 이동속도는 60~70m/min이다.
② 승객을 수평으로 수송하는 방식이다.
③ 수평으로부터 10° 이내의 경사로 되어 있다.
④ 주로 역이나 공항 등에 이용된다.
⑤ 1시간 최대수송능력은 1,500명 정도이다.

16 건축물의 설비기준 등에 관한 규칙에 따른 비상용 승강기 승강장의 구조로 옳지 않은 것은?

① 공동주택의 경우, 승강장과 특별피난계단의 부속실과의 겸용부분을 특별피난계단의 계단실과 별도로 구획하는 때에는 승강장을 특별피난계단의 부속실과 겸용할 수 있다.

② 승강장은 각 층의 내부와 연결되지 않는 구조로 한다.

③ 노대 또는 외부를 향하여 열 수 있는 창문이나 규정에 의한 배연설비를 설치한다.

④ 벽 및 반자가 실내에 접하는 부분의 마감재료(마감을 위한 바탕을 포함한다)는 불연재료로 하고, 채광이 되는 창문이 있거나 예비전원에 의한 조명설비를 한다.

⑤ 승강장의 바닥면적은 비상용 승강기 1대에 대하여 $6m^2$ 이상으로 한다. 다만, 옥외에 승강장을 설치하는 경우에는 그러하지 아니하다.

정답 및 해설

12 ④ 과부하계전기는 과부하전류로부터 전원을 차단하여 엘리베이터를 보호하는 전기적 안전장치이다.

13 ③ 균형추는 권상기 부하를 줄이기 위해 사용한다.

14 ② 리미트스위치(제한스위치)는 종점스위치가 고장났을 경우 카가 최상층이나 최하층에서 정상운행 위치를 벗어나 그 이상으로 초과운행하는 것을 방지하기 위해 전동기를 정지시킴과 동시에 전자브레이크를 작동시켜 케이지를 급정지시킨다.

15 ① 이동속도는 40~50m/min이다.

16 ② ② 비상용 승강기의 승강장은 각 층의 내부와 연결될 수 있도록 하되, 그 출입구(승강로의 출입구를 제외한다)에는 갑종 방화문을 설치한다. 다만, 피난층에는 갑종 방화문을 설치하지 아니할 수 있다.

③ 노대(발코니)는 건물 위층에서 외부로 뻗어나온 공간으로, 약 1m 높이의 칸막이나 난간 또는 난간동자로 둘러싸여 있다.

17 **비상용 승강기의 승강장 기준에 관한 내용으로 옳지 않은 것은?** 제20회

① 벽 및 반자가 실내에 접하는 부분의 마감재료(마감을 위한 바탕을 포함한다)는 난연재료로 할 것

② 채광이 되는 창문이 있거나 예비전원에 의한 조명설비를 할 것

③ 승강장의 바닥면적은 비상용 승강기 1대에 대하여 $6m^2$ 이상으로 할 것. 다만, 옥외에 승강장을 설치하는 경우에는 그러하지 아니하다.

④ 승강장 출입구 부근의 잘 보이는 곳에 당해 승강기가 비상용 승강기임을 알 수 있는 표지를 할 것

⑤ 피난층이 있는 승강장의 출입구(승강장이 없는 경우에는 승강로의 출입구)로부터 도로 또는 공지(공원·광장 기타 이와 유사한 것으로서 피난 및 소화를 위한 당해 대지에의 출입에 지장이 없는 것을 말한다)에 이르는 거리가 30m 이하일 것

정답 및 해설

17 ① 벽 및 반자가 실내에 접하는 부분의 마감재료는 불연재료로 한다.

제13장 홈네트워크

대표예제 79 홈네트워크기술 ★★

구내에 이미 설치된 전화선로를 이용하여 구내의 정보통신기기들을 하나의 망에 연결하여 별도의 장비 없이 구내의 네트워킹을 구축할 수 있는 기술은?

① PLC　　② IEEE 1394

③ Home PNA　　④ 블루투스

⑤ Home RF

해설 | ③ Home PNA(Home Phone Networking Alliance): 유선을 이용한 홈네트워킹기술로 기존의 전화선을 사용하기 때문에 가장 저렴하다.

① PLC(Power Line Communication) 모뎀: 전력선을 매개체로 사용하여 음성과 데이터를 고주파 신호에 실어 통신하는 기술로 기존의 전원배관, 배선을 이용하므로 별도의 배관, 배선이 필요치 않다.

② IEEE 1394: 주변기기를 하나의 케이블에 연결하기 위한 새로운 표준규격으로 빠른 속도 및 편의성이 장점이다.

④ 블루투스(Bluetooth): 2.4GHz 대역을 사용해서 컴퓨터 및 이동단말기, 가전제품 등을 무선으로 연결하여 쌍방향 실시간 통신을 가능하게 해주는 근거리 무선통신 세계표준의 한 가지이다.

⑤ Home RF(Home Radio Frequency): 가정 내에서 컴퓨터, 전화, 텔레비전, 오디오기기 등을 무선으로 연결하는 하나의 무선네트워크 표준을 말한다.

기본서 p.726~727

정답 ③

01 홈네트워크의 유선기술이 아닌 것은?

① 전력선 통신(PLC)
② IEEE 1394
③ 블루투스(Bluetooth)
④ Home PNA
⑤ 이더넷(Ethernet)

02 홈네트워크 구현기술 중 무선통신기술에 해당하지 않는 것은?

① Home RF
② Bluetooth
③ IEEE 1394
④ 무선 LAN
⑤ ZigBee

고난도

03 공동주택에서 난방설비, 급수설비 등의 제어 및 상태감시를 위해 사용되는 현장제어장치는?

제22회

① SPD
② PID
③ VAV
④ DDC
⑤ VVVF

대표예제 80 지능형 홈네트워크설비 ★★★

지능형 홈네트워크설비 설치 및 기술기준에 관한 내용으로 옳은 것은? 제25회

① 가스감지기는 LNG인 경우에는 바닥쪽에, LPG인 경우에는 천장쪽에 설치하여야 한다.
② 차수판 또는 차수막을 설치하지 않은 통신배관실에는 최소 30mm 이상의 문턱을 설치하여야 한다.
③ 통신배관실 내의 트레이(tray) 또는 배관, 덕트 등의 설치용 개구부는 화재시 층간 확대를 방지하도록 방화처리제를 사용하여야 한다.
④ 통신배관실의 출입문은 폭 0.6m, 높이 1.8m 이상이어야 한다.
⑤ 집중구내통신실은 TPS실이라고 하며, 통신용 파이프샤프트 및 통신단자함을 설치하기 위한 공간을 말한다.

오답 체크

① 가스감지기는 LNG인 경우에는 천장쪽에, LPG인 경우에는 바닥쪽에 설치하여야 한다.
② 차수판 또는 차수막을 설치하지 않은 통신배관실에는 최소 50mm 이상의 문턱을 설치하여야 한다.
④ 통신배관실의 출입문은 폭 0.7m, 높이 1.8m 이상이어야 한다.
⑤ 통신배관실은 TPS실이라고 하며, 통신용 파이프샤프트 및 통신단자함을 설치하기 위한 공간을 말한다.

기본서 p.728~735

정답 ③

정답 및 해설

01 ③ 블루투스(Bluetooth)는 컴퓨터 및 이동단말기, 가전제품 등 개인이 휴대하는 기기를 무선으로 연결하여 통신을 가능케 하는 무선기술이다.

▶ 홈네트워크의 기술

1. 유선기술

홈 PNA (Home Phone Networking Alliance)	존의 전화선 사용
PLC(Power Line Communication)	전력선을 매개체로 사용
IEEE 1394	주변기기를 하나의 케이블에 연결하기 위한 새로운 표준규격
이더넷(Ether Net)	여러 대의 컴퓨터로 네트워크를 형성하는 시스템

2. 무선기술

블루투스(Bluetooth)	근거리 무선통신 세계표준의 한 가지
홈 RF(Home Radio Frequency)	컴퓨터 등을 무선으로 연결하는 네트워크 표준
와이파이(Wi-Fi)	전파나 적외선 전송방식을 이용하는 근거리 통신망으로, 보통 '무선 랜(LAN)'이라고 한다.
ZigBee	저속 전송속도를 갖는 네트워크를 위한 표준기술

02 ③ ③ IEEE 1394: 주변기기를 하나의 케이블에 연결하기 위한 유선 연결단자

① Home RF: 가정 내 환경에서 컴퓨터, 전화, 텔레비전, 오디오기기 등을 무선으로 연결하는 하나의 무선 네트워크 표준
② Bluetooth: 2.4GHz 대역을 사용하여 컴퓨터 및 이동단말기, 가전제품 등을 무선으로 연결하여 쌍방향으로 실시간 통신을 가능하게 해주는 근거리 무선통신기술
④ 무선 LAN: 무선 구내 정보통신망
⑤ ZigBee: 저속 전송속도를 갖춘 홈 오토메이션 및 데이터 네트워크를 위한 표준기술. 버튼 하나로 하나의 동작을 잡아 집안 어느 곳에서나 전등 제어 및 홈보안 시스템 VCR on/off 등을 할 수 있고, 인터넷을 통한 전화접속으로 홈 오토메이션을 더욱 편리하게 이용할 수 있는 무선기술

03 ④ DDC(Direct Digital Control; 직접디지털제어)는 공동주택에서 난방설비, 급수설비 등의 제어 및 상태감시를 위해 사용되는 현장제어장치이다.

04 **지능형 홈네트워크설비 설치 및 기술기준으로 옳은 것은?** 제26회

① 무인택배함의 설치수량은 소형주택의 경우 세대수의 약 15~20% 정도 설치할 것을 권장한다.
② 단지네트워크장비는 집중구내통신실 또는 통신배관실에 설치하여야 한다.
③ 홈네트워크사용기기의 예비부품은 내구연한을 고려하고, 3% 이상 5년간 확보할 것을 권장한다.
④ 전자출입시스템의 접지단자는 프레임 외부에 설치하여야 한다.
⑤ 차수관 또는 차수막을 설치하지 아니한 경우, 통신배관실은 외부의 청소 등에 의한 먼지, 물 등이 들어오지 않도록 30mm 이상의 문턱을 설치하여야 한다.

05 **지능형 홈네트워크설비 설치 및 기술기준에서 정하고 있는 홈네트워크사용기기에 해당하는 것을 모두 고른 것은?** 제26회

㉠ 무인택배시스템	㉡ 홈게이트웨이
㉢ 차량출입시스템	㉣ 감지기
㉤ 세대단말기	㉥ 원격검침시스템

① ㉠, ㉡, ㉣
② ㉠, ㉡, ㉤
③ ㉠, ㉢, ㉣, ㉥
④ ㉡, ㉢, ㉤, ㉥
⑤ ㉢, ㉣, ㉤, ㉥

06 **지능형 홈네트워크설비 설치 및 기술기준상 홈네트워크를 설치하는 경우 홈네트워크장비에 해당하지 않는 것은?** 제22회 수정

① 세대단말기
② 단지서버
③ 단지네트워크장비
④ 홈게이트웨이
⑤ 원격검침시스템

07 국선배선반과 초고속통신망장비 등 각종 구내통신용 설비를 설치하기 위한 공간은?

제21회 수정

① TPS실
② MDF실
③ 방재실
④ 단지서버실
⑤ 세대단자함

정답 및 해설

04 ② ① 무인택배함의 설치수량은 소형주택의 경우 세대수의 약 10~15% 정도 설치할 것을 권장한다.
③ 홈네트워크사용기기의 예비부품은 내구연한을 고려하고, 5% 이상 5년간 확보할 것을 권장한다.
④ 전자출입시스템의 접지단자는 프레임 내부에 설치하여야 한다.
⑤ 차수관 또는 차수막을 설치하지 아니한 경우, 통신배관실은 외부의 청소 등에 의한 먼지, 물 등이 들어오지 않도록 50mm 이상의 문턱을 설치하여야 한다.

05 ③ 홈네트워크 필수설비

홈네트워크망	단지망, 세대망
홈네트워크장비	홈게이트웨이, 세대단말기, 단지네트워크장비, 단지서버
홈네트워크사용기기	원격제어기기, 원격검침시스템, 감지기, 전자출입시스템, 차량출입시스템, 무인택배시스템, 그 밖에 영상정보처리기기, 전자경비시스템 등 홈네트워크망에 접속하여 설치되는 시스템 또는 장비
홈네트워크설비 설치공간	세대단자함, 집중구내통신실(MDF실), 통신배관실(TPS실), 그 밖에 방재실, 단지서버실, 단지네트워크센터 등 단지 내 홈네트워크설비를 설치하기 위한 공간

06 ⑤ 원격검침시스템은 홈네트워크를 설치하는 경우 필수 설치에 해당하지 않는다.

07 ② ② 집중구내통신실(MDF실): 국선 · 국선단자함 또는 국선배선반과 초고속통신망장비, 이동통신망장비 등 각종 구내 통신선로설비 및 구내용 이동통신설비를 설치하기 위한 공간
① 통신배관실(TPS실): 통신용 파이프샤프트 및 통신단자함을 설치하기 위한 공간
③ 방재실: 단지 내 방범, 방재, 안전 등을 위한 설비를 설치하기 위한 공간
④ 단지서버실: 단지서버를 설치하기 위한 공간
⑤ 세대단자함: 세대 내에 인입되는 통신선로, 방송공동수신설비 또는 홈네트워크설비 등의 배선을 효율적으로 분배 · 접속하기 위하여 이용자의 전유부분에 포함되어 실내공간에 설치되는 분배함

08 **지능형 홈네트워크설비 설치 및 기술기준에 관한 설명으로 옳지 않은 것은?**

① 홈게이트웨이는 세대단자함에 설치하거나 세대단말기에 포함하여 설치할 수 있다.
② 차량출입시스템은 단지 주출입구에 설치하되, 차량의 진 · 출입에 지장이 없도록 하여야 한다.
③ 전자출입시스템은 비밀번호나 출입카드 등 전자매체를 활용하여 주동 출입 및 지하주차장 출입을 관리하는 시스템이다.
④ 무인택배함의 설치수량은 소형주택의 경우 세대수의 20~30%로 설치하도록 의무화한다.
⑤ 통신배관실의 출입문은 폭 0.7m, 높이 1.8m 이상(문틀의 내측치수)이어야 하며, 잠금장치를 설치하고, 관계자 외 출입통제 표시를 부착하여야 한다.

종합

09 **홈네트워크설비에 관한 설명으로 옳지 않은 것은?**

① 원격제어기기는 전원공급, 통신 등 이상상황에 대비하여 수동으로 조작할 수 있어야 한다.
② 원격검침시스템은 각 세대별 원격검침장치가 정전 등 운용시스템의 동작 불능시에도 계량이 가능해야 하며, 데이터 값을 보존할 수 있도록 구성하여야 한다.
③ 가스감지기는 LNG인 경우에는 천장쪽에, LPG인 경우에는 바닥쪽에 설치하여야 한다.
④ 무인택배시스템은 휴대폰 · 이메일을 통한 문자서비스(SMS) 또는 세대단말기를 통한 알림서비스를 제공하는 제어부와 무인택배함으로 구성하여야 한다.
⑤ 통신배관실은 외부의 청소 등에 의한 먼지, 물 등이 들어오지 않도록 100mm 이상의 문턱을 설치하여야 한다. 다만, 차수판 또는 차수막을 설치하는 때에는 그러하지 아니하다.

10 **백본(back-bone), 방화벽, 워크그룹스위치 등과 같이 세대 내 홈게이트웨이와 단지서버간의 통신 및 보안을 수행하는 것은?**

① 월패드
② 원격제어기기
③ 세대단자함
④ 원격검침시스템
⑤ 단지네트워크장비

11 단지서버에 관한 설명으로 옳지 않은 것은?

① 단지서버는 집중구내통신실 또는 방재실에 설치할 수 있다.
② 단지서버가 설치되는 공간에는 보안을 고려하여 영상정보처리기기 등을 설치하되, 관리자가 확인할 수 있도록 하여야 한다.
③ 단지서버는 홈게이트웨이와 단지네트워크장비간 통신 및 보안을 수행할 수 있도록 설치하여야 한다.
④ 단지서버는 외부인의 조작을 막기 위한 잠금장치를 하여야 한다.
⑤ 단지서버는 상온·상습인 곳에 설치하여야 한다.

정답 및 해설

08 ④ 무인택배함의 설치수량은 소형주택의 경우 세대수의 10~15%로 설치할 것을 권장한다.

09 ⑤ 통신배관실은 외부의 청소 등에 의한 먼지, 물 등이 들어오지 않도록 50mm 이상의 문턱을 설치하여야 한다. 다만, 차수판 또는 차수막을 설치하는 때에는 그러하지 아니하다.

10 ⑤ 단지네트워크장비는 세대 내의 홈게이트웨이와 단지서버간의 통신 및 보안을 수행하는 기본적인 네트워크를 구성하는 장비로서, 백본(back-bone), 방화벽(fire wall), 워크그룹스위치 등을 말한다.

11 ③ 단지네트워크장비는 홈게이트웨이와 단지서버간 통신 및 보안을 수행할 수 있도록 설치하여야 한다.